高等学校"十二五"规划教材

无机与分析化学实验

WUJI YU
FENXI HUAXUE
SHIYAN

第二版

俞斌 吴文源 主编

U0231014

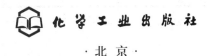

化学工业出版社

·北京·

本书共分 8 章，包括：绪论、化学实验的基本知识与基本技能、元素和化合物的性质实验、化学原理实验、滴定分析与重量分析基础实验、无机化合物制备与检测综合实验、定量分析实际应用综合实验、综合设计型实验和附录。全书共选编了包括基本实验技能训练、较复杂体系的分析和由学生自行设计的实验 65 个。选编内容广泛，既考虑了广度，也考虑了深度。各学校及专业可根据需要选做。书后对每个实验的思考题均给出了详细解答，有助于学生进一步理解、掌握实验操作的原理和注意事项。

　　本书可作为高等理工、师范、农林院校的化学、应用化学、化学工程、石油化工类、材料类、冶金、生物化工、制药、食品、药学、卫生、环境安全类、轻化工程类等专业的无机化学与分析化学实验教材，也可供相关科研及技术人员参考。

图书在版编目（CIP）数据

无机与分析化学实验/俞斌，吴文源主编. —2 版. —北京：化学工业出版社，2013.7 （2024.7重印）
高等学校"十二五"规划教材
ISBN 978-7-122-17629-5

Ⅰ.①无… Ⅱ.①俞…②吴… Ⅲ.①无机化学-化学实验-高等学校-教材②分析化学-化学实验-高等学校-教材 Ⅳ.①O61-33②O652.1

中国版本图书馆 CIP 数据核字（2013）第 129100 号

责任编辑：宋林青	装帧设计：史利平
责任校对：陶燕华	

出版发行：化学工业出版社（北京市东城区青年湖南街 13 号　邮政编码 100011）
印　　装：河北延风印务有限公司
787mm×1092mm　1/16　印张 15¼　字数 324 千字　2024 年 7 月北京第 2 版第 12 次印刷

购书咨询：010-64518888　　　　　售后服务：010-64518899
网　　址：http://www.cip.com.cn
凡购买本书，如有缺损质量问题，本社销售中心负责调换。

定　　价：29.80 元

前　言

　　本教材与《无机与分析化学教程》(第 2 版，俞斌、姚成、吴文源主编)及《无机与分析化学习题详解》(俞斌主编)一起，形成了内容匹配完整的大学一年级化学基础课程系列教材。本书是在总结前人实验设计并结合多年的实验教学实践的基础上，既保留了传统的经典实验项目，又更新了许多原创的教学内容。在教学实践过程中，采用本教材的专业有化工、化学、应用化学、轻化、食品工程、无机与非金属材料、金属材料、高分子材料、冶金、生物工程、环境工程、制药、消防、安全等诸多专业，使用情况令人满意，体现了本教材适用面宽的特点。本书可供广大理工科类各专业一年级的化学实验教学使用或参考。

　　本版教材除了继承第一版内容的特色外，还在数年的实践中修正和更新了部分教学内容，最主要的变动是在每个实验中均增加了实验现象(数据)记录表格。这项内容的增加主要是基于如下考虑，本教材的使用对象是一年级大学新生，其实践动手能力往往非常薄弱，普遍存在的一个问题是，会照本机械执行实验项目，但对于实验结果或实验数据的分析总结能力欠佳，亟需培养。造成这一情况的一个重要原因就是，实验现象或者数据的规范记录环节缺失，往往是随手找一张纸头或者就在书本上草草记录了事，记录容易丢失或事后与实验内容对不上号。我们认为，考虑到目前学生实验水平层次差异较大，在书本上备有现成的实验记录表格，供学生采用，为最终实现自觉的实验记录规范习惯，不失为一种可行的方法和途径。

　　每个实验后表格的设计和实验内容匹配，但在填写内容的安排上，并不是做简单的"填空"。比如在沉淀反应实验中，将一种试剂逐滴加入另一种试剂中时，避免直接提出"沉淀的颜色是什么"这样具体的实验现象记录要求，而是要求同学们全面地观察实验的色、温、气体、沉淀、气味等各种现象，经思索后提炼语言，将最鲜明、最能体现实验内涵的相关反应现象记录下来，目的还是为了更好地对实验结果进行分析总结。

　　全书由吴文源(实验一至十、三十三)、杨雪云(实验二十五至二十八、三十一、三十二、三十四、三十五、四十一、四十四至四十六、四十九至五十一)、俞斌(第 1、2 章，实验十三、十六、三十六、三十八、四十二、四十七、五十二至六十五、附录)、顾国亮(实验三十九、四十)、钱惠芬(实验十一、十二、十四、十五、十七至二十一、三十七)、高旭升(实验二十二至二十四、二十九、三十、四十三、四十八)编写，由俞斌、吴文源担任主编，提供整体思路设计、统稿。

　　由于编者水平所限，书中不足之处在所难免，欢迎广大读者和师生不吝赐教。

编　者
2013 年 6 月于南京

第一版前言

本教材是与《无机与分析化学教程》（俞斌主编）、《无机与分析化学习题详解》（俞斌主编）配套的无机与分析化学实验指导书，是在前人实验设计并结合若干年实验教学实践的基础上，去伪存真、认真编选、精心设计而成的。本教材有以下特点：

① 紧紧抓住无机化学这根主线，将许多物质的性质突出在实验中。尤其是中学较少涉及的 d 区和 ds 区等副族元素如钛、铬、锰、铁族、铜族、锌族等的性质实验。

② 以基本技能训练为主线，将其贯穿于各个实验中。有些实验方法经过历史的演变，现在已被更现代的方法所取代，但从基本技能训练角度上看，它涉及的实验技能多，可达到实验技能综合训练的目的，仍然编入。

③ 根据化学学科的发展，结合生产、科研的前沿，设计了一些新的综合性甚至带有创新意图的实验，可提高学生的整体素质和综合实践能力。

④ 增添了一些实验设计，给学生提供了广阔的想象、思维空间，锻炼学生自己设计实验的能力。

⑤ 本教材可供化学（包括应用化学）及近化学类各专业（包括化学工程、石油化工类、材料类、生物化工类、制药类、轻化食品类、环境安全类、冶金类等）使用。每个实验的设计学时为 4～8 个。各专业可根据需要和各校的特点选择。

⑥ 尽可能将实验原理与实验内容写详细，使学生按步骤操作，就可完成实验。避免了有些指导书较不明晰的缺陷。

⑦ 每个实验后列出了相当多的"注意事项"。这是我们长期指导实验的经验总结，也是实验能否得到满意结果的关键点。可提醒学生实验时注意，也有助于老师指导实验的备课与讲解。

⑧ 每个实验都列出了详细的仪器、试剂等的种类、规格、数量，可供实验管理人员参考与准备。

⑨ 每个实验都提出许多带有扩展性、深层次的思考题，可开拓学生的视野，使学生掌握的知识更全面和融会贯通。从实验中可启发学生的科学研究思路。

全书由吴文源（实验一至十、三十三）、杨雪云（实验二十五至二十八、三十一、三十二、三十四、三十五、四十一、四十四至四十六、四十九至五十一）、俞斌（第 1、2 章，实验十三、十六、三十六、三十八、四十二、四十七、五十二至六十五、附录）、顾国亮（实验三十九、四十）、钱惠芬（实验十一、十二、十四、十五、十七至二十一、三十七）、高旭升（实验二十二至二十四、二十九、三十、四十三、四十八）编写。本书由俞斌任主编，主要负责整体思路设计、统稿并编写部分内容。

限于编者水平，书中难免有不足之处，恳请读者不吝赐教。

编　者

2008 年 10 月于南京

目 录

第 1 章

绪论

1.1 化学实验是化学学科的重要一环

科学实验（无论是自然科学还是社会科学）是人类的三大实践活动之一。从某种意义上说，没有科学实验就不能诞生新的科学，实验是诞生科学的摇篮。

凡是科学的东西都必须被他人实验所证实，凡是不能被他人实验所证实的东西都是"伪科学"，这是检验科学的唯一标准。

一个伟大的科学家首先是一个伟大的实验设计师、实验的完成者。对于理论体系并不那么系统和尽善尽美的化学等学科而言，实验显得尤为重要。

大学化学学习与中学阶段化学学习的一个重要区别在于大学增加了大量的化学实验，有不少化学知识是从化学实验中获得的。化学实验在理论知识与实践上的实现之间架起了一座坚固的桥梁，使化学造福于人类。

1.2 如何做好化学实验

1.2.1 严格操作规范

实验时，应严格按照书中或教师讲解的操作规范进行操作，不要自行其是。这些操作规范都是前人从数以万计的实验中得出的经验的总结，是行之有效的。它是使实验获得如期效果的前提和技术保证。

例如，在过滤 H_2SiO_3 胶体沉淀时，可能正常过滤仅需 $0.5h$；若不按要求趁热、快速过滤，则要消耗几个小时。

在洗涤沉淀时，若不采用倾泻法和少量多次的洗涤方法，会造成沉淀很难洗干净或沉淀损失较大，测定结果不准确。

在滴定分析中，若不按操作规范在酸式滴定管的活塞上认真涂抹很薄一层凡士林，在滴定中可能会发生滴定液的泄漏，结果是"欲速则不达"。

1.2.2 仔细观察实验现象

在做物质性质和化学原理实验时，要养成良好的认真观察实验现象的习惯。现在大学生所做的实验是非常成熟的实验，现象也是肯定的。但这不排除学生在做实验时加错试剂、加入量过多或过少、试剂浓度不符合要求等情况的发生，实验现象就会有异常，应实事求是地表述。只有找出造成实验现象异常的真正原因，才会使我们对此实验有更深的理解。未来的实际工作（科学研究或生产）中，最后的结果是未知的，因此我们在学习阶段要养成"忠实于实验"的良好科学作风。在理论与实验结果（实验无错为前提）产生矛盾时，应相信实验结果。还有的实验现象会随过程的进行而产生不同的结果。

例如，加一滴 $AgNO_3$ 溶液于浓度较大的 Cl^- 溶液中，并没有 AgCl 沉淀（生成 $[AgCl_2]^-$）产生；继续滴加 $AgNO_3$ 溶液，溶液才会变为浑浊。而加一滴 Cl^- 溶液于 $AgNO_3$ 溶液中，溶液立即变为浑浊，即有 AgCl 沉淀产生。实验时，如果将 $AgNO_3$ 溶液直接加一管，那就看不到溶液有一段不变浑浊这一现象。

$AgNO_3$ 溶液中逐滴加入 $Na_2S_2O_3$ 溶液，溶液首先变浑浊（$Ag_2S_2O_3$ 沉淀）；继续逐滴加入 $Na_2S_2O_3$ 溶液，沉淀溶解，溶液变为澄清，因生成了 $[Ag(S_2O_3)_2]^{3-}$。

Pb^{2+} 溶液中加 $0.1mol \cdot L^{-1}$ 的 KI 溶液，将有黄色沉淀（PbI_2）产生，继续滴加 KI 溶液，沉淀也不溶解。但滴加 $0.5mol \cdot L^{-1}$ 的 KI 溶液，溶液首先变浑浊，有黄色沉淀产生；继续滴加 KI 溶液，黄色沉淀溶解，溶液变为澄清，生成 $[PbI_4]^{2-}$，说明 KI 浓度不同，对结果也有影响。

因此，做实验时不仅要看最后结果，更重要的是要观察实验过程中的各种现象。

1.2.3　认真做好预习

实验前，一定要认真阅读实验指导书。对实验内容、原理、次序有较全面的了解，对涉及的操作应仔细阅读图解或观看有关录像。绝不可进了实验室还不知道做什么实验，做实验时看一段书做一段实验。如此，对实验的印象不深，不能达到实验的目的。

预习时，应做笔录，例如列表、画出实验过程的示意路线图，简化指导书中的文字叙述，使自己实验时一目了然。

1.2.4　及时、如实、认真记录好数据

在实验中要用正规的记录本做好每一个数据的记录。并在数据前标明其名称和单位，包括准确的有效数字的表达。切不可随便记录数据，以免在写实验报告时记不起它是什么数据。

1.2.5　写好实验报告、做好总结

实验报告是实验的总结和提高。从某种意义上讲，写好实验报告是将来写好论文、设计书的预演和实习。写好一个实验报告，一般应包括以下内容：

（1）简明扼要地写清楚实验目的

写清楚实验目的是为了加深自己的理解，明确实验中的中心问题。写时不能照抄书本，可用自己的理解加以简化。

（2）简明扼要地写清楚实验的基本原理

尽量少用文字，尽可能多地使用化学反应方程式，但要用符号注明条件、现象。以 $CaCO_3$ 为基准物质标定 EDTA 标准溶液的浓度的实验为例，可写成：

$$CaCO_3 + 2HCl \xrightarrow{\triangle} Ca^{2+} + 2Cl^- + H_2O + CO_2 \uparrow$$

滴定前　$Ca^{2+} + In$（钙黄绿素、黄色）$=== Ca^{2+}$-In（荧光绿＋百里酚酞的紫色，只看到荧光绿）

终点时　Ca^{2+}-In（荧光绿）$+ EDTA === Ca^{2+}$-EDTA＋In（黄色＋百里酚酞的紫色，显紫色）

（3）以路线图说明实验方法与步骤

以 $CaCO_3$ 为基准物质标定 EDTA 标准溶液浓度的实验为例，可写成：

EDTA 配制：5.6g EDTA＋2 片 NaOH $\longrightarrow$ 1000mL 水 $\longrightarrow$ EDTA 标准溶液

EDTA 标定：称约 0.3g $CaCO_3$＋5mL（1＋1）HCl $\longrightarrow$ $\triangle$ $\longrightarrow$ $CO_2 \uparrow$ $\longrightarrow$ 250mL 容量瓶 $\longrightarrow$ 取 25.00mL $\longrightarrow$ ＋水 50mL＋KOH 10mL $\longrightarrow$ ＋指示剂（荧光绿）$\longrightarrow$ EDTA 滴

定─→ 紫色(终点)─→ 计算。

（4）实验结果

可设计清晰易懂的表格，在相应位置登记实验的原始数据。表格上端应有名称。表格的行与列都应有数据性质的文字或分子式、单位的说明。

以 $CaCO_3$ 为基准物质标定 EDTA 标准溶液的浓度的实验为例，可设计成表 1-1 所示的表格。

表 1-1 用 $CaCO_3$ 标定 EDTA 的实验结果

项 目	1	2	3
$CaCO_3$ 称量/g	0.2879	0.2561	0.2943
EDTA 体积/mL(初读数)	0.00	0.13	0.00
EDTA 体积/mL(终读数)	25.47	22.81	26.02
计 算 式	$c(\text{EDTA}) = \dfrac{m(CaCO_3) \times \frac{25}{250}}{M(CaCO_3) \times V(\text{EDTA}) \times 10^{-3}}$		
$c(\text{EDTA})/\text{mol} \cdot \text{L}^{-1}$	0.01130	0.01129	0.01131
$c(\text{EDTA})$ 平均值/$\text{mol} \cdot \text{L}^{-1}$	0.01130		
相对偏差/%	0.0	−0.1	0.1

（5）讨论

可选择在实验中遇到的一些问题进行讨论、分析，提高自己提出问题、分析问题、解决问题的能力。

例如，在 Ca^{2+} 溶液中加入 20% 的 KOH 后，溶液变成稍浑浊，滴定终点有反复现象，影响最终结果的准确性。分析原因可能有 3 个：

a. 溶解 $CaCO_3$ 时，加热不够，未将所有的 CO_2 全部赶掉，在碱性溶液中

$$CO_2 + 2KOH + Ca^{2+} = CaCO_3\downarrow + 2K^+ + H_2O$$

b. 加入 20% 的 KOH 后没有立即滴定，空气中的 CO_2 溶解在碱性溶液中，也会产生上述反应和现象；

c. 加入 20% 的 KOH 之前未加水稀释，使得 OH^- 浓度较高或局部过浓

$$2KOH + Ca^{2+} = Ca(OH)_2\downarrow + 2K^+$$

这些沉淀有一个溶解过程，当看到指示剂已变为紫色，误以为是终点。稍过一会儿，沉淀有部分溶解，溶解的 Ca^{2+} 与指示剂钙黄绿素又形成荧光绿色，所以就会产生终点的反复现象。

可根据自己的实际操作做出相应的讨论，也可对本书各实验后面的思考题进行讨论。

（6）结论

结论是实验的成果，没有结论的实验报告是没有任何实际意义的。在实验中，有可能产生各种问题，通过实验者的分析、探讨、研究，应给出一个最后的结果。即使实验失败了，也可让他人从你的失败中得到教训，不再重蹈覆辙。

以 $CaCO_3$ 为基准物质标定 EDTA 标准溶液的浓度的实验为例，结论可写成：

a. 以 $CaCO_3$ 为基准物质，在 pH > 12 时，钙黄绿素-百里酚酞为指示剂，可准确标定 EDTA 标准溶液的浓度。

b. 终点时溶液由荧光绿突变为明显的紫色，变色敏锐。

c. 被标定 EDTA 标准溶液的浓度为 $0.01130 mol \cdot L^{-1}$，相对偏差＜0.2％，精密度好，结果可靠。

1.3　实验室安全规则

每个实验室都有一定的规章制度。做实验之前应认真阅读、了解并在行动上规范化。化学实验室有它的特殊性，特别是容易接触到有毒、有害、易燃、易爆的物质。所以，更要严格遵守化学实验室的安全规则。

① 实验室内严禁吸烟、饮食、打闹。

② 使用易燃易爆的物质，如甲（乙）醇、乙醚（包括低级醚）、丙酮、苯（甲苯等）、二硫化碳等，应注意远离明火。若非加热不可，只能用水浴加热。

③ 对性质不明的物质严禁随意混合，以防发生意外。

④ 使用强腐蚀性的浓酸、浓碱、液溴、氢氟酸、洗液（重铬酸钾浓硫酸溶液）时，应防止溅到衣服以及皮肤、眼睛上。若溅在皮肤或眼睛上，应立即用大量自来水冲洗，并报告老师以做后处理。

⑤ 若化学实验中会产生有毒或刺激性较强的气体，如 HCN、Cl_2、NH_3、二氯甲酰、NO_2、N_2O 等，该实验必须在通风橱中进行。

⑥ 做化学实验时，若无特殊要求，应打开门和窗，保持空气通畅。

⑦ 使用有毒试剂，如高汞盐、镉盐、铅盐、砷化物、氰化物、六价铬化合物等，实验时应避免接触皮肤等。使用后的残液也不要随意倒入水槽，应集中回收进行处理。

⑧ 一旦发生意外事故，应首先切断电源。发生火灾或爆炸时应按消防规则进行抢救，应把保证实验人员的生命安全放在第一位。

第 2 章

化学实验的基本知识与基本技能

化学实验中有些基本知识是要了解的，不少基本技能需要反复训练才可掌握。有一些内容将分散在各个实验中讲解。

2.1 实验用水

水是化学实验中使用最多的试剂。化学实验中所讲的"水"均指一定纯度的蒸馏水或去离子水。检测水的质量最重要的指标是电导率。电导率越小，水中溶解的电解质越少，水的纯度越高。化学实验室的水可分为三级，其质量指标如表 2-1 所示。

表 2-1 实验室用水的级别及质量指标

指　　标	pH 范围(25℃)	电导率/μS·cm^{-1}	吸光度(254nm、1cm 比色皿)
1 级	—	≤0.1	≤0.001
2 级	—	≤0.1	≤0.01
3 级	5.0～7.5	≤5.0	—

在无机与分析化学（常量）实验中，由于要求不是非常高，被测物的含量≥1%。一般用 3 级水就可满足要求。

2.2 化学试剂

无机与分析化学实验所涉及的化学试剂从纯度可分为 3 级。它们的使用范围也各不相同。生物化学试剂主要用于生物化学及医学实验。有些生物化学试剂的性能恰是无机与分析化学实验中所需要的，因此，它们也可以作为化学试剂使用。化学试剂的分类与标识如表 2-2 所示。

表 2-2 化学试剂的分类与标识

级　别	名　　称	英文标识	标签颜色	主　要　用　途
1 级	优级纯（或基准纯）	G. R.	绿色	可作分析中的基准物
2 级	分析纯	A. R.	红色	定量（常量）分析
3 级	化学纯	C. P.	蓝色	性质实验或原理实验
生物化学试剂	生化试剂、生物染色剂	B. R.	棕色	生物化学及医学实验

2.3 滤　　纸

无机与分析化学实验所用的滤纸可分两类、三级及多种规格。

滤纸从用途上可分为定性滤纸和定量滤纸两种。定性滤纸的外包装是黄色的，定量滤纸的外包装是绿色的。定量滤纸用于定量分析化学中的重量法。它与定性滤纸最重要的区别是：定量滤纸在 800℃ 以上灼烧后，其残留物（纸灰）的质量小于 0.2mg。定性滤纸没有这个要求。

从滤纸的孔径上可分为快速滤纸、中速滤纸、慢速滤纸三级。快速滤纸的孔径较大，适于过滤颗粒粗大的晶形沉淀和大多数胶体沉淀。如大多数离子化合物盐类晶体（如 $CuSO_4$、CaC_2O_4 等）和氢氧化物、水合物胶体 [$Al(OH)_3$、H_2SiO_3 等]。慢速滤纸的孔径很大，适于过滤颗粒很细的晶形或非晶形沉淀，如磷钼酸喹啉沉淀等。中速滤纸介于二者之间。

可根据圆形滤纸的直径分为多种规格，供使用时选择。

2.4 玻璃仪器

2.4.1 玻璃试管

玻璃试管可分为普通试管和离心试管两种。

普通试管为直管形，壁厚均匀，底部为半球状。可以加热。一般用于性质试验。

离心试管上半部分为直管形，下半部分为圆锥形。管壁比普通试管厚。底部直径很小、壁很厚，可承受比较大的压力。离心试管还可分为有刻度与无刻度、有塞与无塞几种。一般用于需通过离心机分离的液-固两相物质的试验。

2.4.2 烧杯

烧杯可根据容积分为多种规格，可隔石棉网在电炉等热源上加热。烧杯有一个三角形的尖嘴，它是烧杯中液体流出杯外时的正确通道，也是不少实验向烧杯中加液态试剂的地方；但绝不是玻璃棒停靠的部位。

选择烧杯规格的原则是：烧杯中液体的体积应大于烧杯容积的四分之一，但绝不要超过三分之二。烧杯体积过大，烧杯壁面积过大，会给定量转移、洗涤带来许多困难。烧杯体积过小，易溢出或溅出，使定量结果不准，也会给操作带来不方便。

2.4.3 三角烧瓶

三角烧瓶又称锥形瓶。磨口、带塞、瓶口呈倒锥形的三角烧瓶称为"碘量瓶"。三角烧瓶可隔石棉网在电炉等热源上加热。三角烧瓶主要用于滴定分析，若滴定分析涉及的有关物质有较大的挥发性，如碘、溴等，则需用碘量瓶。其规格的选择与烧杯的选择相似。

2.4.4 定量玻璃器皿

在无机与分析化学实验中，定量玻璃器皿只有三种：滴定管（酸、碱式）、移液管（包括胖肚型和带有体积刻度的移液管，又称量液管）、容量瓶。滴定管、移液管放出的液体体积的绝对误差 <0.02mL；容量瓶的容积的相对误差 <0.1%。其余的玻璃器皿，如烧杯、量筒、锥形瓶、试管，不管有没有刻度，都不作为定量器皿使用。因为它们刻线标识体积的相对误差远远大于1%。不符合定量分析相对误差应小于 0.2% 的要求。

2.5 器皿的洗涤与干燥

2.5.1 器皿的洗涤

如果容器表面存在杂质或污染物，定量测定时结果就不准确，必须进行洗涤。洗涤时必须根据杂质或污染物的种类、性质，选择合适的洗涤剂，才能将杂质或污染物洗去。常用的洗涤剂及对应的被清洗的污染物、适用的器皿材料列于表 2-3。

表 2-3 洗涤剂和洗涤方法的选择

洗 涤 剂	被清洗污染物	器皿的材料	洗涤的方法
$6mol \cdot L^{-1}$ 稀 HCl	金属杂质	玻璃、石英、塑料	洗涤剂浸润内壁数分钟
$HCl(1+1) + 0.15\% H_2O_2$	有机物	玻璃、石英、塑料	洗涤剂浸润内壁数分钟
热合成洗涤剂	油脂	玻璃、石英、塑料	浸泡或刷洗
$10\% NaOH + 2\% H_2SO_4$	油脂	玻璃、石英、金属	浸泡或刷洗
重铬酸钾洗液	油脂	玻璃、石英	洗涤剂浸润内壁数分钟
$10\% \sim 20\% HNO_3$ 浸泡	金属杂质	玻璃、石英	浸泡
H_2O	尘土等	玻璃、石英、塑料	刷洗、冲洗、浸润

重铬酸钾洗液有时简称"洗液"，它是重铬酸钾的硫酸溶液，配制方法如下：20g 重铬酸钾于烧杯中加水 40mL，加热溶解，冷却后在不断搅拌下缓缓加入 350mL 浓硫酸。溶液呈棕褐色，贮于玻璃瓶中，盖紧。当重铬酸钾洗液已呈绿色时，其已失去氧化性，不能再作为洗液使用。

不管用何种洗涤方法，对容量瓶和其他非定量器皿最后都必须用水洗涤至净。对移液管、滴定管除了用水洗涤至净外，在使用前还必须用少量即将进入的溶液润湿最高刻线以下的全部内表面 3 次以上，确保进入移液管、滴定管前的溶液浓度与流出移液管、滴定管时的溶液浓度一致。对容量瓶和其他非定量器皿而言，要确保的是被移入器皿前、后的溶液中溶质的总质量或固体物质的总质量一致，而不是浓度。因此不必也不允许用即将进入该器皿的溶液润湿器皿的内壁。

如果玻璃器皿已经洗涤干净，器皿的内壁在用水润湿后应只留下一层薄而均匀的水膜，不挂水珠。被洗涤的器皿内壁不允许用纤维物去擦拭，否则纤维会粘在内壁上，污染器皿。

2.5.2 器皿的干燥

器皿的干燥方法有：

① 晾干 将已被洗涤干净的器皿倒置在干燥的地方或晾干架上自然晾干。例如，试管倒置于试管架上，滴定管倒置于滴定管架上用蝴蝶夹夹紧并将活塞打开（酸式）或将小玻璃球取出（碱式），移液管直立于竖式移液管架上。

② 烤干或烘干 烧杯、蒸发皿、试管等可用小火烤干，也可放入烘箱内烘干。其他器皿可视情况而定，但定量的玻璃器皿绝不允许用烤干的方法进行干燥，烘干时的温度不宜过高，防止其变形。

③ 用易挥发有机溶剂干燥 在已被水洗涤干净的器皿内加入少量易挥发有机溶剂，如乙醇、丙酮等，润湿器皿的内壁，然后用吹风机吹干或放入烘箱内烘干，可大大缩短时间。定量的玻璃器皿只允许用冷风吹干。

2.6 滴定管的使用方法

滴定管分为酸式滴定管和碱式滴定管两种，如图 2-1 所示。根据可定量放出的液体的体积的不同，有 25mL 和 50mL 两种（还有 10mL、5mL 等规格的半微量滴定管，本书不予讨论）。滴定管表面有刻度线，每一大格为 1.00mL，一大格又分为 10 小格，每一小格 0.10mL。

2.6.1 滴定管使用前的准备工作

（1）防止泄漏

将酸式滴定管的活塞拔出，用滤纸轻轻地将活塞表面、活塞套孔内表面擦干。活塞中部有一小孔，它是液体流出酸式滴定管的通道，不要堵塞。用手轻蘸一点凡士林，分别在活塞小孔两边沿圆柱面涂上一薄层凡士林（一定不要顺着活塞轴向涂抹凡士林！），如图 2-2 所示。

将活塞插入活塞套孔内并反复旋转活塞。活塞与活塞套孔间的凡士林膜应透明。为防止活塞滑落，应在活塞小端套一橡胶圈或用橡皮筋将活塞大端与滴定管本体相连。

在酸式滴定管中装入水，关闭活塞，在滴定管架上直立 2min。若无水从各隙缝中渗出，表明酸式滴定管没有泄漏，可以使用。

碱式滴定管应在滴定管下端连接一根乳胶管，乳胶管内塞入一个直径合适的小玻璃珠。在碱式滴定管中装入水，在滴定管架上直立 2min。若无水从各隙缝中渗出，表明该碱式滴定管没有泄漏，可以使用。

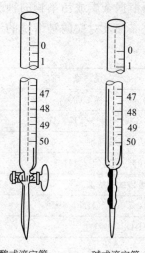

酸式滴定管   碱式滴定管

图 2-1   两种滴定管

（2）洗涤

若滴定管比较干净，用水刷洗即可。若滴定管比较脏或是首次使用，应在滴定管中加入 3～5mL（碱式滴定管应将乳胶管摘下）洗液，将滴定管放成水平状，略微倾斜滴定管并转动，务必使洗液浸润滴定管的全部内表面。静止 2～3min，将洗液放回原洗液瓶。先用自来水冲洗，再用蒸馏水洗净。

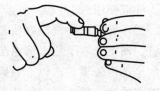

图 2-2   凡士林的涂法

（3）溶液平衡

用要移入滴定管的标准溶液 3～5mL 浸润滴定管的全部内壁面。如此反复三次，确保标准溶液的浓度在移入滴定管前和流出滴定管时完全一致。

2.6.2 滴定管的操作

（1）溶液的移入

将标准溶液从其贮存瓶中直接倒入滴定管。不允许将溶液倒入烧杯，再从烧杯倒入滴定管！因为多经过一个容器（或多一道工序）就会多一个造成误差的因素。只要将滴定管放垂直（这一点非常重要，绝不要将滴定管倾斜！），将贮存瓶口与滴定管上口对接，倾倒溶液即可。

（2）排除气泡

标准溶液注入滴定管后，需检查酸式滴定管活塞至滴定管嘴间、碱式滴定管玻璃珠至滴定管嘴间有无气泡。

酸式滴定管有气泡，应快速旋转活塞，让溶液迅速流下，可赶走气泡。若还不能赶走气泡，可将洗耳球在滴定管顶部压紧，挤压洗耳球，待赶走气泡后，关闭活塞，最后拿走洗耳球。

碱式滴定管有气泡，应将乳胶管向上弯曲，挤压玻璃珠，让溶液向上溢出滴定管管嘴，可赶走气泡，如图 2-3 所示。

（3）滴定管读数

液体在玻璃管中（包括滴定管、容量瓶、移液管等）受界面作用力影响，液面呈现弯月面。受反射现象的影响，弯月面有两层。上层弯月面为光反射所致。下层弯月面为真实的液体弯月面。若在玻璃管的后面衬一张白纸，上层弯月面便会消头。

当读数时，应用手捏住滴定管的最上端，让滴定管自然垂直。再将液面提高到与眼睛处于同一水平面。下弯月面的下沿所指示的刻线为读数，如图2-4所示。对于深色液体，如高锰酸钾溶液等，一般看不到弯月面，可读液面最高处的读数。这种读数带来的约0.01mL的误差是系统误差。可用同一套器皿进行标定、测定或作空白实验，来消除此系统误差。

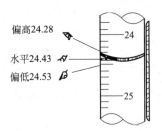

偏高24.28
水平24.43
偏低24.53

图2-3　碱式滴定管气泡排除　　　　图2-4　滴定管的正确读数方法

液面处在两小格刻线之间时，一定要估读到小数点后第二位！当然最后一位是不准确的，允许估读到的数值有±0.01的误差。若不估读到小数点后第二位，则小数点后第一位的数值就是不准确的，有±0.1的误差。如此，会导致结果的相时误差扩大10倍。

滴定管不可能制造得非常均匀。因此，在重复一个实验时，液面起始点不要相差太远，这可确保最终读数相差不远，可减小由滴定管不均匀带来的系统误差。

（4）滴定操作

用左手控制滴定管的活塞或玻璃珠。使用酸式滴定管时，用左手拇指、食指、中指三个指头控制活塞的旋转。无名指和小指处于滴定管的另一侧，使整只左手位置固定。因此，不会因为手的推动使活塞从另一个方向滑落，如图2-5所示。

滴定时，右手拇指、食指、中指三个指头放松地拿住锥形瓶颈偏上部分，轻轻地用手腕之力摇动锥形瓶，使瓶内液体向一个方向快速旋转而不要上下振荡（图2-5）。左手控制滴定管中的液体一滴一滴地滴入锥形瓶。滴液的速度可根据不同实验而不同，但最快也不应使液滴变为不间断的液流。眼睛从上向下观看锥形瓶中液体的颜色及变化。

使用碱式滴定管时，用左手拇指、食指、中指捏住玻璃珠所在处的乳胶管，使珠、管间产生空隙，溶液即可流出，如图2-6所示。

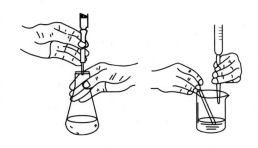

图2-5　酸式滴定管锥形瓶滴定操作　　　　图2-6　碱式滴定管滴定操作

若使用烧杯代替锥形瓶，则不能晃动烧杯，防止杯中液体晃出。而改用玻璃棒不断搅动杯中液体，使滴定液与杯中液体迅速混合、尽快反应。

2.7 容量瓶的使用方法

容量瓶是一种带细长瓶颈的梨形平底瓶。带有磨口塞或塑料塞。在瓶颈上有唯一一条刻线。当瓶内液体下弯月面与该刻线相切时，瓶内液体的体积正好等于容量瓶标示容积。容量瓶一般用来配制标准溶液或试样溶液。

配制标准溶液时，应将固体溶质溶于烧杯中。将烧杯嘴紧靠玻璃棒，玻璃棒顶端插入容量瓶并贴在颈壁上，倾斜烧杯，让溶液顺着玻璃棒流入容量瓶，如图 2-7 所示。不允许将溶液直接从烧杯嘴流入容量瓶；更不允许将固体溶质直接倒入容量瓶，然后加入溶剂（如水）溶解。

图 2-7 液体从烧杯中
转移至容量瓶内

稀释试样溶液等时，用移液管吸入试液后，转移至容量瓶（下一节详述）。

如上过程转移好相关溶液后，先加水（溶剂）至近刻线处，再用滴管逐滴加水（溶剂）刚好至刻线。

塞紧瓶塞，将容量瓶倒转，振荡数次，再将容量瓶转正。此过程应重复 7 次。此时，容量瓶中的溶液可认为已搅拌均匀。

2.8 移液管的使用方法

2.8.1 移液管的洗涤

移液管的洗涤方法与滴定管的洗涤方法相近。将移液管下口插入洗液，吸入 3～5mL 洗液于移液管中。将移液管放成水平状。略略倾斜移液管并转动，务使洗液浸润移液管刻线以下的全部内壁面及刻线以上的部分内壁面。静止 2～3min，将洗液放回原洗液瓶。先吸自来水冲洗，再吸蒸馏水洗净。

2.8.2 移液管的操作

将移液管下口插入要转移的液体。但不要触容器底部，也不能插入过浅，否则将会造成吸空现象。用左手将挤压中的洗耳球压紧移液管上口，然后放开左手，造成移液管和洗耳球内成负压，空气将液体压入移液管至刻线之上。取走洗耳球，同时用右手食指按紧移液管上口，拇指和中指拿住移液管，使液体不能从下口流出。将移液管下口提出高于液面，将下口紧靠器皿壁，食指稍稍放松、拇指和中指来回转动移液管，使食指与移液管上口产生微小缝隙，液体会很缓慢地从移液管下口滴出。当液体的弯月面与移液管最上一根刻线（胖肚型为唯一刻线）重合时，压紧食指，如图 2-8 所示。

将移液管下口移至液体将要进入的器皿中，并将

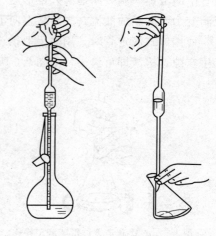

图 2-8 用移液管   图 2-9 从移液管
吸取液体   中放出液体

移液管下口紧贴该器皿内壁,移液管处于垂直状态。放开食指,让液体自然地流入器皿。移液管中液体流完后,再等 15s,移开移液管,如图 2-9 所示。此时,移液管中有可能还存有肉眼可见的一点儿液体,千万不要将其吹入器皿!此情况下,流入器皿的溶液体积就是胖肚型移液管标示的体积。若移液管上有一个"吹"字,则必须将剩余液体用洗耳球吹入器皿。

2.9 天平的使用

对已平衡的天平加入可使天平失去平衡的物质质量称为"感量"。根据感量的不同,天平可分为托盘天平和电子天平两种。

2.9.1 托盘天平

托盘天平的横梁左右两端各有 1 个托盘,平衡指针处于横梁中间。指针指向"0"读数时,表示天平已达平衡。左托盘放置被称物,右托盘可放置 10g 以上的砝码。横梁下部还有 1 个游码标尺。标尺共分 10 大格,每大格再分为 10 小格。游码向右移动 1 大格,相当于在右托盘加了 1g 砝码;游码向右移动 1 小格,相当于在右托盘加了 0.1g 砝码。天平平衡时,砝码加游码标尺的读数便为左托盘上被称物的质量。

托盘天平一般只能称准至 0.1g。它不能作为定量分析的衡器使用,只能用作粗略的称量。

2.9.2 电子天平

电子天平是精密的仪器,通过电子天平获得的数据是定量分析的基础。电子天平外形结构如图 2-10 所示。在电子天平的后面还有 1 个圆形的水平仪。

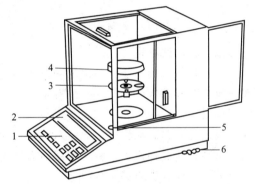

图 2-10 电子天平外形示意
1—控制板;2—显示器;3—盘托;
4—秤盘;5—水平仪;6—水平调节脚

电子天平可准确称至 0.1mg 即 0.0001g,其称量的绝对误差为 $\pm0.1mg$ 即 $\pm0.0001g$。只要所称量的物质的质量>0.1g,就可确保称量的相对误差< $\pm0.1\%$,可满足定量分析对"数据必须确保 4 位有效数字"的要求。

使用电子天平称量之前,应首先观察水平仪中的小气泡是否在中心红色圆环内。若不在红色圆环内,表明电子天平未处于水平状态。应调节天平底部的三个螺栓,使小气泡处在中心红色圆环内,使天平处于水平状态。此后,才可进行称量。

称量时,先打开显示开关(ON/OFF),若显示数不为 0.0000g,则应按一下清零键(TARE),此时应显示 0.0000g。

将被称物放在天平中间的圆形秤盘的中心处,并关闭天平各门。显示屏上显示的数字便是被称物的质量(g)。

2.10 称量操作

2.10.1 减量法称量

对一些可能吸收空气中水蒸气的固态基准物质或固体样品的称量,常采用减量法。将固体物质置于高型带盖的称量瓶中并置于干燥器内。需称量时,用干净、干燥的纸条环夹着称量瓶，如图 2-11 所示。手不要与称量瓶直接接触。

将称量瓶放在天平中间圆形秤盘的中心处，关闭天平各门并按一下清零键（TARE），显示数为 0.0000g。左手从天平左门用纸条环夹称量瓶，取出。右手用一小纸片环夹称量瓶盖上的小柄。将称量瓶口尽量靠近被称物质要进入的器皿（一般为烧杯或锥形瓶），但一定不能接触该器皿！用瓶盖轻轻敲打称量瓶口上部，使被称物质因振动缓缓滑落至器皿内，如图 2-12 所示。然后再将称量瓶盖好盖子放回天平秤盘上，显示数的绝对值即为进入相应器皿内的被称物质的质量。若显示数的绝对值小于所期望的值，则重复上述过程，直至显示数绝对值满足要求为止。减量法不可能将被称物准确称至一固定值，只能在一定的范围内准确称量。

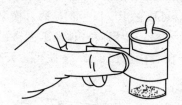

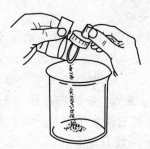

图 2-11　称量瓶的正确拿法　　　　　　图 2-12　减量法称量的正确操作

2.10.2　添加法称量

对一些在空气中非常稳定的固态基准物质（如电解铜丝等）或固体样品（水泥生料、水泥熟料、石灰石等矿物样品）的称量，也可采用添加法。在天平的秤盘上放一张称量纸或金属制称量舟，按一下清零键（TARE），显示数为 0.0000g。用小匙将称量样品从左门加在称量纸上或金属制称量舟内，显示数即为被称物质的质量（g）。如被称物质的质量小于预期值，则添加被称物；如被称物质的质量大于预期值，则从称量纸或金属制称量舟上用微型勺取走被称物。关闭天平各门后，直至显示数与预期值完全一样为止。然后将被称物质用小软毛刷缓缓地扫入相应的器皿内。添加法可将被称物准确称至一固定量，也能在一定的范围内准确称量。

2.10.3　液态物质称量

对于挥发性较小的水溶液，可采用减量法称量。将一装有溶液带有吸管的小瓶放在天平秤盘上，关闭天平各门并按一下清零键（TARE），显示数为 0.0000g。用小瓶上吸管吸取溶液并滴入一定器皿内，将吸管插回小瓶，再称量。一直到显示数的绝对值满足要求为止。也可采用添加法。将一小器皿置于天平秤盘上，关闭天平各门并按一下清零键（TARE），显示数则为 0.0000g。用吸管吸取溶液并滴入小器皿内，但不允许从小器皿内将溶液吸走。一直到显示数满足要求为止。用这两种方法称量液体只能在一定的范围内准确称量。

对于挥发性较大的有机溶液，只能采用减量法称量。但接受液体的器皿应为长颈细口瓶，必须有塞子，每次移入液体后需塞紧塞子。

2.11　过滤操作

在无机与分析化学实验中，分离液固两相物质时，最常用的方法是过滤。过滤可分为常压过滤和减压过滤（抽滤）两种。

2.11.1 常压过滤

将合适的滤纸对折再对折，展开成圆锥形。将折好的滤纸放在三角漏斗（普通漏斗）内壁，看两者大小是否贴合。否则，可适当缩放，使两者大小匹配。用手撕去滤纸外层一个角，使滤纸外层形成毛边，形成过渡层。滤纸润湿后会与漏斗壁贴得更紧密。

用水润湿滤纸并用手压紧，使滤纸紧贴漏斗壁，两者之间不应有气泡或空隙。

将有沉淀的溶液由玻璃棒引导，溶液顺着玻璃棒流到漏斗内的滤纸上。玻璃棒应放在有三层滤纸的一侧。漏斗中溶液的高度最多不超过漏斗的三分之二。否则，细粒滤渣有可能通过毛细作用爬过滤纸，使过滤失败。

漏斗的颈端出口应紧贴接受滤液器皿的内壁，使滤液形成连续流，可使过滤速度加快。

2.11.2 减压过滤

减压过滤又称抽滤。抽滤一般在"布氏漏斗"上进行。布氏漏斗是瓷质的圆筒形漏斗。在漏斗体与漏斗导液管间有一层布有许多小孔的瓷质隔层。

进行抽滤时，应在漏斗导液管外紧套一橡胶塞，橡胶塞再紧塞抽滤瓶上口。抽滤瓶另一气嘴上应连接一根硬质（即耐压）的橡皮管，橡皮管另一端接在"文氏管"式的抽气泵上，"文氏管"式的抽气泵连接在水龙头上。抽滤时，打开水龙头，气泵就将抽滤瓶内的气体抽出，形成负压（指小于大气压）。

进行抽滤前，应选择或用剪刀剪出直径略小于漏斗圆筒直径 1～2mm 的圆形滤纸（需能盖住瓷质隔层上所有小孔）。用水润湿滤纸，打开水龙头，滤纸就会紧贴隔层。再将需过滤的有沉淀的溶液由玻璃棒导流在滤纸中部。滤液很快流入抽滤瓶。

若沉淀颗粒非常细小，不能采用抽滤法过滤。否则，会因过滤的推动力（大气压与抽滤瓶内压力之差）过大，沉淀细小颗粒穿过滤纸。

抽滤较适用于"需要的是沉淀"的体系，例如硫酸铜溶液过滤后需要的是硫酸铜沉淀、硫酸亚铁铵溶液过滤后需要的是硫酸亚铁铵沉淀。

抽滤完成后必须首先将抽滤瓶气嘴连接的橡皮管拔开。不得先关水龙头或先取走布氏漏斗！如果抽滤后需要的是滤液，更要如此，否则，自来水可能会倒流入抽滤瓶，污染滤液。

2.12 沉淀洗涤

若要获得纯净的沉淀，沉淀洗涤是必不可少的。若还要求沉淀尽量地减少损失，洗涤操作针对不同性质的沉淀有所不用。

2.12.1 洗涤剂的选择

洗涤剂最好能在较高温度下全部挥发或分解，如 H_2O、CH_3CH_2OH、丙酮、NH_4NO_3 等。

2.12.2 晶形沉淀的洗涤

洗涤晶形沉淀时，应尽量将沉淀留在烧杯中，用洗涤剂洗涤烧杯中的沉淀，将洗涤液从滤纸上或砂芯漏斗上过滤。洗涤干净后再将沉淀全部转移到滤纸或砂芯漏斗上。不要先将沉淀一次性转移到滤纸或砂芯漏斗上，否则，沉淀很难洗涤干净。

若晶形沉淀的溶度积较大，即溶解度较大时，开始洗涤时可选择稀的沉淀剂溶液或沉淀的饱和溶液洗涤。待其他物质被洗净后，最后再用水洗涤。也可以用易挥发的有机溶剂或有机物-水混合溶液洗涤。

洗涤剂每次的用量要少，以免沉淀损失过多。在洗涤剂用量恒定时，可选择少量多次的办法。

2.12.3　非晶形沉淀洗涤

非晶形沉淀洗涤时应趁热（必要时可加热）一次性倒入滤纸或砂芯漏斗上进行过滤。洗涤用热水或稀电解质（如 NH_4NO_3 等）溶液。加热是为了防止胶体形成，否则，胶体会将所有滤纸中的孔或玻璃砂芯中的孔堵塞，过滤将无法进行。加入电解质也是为防止胶体形成。

2.12.4　沉淀洗净与否的判断

沉淀是否洗净可通过检验滤液来判断。

若原溶液是强酸（碱）性，可用表面皿或白瓷点滴板从漏斗嘴接 1 滴滤液，在滤液上加 1 滴甲基红（酚酞）指示剂。若滤液呈黄（无）色，表明沉淀已被洗净。

若原溶液含有 Cl^-（SO_4^{2-}），可用表面皿或白瓷点滴板从漏斗嘴接 1 滴滤液，在滤液上加 1 滴稀 HNO_3 和 1 滴 $AgNO_3$（$BaCl_2$）溶液，若滤液不变成浑浊，表明沉淀已被洗净。

若原溶液中没有上述情况，可根据实际情况选择判断方法。也可在原溶液中加 1 滴 Cl^- 溶液，再按上述方法判断。

2.13　离心机的使用

对一些颗粒很细的沉淀，仅靠自然沉降很难实现液-固两相完全分离。可利用离心机高速旋转时产生的巨大离心力，将沉淀颗粒迅速甩向离心试管的底部，加速实现液-固两相完全分离。

实验室使用的离心机内有 12 个离心试管孔位，离心试管必须均衡地分布在 12 个离心试管孔位上，并且要求对称位置上的离心试管中的液体质量相同（相近），不可相差太多，否则会引起离心机剧烈震动，甚至损坏离心机或造成人身伤害事故。

离心试管安放好以后，盖上机顶盖。打开电源，缓缓地旋转转速控制旋钮，直到预定的转速。离心机分离到预定时间（一般 2～5min）后，先将转速控制旋钮调至 0 位，再关闭电源，待离心机完全停止不旋转时，再打开机顶盖，取出离心试管。

第 3 章
元素和化合物的性质实验

实验一　s区元素钠、钾、镁、钙、钡及其化合物的性质

一、实验目的
① 了解单质钠和镁的性质。
② 了解碱土金属难溶盐的性质。
③ 掌握 Na^+、K^+、Mg^{2+}、Ca^{2+}、Ba^{2+} 的鉴定方法。

二、实验原理
碱金属位于元素周期表ⅠA族，碱土金属位于ⅡA族，都属于s区元素，价电子构型通式分别为 ns^1 和 ns^2，是典型的金属元素，最高氧化数分别为+1和+2。同族元素自上而下具有一系列明显的性质变化规律，如原子（离子）半径增大、金属性增强、氢氧化物的碱性增强等。同周期的碱金属元素的金属性要强于碱土金属。

碱土金属形成的盐类中，不少是难溶的，可以利用这一性质达到分离的目的。

碱金属形成的盐类则多数可溶，仅有极少数难溶，如 LiF、Li_2CO_3、$Na[Sb(OH)_6]$［六羟基合锑（Ⅴ）酸钠］、$Na[Zn(UO_2)_3(Ac)_9] \cdot 9H_2O$（醋酸铀酰锌钠）、$KHC_4H_4O_6$（酒石酸氢钾）、$K_2Na[Co(NO_2)_6]$［六亚硝合钴（Ⅲ）酸钠钾］ 等。利用这一特点也可以鉴定碱金属离子。

某些金属或它们的挥发性化合物在无色火焰中灼烧，火焰呈现出特征颜色的反应称为"焰色反应"。其中，锂呈现紫红色，钠呈现黄色，钾呈现紫色，钙呈现砖红色，锶呈现洋红色，钡呈现黄绿色。利用这些特征颜色也可以用来鉴定相应的离子是否存在。

三、器材与试剂
1. 器材

仪器或器材	数　量	仪器或器材	数　量
镍铬丝(铂丝)		蓝色钴玻璃	
试管(普通玻璃)	10 支	pH 试纸	1个
10mL 离心试管	5 支	点滴板	
镊子		滤纸	
砂纸		250mL 烧杯(配表面皿)	1个

2. 试剂

试　　剂	规　格	试　　剂	规　格
HCl	2mol·L	HCl	6mol·L
浓 HNO₃	16mol·L⁻¹	HAc	2mol·L⁻¹
氨水	6mol·L⁻¹	Na₂SO₄	1mol·L⁻¹
Na₂CO₃	1mol·L⁻¹	LiCl	1mol·L⁻¹
NaCl	1mol·L⁻¹	KCl	1mol·L⁻¹
SrCl₂	1mol·L⁻¹	MgCl₂	0.1mol·L⁻¹
BaCl₂	0.1mol·L⁻¹	CaCl₂	0.1mol·L⁻¹
K₂CrO₄	0.5mol·L⁻¹	NH₄Cl	2mol·L⁻¹
(NH₄)₂CO₃	2mol·L⁻¹	NH₄Ac	2mol·L⁻¹
(NH₄)₂C₂O₄	饱和	K[Sb(OH)₆]	饱和
醋酸铀酰锌试剂	饱和	酒石酸氢钠	饱和
六亚硝合钴(Ⅲ)酸钠钾	饱和	金属钠	
镁条		酚酞	配制方法见附录 8
Na⁺、Mg²⁺、Ca²⁺、Ba²⁺ 混合离子溶液			

四、实验内容

1. 单质钠和镁的性质

① 用镊子取一绿豆大小、保存在煤油里的金属钠，用滤纸吸干表面的煤油，再放入盛有半杯水的 250mL 烧杯中，并立即用表面皿覆盖烧杯口。观察反应现象。反应完毕后，在烧杯中加 1～2 滴酚酞，观察实验现象。写出相应的化学反应方程式。

② 取一段镁条，用砂纸擦去表面氧化膜，分为两段，分别放入盛有冷水和近沸热水的试管中，观察现象。反应完毕后，在烧杯中滴 1～2 滴酚酞，观察实验现象。写出相应的化学反应方程式。

2. 碱金属的难溶盐

① 在 2 支试管中各加入 5 滴 1mol·L⁻¹ 的 NaCl，再分别加入数滴饱和 K[Sb(OH)₆] 与饱和 Na[Zn(UO₂)₃(Ac)₉]·9H₂O 试剂。观察沉淀的生成，必要时可用玻璃棒摩擦试管内部。

后一反应通常于用于 Na⁺ 的鉴定。

② 往 2 支试管中各加入 5 滴 0.1mol·L⁻¹ 的 KCl，再分别加入数滴饱和酒石酸氢钠和六亚硝合钴(Ⅲ)酸钠钾试剂。观察沉淀的生成，必要时可用玻璃棒摩擦试管内部。

后一反应通常用于 K⁺ 的鉴定。

3. 碱土金属的难溶盐

① 碳酸盐　在 3 支试管中分别加入 5 滴均为 0.1mol·L⁻¹ 的 MgCl₂、CaCl₂ 和 BaCl₂，再各滴加 1mol·L⁻¹ 的 Na₂CO₃，观察有无沉淀生成。在有沉淀的试管中滴加 2mol·L⁻¹ 的 HAc，观察实验现象。

② 草酸盐　在 3 支试管中分别加入 5 滴均为 0.1mol·L⁻¹ 的 MgCl₂、CaCl₂ 和 BaCl₂，再各滴加饱和 (NH₄)₂C₂O₄，观察有无沉淀生成。将有沉淀的溶液分在两支试管中，分别滴加 2mol·L⁻¹ 的 HAc 和 2mol·L⁻¹ 的 HCl。观察沉淀的溶解情况。

③ 铬酸盐　在 3 支试管中分别加入 5 滴均为 0.1mol·L⁻¹ 的 CaCl₂、SrCl₂ 和 BaCl₂，再

各滴加 $0.5mol \cdot L^{-1}$ 的 K_2CrO_4，观察有无沉淀生成。将有沉淀的溶液分在两支试管中，分别滴加 $2mol \cdot L^{-1}$ 的 HAc 和 $2mol \cdot L^{-1}$ 的 HCl。观察沉淀的溶解情况。

④ 硫酸盐　在 3 支试管中分别加入 5 滴均为 $0.1mol \cdot L^{-1}$ 的 $MgCl_2$、$CaCl_2$ 和 $BaCl_2$，再各滴加 $1mol \cdot L^{-1}$ 的 Na_2SO_4，观察有无沉淀生成。在有沉淀的溶液中滴加 $16mol \cdot L^{-1}$ 的浓硝酸，观察沉淀的溶解情况。

4. Na^+、Mg^{2+}、Ca^{2+}、Ba^{2+} 的分离与鉴定

取 Na^+、Mg^{2+}、Ca^{2+}、Ba^{2+} 混合离子溶液 1mL 于离心试管中，加 5 滴 $2mol \cdot L^{-1}$ 的 NH_4Cl，再加 $6mol \cdot L^{-1}$ 的氨水调节溶液至碱性。加热，在搅拌下滴加 $2mol \cdot L^{-1}$ 的 $(NH_4)_2CO_3$ 至沉淀完全，离心分离，将清液转移至另一试管，此时清液中含有 Na^+、Mg^{2+}。自己设计方案鉴定 Na^+、Mg^{2+}。

沉淀用热蒸馏水洗涤，弃去洗涤液，加 $2mol \cdot L^{-1}$ 的 HAc 使沉淀溶解，再加入 5 滴 $2mol \cdot L^{-1}$ 的 NH_4Ac，逐滴加入 $0.5mol \cdot L^{-1}$ 的 K_2CrO_4 至黄色沉淀完全，离心分离，自己设计方案鉴定 Ca^{2+}、Ba^{2+}。

5. 焰色反应

在点滴板上分别滴加 $2\sim5$ 滴 $2mol \cdot L^{-1}$ 的 HCl、均为 $1mol \cdot L^{-1}$ 的 $LiCl$、$NaCl$、KCl 和均为 $0.1mol \cdot L^{-1}$ 的 $CaCl_2$、$SrCl_2$、$BaCl_2$ 溶液，用洁净镍铬丝（或铂丝）蘸取 HCl 溶液在酒精灯火焰中灼烧至无色，再蘸取相应的金属离子溶液在火焰中灼烧，观察火焰颜色（观察 K^+ 火焰颜色需透过蓝色钴玻璃）。蘸取不同离子溶液前都要进行蘸取 HCl 溶液灼烧至无色这一步骤。

五、注意事项

① 金属钠性质非常活泼，反应剧烈。做实验时要格外注意安全，不要让金属钠或生成的强碱溶液溅到皮肤上。

② 若实验室发生钠或镁的燃烧事故，千万不可用水灭火。用水会引起更大的火势。

六、思考题

① 焰色反应的原理是什么？为什么观察 K^+ 火焰颜色需要透过蓝色的钴玻璃？

② 若实验室发生钠或镁的燃烧事故，正确的处理方法是什么？

③ 为什么 Na^+ 和 Ka^+ 难以形成沉淀，并且配位能力很差？

七、实验记录

1. 单质钠和镁的性质

实 验 内 容	现　　象	
钠与水反应		加酚酞后
镁与冷水反应		
镁与热水反应		

2. 碱金属的难溶盐

实验内容	现　　象	
$NaCl$ 与 $K[Sb(OH)_6]$ 反应		玻棒擦壁后
$NaCl$ 与 $K[Zn(UO_2)_3(Ac)_9] \cdot 9H_2O$ 反应		
KCl 与酒石酸氢钠反应		
KCl 与六亚硝合钴(Ⅲ)酸钠钾反应		

3. 碱土金属的难溶盐

实验内容	现象	
$MgCl_2$ 与 Na_2CO_3 反应		
$CaCl_2$ 与 Na_2CO_3 反应		
$BaCl_2$ 与 Na_2CO_3 反应		
$MgCl_2$ 与 $(NH_4)_2C_2O_4$ 反应		
$CaCl_2$ 与 $(NH_4)_2C_2O_4$ 反应		
$BaCl_2$ 与 $(NH_4)_2C_2O_4$ 反应	加相应酸后	
$CaCl_2$ 与 K_2CrO_4 反应		
$SrCl_2$ 与 K_2CrO_4 反应		
$BaCl_2$ 与 K_2CrO_4 反应		
$MgCl_2$ 与 Na_2SO_4 反应		
$CaCl_2$ 与 Na_2SO_4 反应		
$BaCl_2$ 与 Na_2SO_4 反应		

4. Na^+、Mg^{2+}、Ca^{2+}、Ba^{2+} 的分离与鉴定

实验内容	现象	
混合液与 NH_4Cl、氨水反应		
沉淀与 HAc 反应		加 K_2CrO_4：

鉴定 Na^+、Mg^{2+} 方案：

鉴定 Ca^{2+}、Ba^{2+} 方案：

5. 焰色反应

实验内容	现象	
焰色反应	LiCl：	NaCl：
	KCl：	$CaCl_2$：
	$SrCl_2$：	$BaCl_2$：

实验二 p区元素硼、铝、碳、硅及其化合物的性质

一、实验目的

① 掌握硼酸的制备和鉴定方法。

② 了解铝的活泼性，掌握铝离子的两性和鉴定方法。

③ 了解活性炭的吸附作用和碳酸盐的性质。

④ 了解硅酸钠的性质和硅酸水凝胶的生成。

二、实验原理

硼、铝分别是第二、第三周期第ⅢA族元素，价电子构型通式是 ns^2np^1，其在常见化合物中的氧化数为 $+3$；碳和硅分别是第二、第三周期第ⅣA族元素，价电子构型通式是 ns^2np^2，常见的氧化数为 $+4$。此外碳元素在有机化合物中还存在从 -4 到 $+4$ 的多变的氧化数。这四种元素都是主族非金属元素。

硼酸盐包括偏硼酸盐、（正）硼酸盐和多硼酸盐等，其中最重要的是四硼酸钠，其含结晶水的盐俗称硼砂（$Na_2B_4O_7 \cdot 10H_2O$）。硼砂溶于水，在酸性环境中转化为硼酸，该反应可逆：

$$B_4O_7^{2-} + 2H^+ + 5H_2O \rightleftharpoons 4H_3BO_3$$

硼酸是一元弱酸（$K_a = 6 \times 10^{-10}$）而不是三元酸，它的结构式可写成 $B(OH)_3$。硼酸呈酸性并不是它本身可以给出 H^+。而是因为硼是缺电子原子，能够接受水中的 OH^-，从而促使水的解离，释放出 H^+，导致溶液的酸性：

$$H_3BO_3 + H_2O \rightleftharpoons [B(OH)_4]^- + H^+$$

铝是活泼金属，与氧的结合能力很强，在空气中能形成一层致密的氧化膜（$\alpha\text{-}Al_2O_3$），可用酸煮沸除去，然后氧化膜层内的铝即与水反应生成氢气。与氧气作用则在其表面生成无定形的 $\gamma\text{-}Al_2O_3$。

以木材、煤为原料，隔绝空气加热，可制得无定形碳，经活化后具有很大的比表面积，称为"活性炭"。活性炭是良好的、常用的吸附剂。可用于净化空气、溶液脱色和去除杂质。

石英及石英砂的化学组成是 SiO_2，石英砂与碱在高温下作用生成硅酸钠。硅酸钠溶解于水后得到的黏稠液体称为"水玻璃"，也叫"泡花碱"。泡花碱与盐酸作用，得到硅酸胶体。硅酸不可能以单个独立的分子存在，实际上是以多种聚合体形式存在。以网状多种聚合体形式存在的硅酸胶体称为"硅酸水凝胶"。其中以偏硅酸（H_2SiO_3）的形式最为常见，一般也用 H_2SiO_3 代表硅酸。

三、器材与试剂

1. 器材

仪器或器材	数 量	仪器或器材	数 量
离心分离机	1台	广泛pH试纸	
试管	10支	酒精灯	1个
10mL离心试管	5支		

2. 试剂

试　　剂	规　　格	试　　剂	规　　格
HCl	$2mol \cdot L^{-1}$	HCl	$6mol \cdot L^{-1}$
浓 H_2SO_4	$18mol \cdot L^{-1}$	氨水	$6mol \cdot L^{-1}$
NaOH	$2mol \cdot L^{-1}$	$Hg(NO_3)_2$	$0.1mol \cdot L^{-1}$
$Al_2(SO_4)_3$	$0.1mol \cdot L^{-1}$	$CuSO_4$	$0.1mol \cdot L^{-1}$
$BaCl_2$	$0.1mol \cdot L^{-1}$	Na_2SiO_3 溶液	20%
Na_2CO_3	$1mol \cdot L^{-1}$	NH_4Cl	饱和
NH_4Ac	$1mol \cdot L^{-1}$	墨水	
铝试剂		酒精	95%
硼砂	固体	铝片	
活性炭			

四、实验内容

1. 硼酸的制备和鉴定

① 在试管中加 2mL 水和过量硼砂，加热溶解并还有硼砂固体存在。冷却至室温后用 pH 试纸检测溶液的酸碱性。

将上层饱和硼砂溶液转入离心试管，加 1mL 浓盐酸，观察结晶的析出，离心分离。用冷水洗涤晶体，弃去上层清液。

② 将制备的晶体转入干燥的蒸发皿中，加 95% 的酒精 1mL 和几滴浓硫酸，脱水生成挥发性的硼酸酯。用火柴点火，可见特征绿色火焰。

2. 单质铝的活泼性和 Al^{3+} 的两性与鉴定

① 在试管中放一小片铝，加 5 滴 $2mol \cdot L^{-1}$ 的 HCl，煮沸 1min，除去表面的氧化膜。倒出溶液，用水洗涤铝片，再加 5 滴 $0.1mol \cdot L^{-1}$ 的 $Hg(NO_3)_2$，待铝片表面变为灰色即迅速倒出溶液，再用水洗涤和浸泡铝片，观察实验现象。最后用滤纸吸去铝片表面水分，放置在空气中，观察实验现象，写出相应的化学反应方程式。

② 取 10 滴 $0.1mol \cdot L^{-1}$ 的 $Al_2(SO_4)_3$，加入 $6mol \cdot L^{-1}$ 的氨水至沉淀生成。将浑浊的溶液分在 A、B 两个试管中。A 试管中滴加 $6mol \cdot L^{-1}$ 的 HCl；B 试管中滴加 $2mol \cdot L^{-1}$ 的 NaOH。观察实验现象，写出相应的化学反应方程式。

③ 取 5 滴 $0.1mol \cdot L^{-1}$ 的 $Al_2(SO_4)_3$，加 $1mol \cdot L^{-1}$ 的 NH_4Ac 调溶液至中性，再加 2 滴铝试剂，微热。观察实验现象。这个实验是 Al^{3+} 的鉴定方法。

3. 活性炭的吸附作用和碳酸盐的性质

① 在离心试管中加 2mL 水和 1 滴墨水，再加少许活性炭，摇匀后离心分离，观察清液的颜色。

② 在 3 支试管中分别加入 5 滴均为 $0.1mol \cdot L^{-1}$ 的 $BaCl_2$、$CuSO_4$ 和 $Al_2(SO_4)_3$，再各加 1 滴 $2mol \cdot L^{-1}$ 的 Na_2CO_3，观察实验现象，并总结碳酸盐水解的规律性。

4. 硅酸钠的性质和硅酸水凝胶的生成

① 在试管中加入 20% 的 Na_2SiO_3 溶液 10 滴，用 pH 试纸测试其溶液的酸碱性。并在此溶液中滴加 NH_4Cl 饱和溶液，观察溶液有何变化。并将湿润的 pH 试纸横放在试管口并加热试管。观察实验现象。

② 取 20％的 Na_2SiO_3 溶液微热，滴加 $6mol \cdot L^{-1}$ 的 HCl，观察实验现象。写出相应的化学反应方程式。

五、思考题

① 写出硼酸的化学式，并解释其为什么不是三元酸。

② 单质铝也具有两性，分别写出其与盐酸和氢氧化钠的反应方程式。

③ 比较ⅣA族元素自上而下 +2 和 +4 氧化数的化合物的稳定性变化规律。

④ 为什么贮存碱液的试剂瓶不用磨口玻璃塞而用橡胶塞？

六、实验记录

1. 硼酸的制备和鉴定

实验内容	现　　象	
硼砂溶液酸碱性	pH=	加 HCl 后：
固体加乙醇后焰色反应		

2. 单质铝的活泼性和铝离子的两性与鉴定

实验内容	现　　象
铝与 $Hg(NO_3)_2$ 反应	铝片在空气中：
$Al_2(SO_4)_3$ 与氨水反应	A：加 HCl 后：
	B：加 NaOH 后：
$Al_2(SO_4)_3$ 与铝试剂反应	

3. 活性炭的吸附作用和碳酸盐的性质

实验内容	现　　象
墨水加活性炭	
$BaCl_2$ 与 Na_2CO_3 反应	
$CuSO_4$ 与 Na_2CO_3 反应	
$Al_2(SO_4)_3$ 与 Na_2CO_3 反应	

4. 硅酸钠的性质和硅酸水凝胶的生成

实验内容	现　　象	
Na_2SiO_3 溶液酸碱性	pH=	
Na_2SiO_3 与 NH_4Cl 反应		pH 试纸：
Na_2SiO_3 与 HCl 反应		

实验三　p区元素锡、铅、锑、铋及其化合物的性质

一、实验目的

① 了解锡、铅、锑、铋常见化合物的性质。

② 熟悉 Sn(Ⅱ)的还原性和 Pb(Ⅳ)、Bi(Ⅴ)的氧化性。

③ 掌握锡、铅、锑、铋离子的鉴定方法。

二、实验原理

锡和铅分别是第五、第六周期第ⅣA族元素，价电子构型通式是 ns^2np^2，具有 +2 和

+4两种氧化数；锑和铋分别是第五、第六周期第ⅤA族元素，价电子构型通式是 ns^2np^3，具有+3和+5两种氧化数，它们都是主族金属元素。由于6s的惰性电子对效应，造成第六周期的铅和铋的低氧化数（+2和+3）化合物比较稳定，而高氧化数（+4和+5）化合物不稳定，具有比较强的氧化性。如 PbO_2 和 $NaBiO_3$ 具有很强的氧化性，都能很容易地将 Mn^{2+} 氧化成 MnO_4^-。

$Sn(Ⅱ)$ 和 $Pb(Ⅱ)$ 的氢氧化物都呈现两性，在过量强碱的作用下分别生成 $Sn(OH)_4^{2-}$ 和 $Pb(OH)_4^{2-}$。$Sb(Ⅲ)$ 的氢氧化物也呈两性，在过量强碱的作用下生成 $Sb(OH)_6^{3-}$，而 $Bi(Ⅲ)$ 的氢氧化物只有碱性。

与第六周期的铅和铋相比，第五周期的锡和锑的低氧化数化合物还原性增强而高氧化数化合物的氧化性减弱。如 $Sn(Ⅱ)$ 具有强的还原性，能与 $HgCl_2$ 作用发生如下反应：

$$2HgCl_2 + Sn^{2+} \rlap{=\!=} \quad Hg_2Cl_2 \downarrow (白色) + Sn^{4+} + 2Cl^-$$

$$Hg_2Cl_2 \downarrow + Sn^{2+} \rlap{=\!=} \quad 2Hg \downarrow (黑色) + Sn^{4+} + 2Cl^-$$

可以看到溶液中先生成白色沉淀，然后颜色变灰，此反应还可以用来鉴定 $Sn(Ⅱ)$ 和 $Hg(Ⅱ)$。在碱性条件下，$Sn(Ⅱ)$ 可以还原 $Bi(Ⅲ)$ 生成黑色的铋单质，此反应也可以用来鉴定 $Bi(Ⅲ)$：

$$2Bi(OH)_3 + 3[Sn(OH)_4]^{2-} \rlap{=\!=} \quad 2Bi \downarrow (黑色) + 3[Sn(OH)_6]^{2-}$$

锡、铅、锑、铋都能生成深色的硫化物沉淀，如 SnS（褐色）、SnS_2（黄色）、PbS（黑色）、Sb_2S_3（橙红色）、Sb_2S_5（橙红色）、Bi_2S_3（黑色），其中 SnS_2 和 Sb_2S_3 能溶于过量 S^{2-} 生成相应的硫代酸根 SnS_2^{2-} 和 SbS_3^{3-}。

$Pb(Ⅱ)$ 能形成多种难溶盐沉淀，其中 $PbCrO_4$ 呈现铬黄色，可用来鉴定 $Pb(Ⅱ)$。

$Sb(Ⅲ)$ 在锡片上被还原为黑色的单质锑，可用来检验 $Sb(Ⅲ)$：

$$2Sb^{3+} + 3Sn \rlap{=\!=} \quad 2Sb \downarrow (黑色) + 3Sn^{2+}$$

三、器材与试剂

1. 器材

仪器或器材	数　量	仪器或器材	数　量
离心分离机	1台	KI-淀粉试纸	
试管（普通玻璃）	10支	酒精灯	1个
10mL 离心试管	5支		

2. 试剂

试　剂	规　格	试　剂	规　格
HCl	$2mol \cdot L^{-1}$	浓 HCl	$12mol \cdot L^{-1}$
H_2SO_4	$2mol \cdot L^{-1}$	HNO_3	$2mol \cdot L^{-1}$
HNO_3	$6mol \cdot L^{-1}$	氨水	$6mol \cdot L^{-1}$
NaOH	$2mol \cdot L^{-1}$	NaOH	$6mol \cdot L^{-1}$
$SnCl_2$	$0.1mol \cdot L^{-1}$	$SbCl_3$	$0.1mol \cdot L^{-1}$
$Bi(NO_3)_3$	$0.1mol \cdot L^{-1}$	$Pb(NO_3)_2$	$0.1mol \cdot L^{-1}$
$Mn(NO_3)_2$	$0.1mol \cdot L^{-1}$	$HgCl_2$	$0.1mol \cdot L^{-1}$
$AgNO_3$	$0.1mol \cdot L^{-1}$	KI	$0.1mol \cdot L^{-1}$
KI	$2mol \cdot L^{-1}$	Na_2S	$0.5mol \cdot L^{-1}$
K_2CrO_4	$0.1mol \cdot L^{-1}$	NH_4Ac	饱和
碘水	饱和	氯水	饱和
PbO_2	固体	Pb_3O_4	固体
锡箔		四氯化碳	

四、实验内容

1. Sn(Ⅱ)、Pb(Ⅱ)、Sb(Ⅲ)、Bi(Ⅲ) 氢氧化物的酸碱性

① 在试管中加 10 滴 0.1mol·L^{-1}的 SnCl$_2$，逐滴加入 2mol·L^{-1}的 NaOH 至有沉淀生成为止。观察实验现象。

将浑浊的溶液分在 A、B 两支试管中，A 试管继续滴加 2mol·L^{-1}的 NaOH；B 试管滴加 2mol·L^{-1}的 HCl。观察实验现象。

② 在试管中加 10 滴 0.1mol·L^{-1}的 Pb(NO$_3$)$_2$，逐滴加入 2mol·L^{-1}的 NaOH。观察实验现象。

将浑浊的溶液分在 A、B 两支试管中，A 试管继续滴加 2mol·L^{-1}的 NaOH；B 试管滴加 2mol·L^{-1}的 HCl。观察实验现象。

③ 在试管中加 10 滴 0.1mol·L^{-1}的 SbCl$_3$，逐滴加入 2mol·L^{-1}的 NaOH。观察实验现象。

将浑浊的溶液分在 A、B 两支试管中，A 试管继续滴加 2mol·L^{-1}的 NaOH；B 试管滴加 2mol·L^{-1}的 HCl。观察实验现象。

④ 在试管中加 10 滴 0.1mol·L^{-1}的 Bi(NO$_3$)$_3$，逐滴加入 2mol·L^{-1}的 NaOH。观察实验现象。

将浑浊的溶液分在 A、B 两支试管中，A 试管继续滴加 2mol·L^{-1}的 NaOH；B 试管滴加 2mol·L^{-1}的 HCl。观察实验现象。

写出各步的化学反应方程式。通过以上实验现象，比较 Sn(OH)$_2$、Pb(OH)$_2$、Sb(OH)$_3$ 和 Bi(OH)$_3$ 的酸碱性。

2. Sn(Ⅱ)的还原性和 Pb(Ⅳ)的氧化性

① 取 5 滴 0.1mol·L^{-1}的 HgCl$_2$ 于试管中，逐滴加入 0.1mol·L^{-1}的 SnCl$_2$，观察实验现象，直到实验现象不再变化停止滴加。将溶液放置 5min 后再观察实验现象。

② 取 5 滴 0.1mol·L^{-1}的 SnCl$_2$ 于试管中，逐滴加入 2mol·L^{-1}的 NaOH，观察实验现象。再加数滴 0.1mol·L^{-1}的 Bi(NO$_3$)$_3$，观察实验现象。

③ 取 5 滴 0.1mol·L^{-1}的 Mn(NO$_3$)$_2$ 于试管中，滴加 1mL（约 25 滴）6mol·L^{-1}的 HNO$_3$ 酸化，再加少量 PbO$_2$ 固体粉末，摇匀、加热、静置，观察实验现象。

④ 取少量 PbO$_2$ 固体粉末于试管中，加 0.5mL（约 10~15 滴）12mol·L^{-1}的浓盐酸，将湿润的 KI-淀粉试纸横放在试管口，并加热试管。观察实验现象。

写出各步的化学反应方程式。总结鉴定 Sn^{2+}、Hg^{2+}、Bi^{3+}、PbO$_2$ 的方法。

3. 铅的难溶盐的生成和性质

在 5 支离心试管（A~E）中各加 5 滴 0.1mol·L^{-1}的 Pb(NO$_3$)$_2$。

① 在 A 试管中加 5 滴 2mol·L^{-1}的 HCl，离心分离，观察实验现象。再加 5mL 水，振荡试管，观察实验现象。将液体转移至普通试管中，加热，再观察实验现象。

冷却至室温后，再逐滴滴加 12mol·L^{-1}的浓盐酸，并振荡试管，观察实验现象。

② 在 B 试管中加 5 滴 2mol·L^{-1}的 H$_2$SO$_4$，离心分离，观察实验现象。再逐滴滴加饱和 NH$_4$Ac，并振荡试管，观察实验现象。

③ 在 C 试管中加 5 滴 0.1mol·L^{-1}的 KI，离心分离，观察实验现象。再逐滴滴加 2mol·L^{-1}的 KI，并振荡试管，观察实验现象。再滴加水 1~2mL，再观察实验现象。

④ 在 D 试管中加 5 滴 0.1mol·L^{-1}的 K$_2$CrO$_4$，离心分离，观察实验现象。再逐滴滴加

$2mol \cdot L^{-1}$ 的 HNO_3，并振荡试管，观察实验现象。

再逐滴滴加 $6mol \cdot L^{-1}$ 的 $NaOH$，并振荡试管，观察实验现象。

⑤ 在 E 试管中加 5 滴 $0.5mol \cdot L^{-1}$ 的 Na_2S，离心分离，观察沉淀的颜色。再逐滴滴加 $6mol \cdot L^{-1}$ 的 HNO_3，并振荡试管。观察实验现象。

写出各步的化学反应方程式。

4. 铅丹（Pb_3O_4）组成的测定

取少量 Pb_3O_4 固体于离心试管中，加 $6mol \cdot L^{-1}$ 的 HNO_3 溶液 1mL，微热。离心分离，观察沉淀的颜色。将清液倒入普通试管中，加 5 滴 $0.5mol \cdot L^{-1}$ 的 Na_2S，观察实验现象。

在有沉淀的离心试管中加 1mL 浓盐酸反应，将湿润的 KI-淀粉试纸横放在试管口，并加热试管。观察实验现象，检验气体产物。

写出有关化学反应方程式，并确定铅丹中铅的价态组成。

5. $Sb(Ⅲ)$、$Bi(Ⅲ)$ 的还原性和 $Sb(Ⅴ)$、$Bi(Ⅴ)$ 氧化性

① 在试管中加 20 滴 $0.1mol \cdot L^{-1}$ 的 $SbCl_3$，滴加 $2mol \cdot L^{-1}$ 的 $NaOH$。加 1mL 四氯化碳，逐滴加入饱和碘水并振荡试管，观察四氯化碳层的颜色变化至该层变成淡红色为止。再滴加 $12mol \cdot L^{-1}$ 的浓盐酸酸化溶液，观察四氯化碳层的颜色变化。

写出相关的化学反应方程式，并表述实验条件对反应的影响，实验说明不同氧化数的 Sb 的化合物分别具有什么性质。

② 在 A 试管中加 5 滴 $0.1mol \cdot L^{-1}$ 的 $SbCl_3$，滴加 $2mol \cdot L^{-1}$ 的 $NaOH$。在 B 试管中加 5 滴 $0.1mol \cdot L^{-1}$ 的 $AgNO_3$，滴加 $6mol \cdot L^{-1}$ 的氨水。将 B 试管中的溶液逐滴加到 A 试管中，观察反应现象，写出相应的化学反应方程式。

③ 在离心试管 C 中加 10 滴 $0.1mol \cdot L^{-1}$ 的 $Bi(NO_3)_3$，再加入 5 滴 $6mol \cdot L^{-1}$ 的 $NaOH$ 和 5 滴饱和氯水，水浴加热，离心分离。此产物备用。写出化学反应方程式。

④ 取 5 滴 $0.1mol \cdot L^{-1}$ 的 $Mn(NO_3)_2$，加 $6mol \cdot L^{-1}$ 的 HNO_3 溶液 1mL 酸化，再加入 C 试管中的产物，摇匀、加热、静置。观察上层清液颜色。写出化学反应方程式。此反应可用于鉴定 Mn^{2+}。

6. $Sb(Ⅲ)$、$Bi(Ⅲ)$ 的硫化物和硫代酸盐

在 A、B、C 3 支离心试管中各加 5 滴 $0.1mol \cdot L^{-1}$ 的 $SbCl_3$ 和 5 滴 $0.5mol \cdot L^{-1}$ 的 Na_2S，离心分离，观察实验现象。弃去上层清液。

在 A 试管的沉淀中滴加 $2mol \cdot L^{-1}$ 的 HCl，观察实验现象。

在 B 试管的沉淀中滴加 $12mol \cdot L^{-1}$ 的浓盐酸，观察实验现象。

在 C 试管的沉淀中滴加 $0.5mol \cdot L^{-1}$ 的 Na_2S，观察实验现象。再滴加 $2mol \cdot L^{-1}$ 的 HCl，观察实验现象。

在 D、E、F 3 支离心试管中各加 5 滴 $0.1mol \cdot L^{-1}$ 的 $Bi(NO_3)_3$ 和 5 滴 $0.5mol \cdot L^{-1}$ 的 Na_2S，离心分离，观察实验现象。弃去上层清液。

在 D 试管的沉淀中滴加 $2mol \cdot L^{-1}$ 的 HCl，观察实验现象。

在 E 试管的沉淀中滴加 $2mol \cdot L^{-1}$ 的浓盐酸，观察实验现象。

在 F 试管的沉淀中滴加 $0.5mol \cdot L^{-1}$ 的 Na_2S，观察实验现象。再滴加 $2mol \cdot L^{-1}$ 的 HCl，观察实验现象。

写出相应的化学反应方程式。并比较 $Sb(Ⅲ)$、$Bi(Ⅲ)$ 两种硫化物沉淀性质的异同。

7. Sb(Ⅲ)和 Bi(Ⅲ)的鉴定

① 在一片锡箔上滴加 1 滴 $0.1mol \cdot L^{-1}$ 的 $SbCl_3$，观察黑色痕迹的出现，示有 Sb^{3+}。

② 利用 Sn(Ⅱ) 的还原性将 Bi(Ⅲ) 还原成单质，可检验 Bi^{3+}，详见实验内容2②。

五、思考题

① 在碱性条件下，PbO_2 能否将 Mn^{2+} 氧化成 $KMnO_4$？

② 如何分离和鉴定 Sb^{3+} 和 Bi^{3+}？

③ 在用 $NaBiO_3$ 检验 Mn^{2+} 的反应中，能否用 HCl 酸化溶液？

④ Sn^{2+} 的溶液为什么容易变质，可以采取哪些手段来保存防止变质？

六、实验记录

1. Sn(Ⅱ)、Pb(Ⅱ)、Sb(Ⅲ)、Bi(Ⅲ) 氢氧化物的酸碱性

实验内容	现　象	
$SnCl_2$ 与 NaOH 反应		A：加 HCl 后：
		B：加 NaOH 后：
$Pb(NO_3)_2$ 与 NaOH 反应		A：加 HCl 后：
		B：加 NaOH 后：
$SbCl_3$ 与 NaOH 反应		A：加 HCl 后：
		B：加 NaOH 后：
$Bi(NO_3)_3$ 与 NaOH 反应		A：加 HCl 后：
		B：加 NaOH 后：

2. Sn(Ⅱ) 的还原性和 Pb(Ⅳ) 的氧化性

实验内容	现　象
$HgCl_2$ 与 $SnCl_2$ 反应	放置后：
$SnCl_2$ 加 NaOH 后	加 $Bi(NO_3)_3$ 后：
$Mn(NO_3)_2$ 与 PbO_2 反应	
PbO_2 与浓盐酸反应	KI 试纸：

3. 铅的难溶盐的生成和性质

实验内容	现　象	
$Pb(NO_3)_2$ 与 HCl 反应（A）		加 H_2O 后：
	加热后：	加浓 HCl 后：
$Pb(NO_3)_2$ 与 H_2SO_4 反应（B）		加 NH_4Ac 后：
$Pb(NO_3)_2$ 与 KI 反应（C）		加浓 KI 后：
		加 H_2O 后：
$Pb(NO_3)_2$ 与 K_2CrO_4 反应（D）		加 HNO_3 后：
		加 NaOH 后：
$Pb(NO_3)_2$ 与 Na_2S 反应（E）		加 HNO_3 后：

4. 铅丹（Pb_3O_4）组成的测定

实 验 内 容		现　象
Pb_3O_4 与 HNO_3 反应		清液加 Na_2S：
		沉淀加后 HCl：

5. Sb(Ⅲ)、Bi(Ⅲ) 的还原性和 Sb(Ⅴ)、Bi(Ⅴ) 氧化性

实 验 内 容		现　象
$SbCl_3$ 与 NaOH 反应		加 I_2 后，CCl_4 层：
		加浓 HCl 后，CCl_4 层：
A 液：$SbCl_3$ 与 NaOH		
B 液：$AgNO_3$ 与氨水反应		
B 液滴入 A 液		
C：$Bi(NO_3)_3$、NaOH 与饱和氯水反应		
$Mn(NO_3)_2$、HNO_3 与 C 产物反应		

6. Sb(Ⅲ)、Bi(Ⅲ) 的硫化物和硫代酸盐

实 验 内 容		现　象
$SbCl_3$ 与 Na_2S 反应		A. 沉淀加稀 HCl 后：
		B. 沉淀加浓 HCl 后：
		C. 沉淀加 Na_2S 后： 再加 HCl 后：
$Bi(NO_3)_3$ 与 Na_2S 反应		D. 沉淀加稀 HCl 后：
		E. 沉淀加浓 HCl 后：
		F. 沉淀加 Na_2S 后： 再加 HCl 后：

7. Sb(Ⅲ) 和 Bi(Ⅲ) 的鉴定

实 验 内 容		现　象
Sb(Ⅲ) 鉴定：锡箔上滴加 $SbCl_3$		
Bi(Ⅲ) 鉴定：$Bi(NO_3)_3$ 滴加 $SnCl_2$		

实验四　p 区元素氮、磷及其化合物的性质

一、实验目的

① 了解亚硝酸及其盐的性质。

② 了解硝酸及其盐的性质。

③ 了解正磷酸、偏磷酸和焦磷酸及其盐的性质。

④ 掌握 NH_4^+、NO_3^-、NO_2^-、PO_4^{3-} 的鉴定方法。

二、实验原理

氮、磷分别是第ⅤA族中第二周期和第三周期的元素，价电子构型通式是 ns^2np^3，是典

型的非金属元素，最高氧化数为＋5，最低氧化数为－3，具有多种可变氧化数，形成化合物的种类繁多。

亚硝酸不稳定，在常温下分解迅速，先生成 N_2O_3，在水溶液中呈现浅蓝色，再分解为 NO 和 NO_2（棕色）：

$$2HNO_2 = H_2O + N_2O_3 = H_2O + NO\uparrow + NO_2\uparrow$$

亚硝酸盐比较稳定，其中 N 的氧化数为＋3，以氧化性为主，但遇到更强的氧化剂也会体现出一定的还原性。

硝酸是强酸，并具有强氧化性，与金属和非金属均能作用。硝酸的还原产物随作用对象和硝酸的浓度不同而不同。与非金属一般生成无色的 NO。浓硝酸与不活泼金属如 Cu 作用生成红棕色的 NO_2；稀硝酸则生成 NO，如果极稀的硝酸与活泼金属如 Zn 作用，则生成 NH_4^+：

$$4Zn + 10HNO_3(极稀) = 4Zn(NO_3)_2 + NH_4NO_3 + 3H_2O$$

磷酸是三元中强酸，与不同量的强碱中和可以形成二氢盐、一氢盐和正盐，这些盐与 $AgNO_3$ 作用都生成黄色的 Ag_3PO_4。而钙盐的溶解度则各不相同，$Ca_3(PO_4)_2$ 和 $CaHPO_4$ 难溶，而 $Ca(H_2PO_4)_2$ 易溶。

P_4O_{10}（即五氧化二磷）遇水生成聚偏磷酸 $(HPO_3)_n$，在酸性介质中继续水解为 $H_4P_2O_7$（焦磷酸），完全水解产物是 H_3PO_4。$(HPO_3)_n$ 能使蛋白变性凝固，而 $H_4P_2O_7$ 和 H_3PO_4 则无此功能。PO_3^- 和 $P_2O_7^{4-}$ 与 $AgNO_3$ 作用，分别生成 $AgPO_3$ 和 $Ag_4P_2O_7$ 的白色沉淀。

NH_4^+ 可与强碱作用，生成氨气，生成的氨气可以与奈氏试剂（$K_2[HgI_4]$）的碱性溶液）反应：

$$NH_4^+ + 2K_2[HgI_4] + 4KOH = \left[O\begin{matrix}Hg\\Hg\end{matrix}NH_2\right]I + 7KI + 3H_2O$$

NO_3^- 和 NO_2^- 都可以在酸性介质中与 $FeSO_4$ 反应：

$$NO_3^- + 3Fe^{2+} + 4H^+ = 3Fe^{3+} + 2H_2O + NO$$
$$NO_2^- + Fe^{2+} + 2H^+ = Fe^{3+} + NO + H_2O$$
$$Fe^{2+} + NO = [Fe(NO)]^{2+}（棕色）$$

PO_4^{3-} 在酸性介质中可以与过量的 $(NH_4)_2MoO_4$ 反应，生成磷钼（杂多）酸铵：

$$PO_4^{3-} + 12MoO_4^{2-} + 24H^+ + 3NH_4^+ = (NH_4)_3PO_4 \cdot 12MoO_3\downarrow（黄色）+ 12H_2O$$

三、器材与试剂

1. 器材

仪器或器材	数　量	仪器或器材	数　量
点滴板		广泛 pH 试纸	
试管(普通玻璃)	10 支	冰水浴	1 套
酒精灯或电炉	1 台	火柴	

2. 试剂

试　　剂	规　　格	试　　剂	规　　格
HCl	$2mol \cdot L^{-1}$	HAc	$2mol \cdot L^{-1}$
浓 H_2SO_4		H_2SO_4	$2mol \cdot L^{-1}$
浓 HNO_3	$16mol \cdot L^{-1}$	HNO_3	$2mol \cdot L^{-1}$
NaOH	$6mol \cdot L^{-1}, 0.1mol \cdot L^{-1}$	氨水	$2mol \cdot L^{-1}$
KI	$0.1mol \cdot L^{-1}$	$KMnO_4$	$0.01mol \cdot L^{-1}$
$NaNO_2$	饱和	$NaNO_2$	$0.1mol \cdot L^{-1}$
$AgNO_3$	$0.1mol \cdot L^{-1}$	$BaCl_2$	$0.1mol \cdot L^{-1}$
$CaCl_2$	$0.1mol \cdot L^{-1}$	Na_3PO_4	$0.1mol \cdot L^{-1}$
Na_2HPO_4	$0.1mol \cdot L^{-1}$	NaH_2PO_4	$0.1mol \cdot L^{-1}$
$Na_4P_2O_7$	$0.1mol \cdot L^{-1}$	Na_2CO_3	$0.1mol \cdot L^{-1}$
NH_4Cl	$0.1mol \cdot L^{-1}$	KNO_3	$0.1mol \cdot L^{-1}$
$(NH_4)_2MoO_4$	$0.1mol \cdot L^{-1}$	冰	
奈氏试剂		$NaNO_3$	固体
$Cu(NO_3)_2$	固体	P_4O_{10}	固体
$FeSO_4 \cdot 7H_2O$	固体	硫黄粉	
铜片		锌片	

四、实验内容

1. 亚硝酸和亚硝酸盐的性质

① HNO_2 的生成和分解　取 10 滴 $NaNO_2$ 饱和溶液于试管中，冰水浴。在试管中加入 10 滴 $2mol \cdot L^{-1}$ 的 H_2SO_4，观察实验现象；将试管置于室温下 10min，观察溶液颜色的变化。

② 亚硝酸（盐）的氧化还原性　取 10 滴 $0.1mol \cdot L^{-1}$ 的 KI 于试管中，再加 5 滴 $0.1mol \cdot L^{-1}$ 的 $NaNO_2$，观察现象；再加 2 滴 $2mol \cdot L^{-1}$ 的 H_2SO_4 酸化，观察实现现象。

取 10 滴 $0.01mol \cdot L^{-1}$ 的 $KMnO_4$ 于试管中，再加 3 滴 $0.1mol \cdot L^{-1}$ 的 $NaNO_2$，观察实验现象；再加 2 滴 $2mol \cdot L^{-1}$ 的 H_2SO_4 酸化，观察实验现象。

③ $AgNO_2$ 的生成　取 10 滴 $0.1mol \cdot L^{-1}$ 的 $NaNO_2$ 于试管中，滴加 10 滴 $0.1mol \cdot L^{-1}$ 的 $AgNO_3$，观察实验现象。

写出以上化学反应的方程式，并说明亚硝酸及其盐的性质。

2. 硝酸的氧化性

① HNO_3 与非金属的作用　在 A、B 两支试管中各加入少量硫黄粉，A 试管加入 $0.1mol \cdot L^{-1}$ 的 HNO_3 溶液 1mL，B 试管加入 $16mol \cdot L^{-1}$ 的浓 HNO_3 1mL，在通风橱中加热煮沸，观察实验现象，再将 $0.1mol \cdot L^{-1}$ 的 $BaCl_2$ 溶液滴入 A、B 两支试管，观察现象。

② 浓 HNO_3 与金属的作用　取一小片 Cu 放入试管，再加入 5 滴 $16mol \cdot L^{-1}$ 的浓 HNO_3，观察实验现象。

③ 稀 HNO_3 与金属的作用　取一小片 Cu 放入试管，再加入 10 滴 $2mol \cdot L^{-1}$ 的 HNO_3，观察实验现象并与前一实验进行比较。

④ 极稀硝酸与活泼金属的作用　取 2 小片 Zn 放入试管，加入 2mL 蒸馏水，再加 1～2

滴 2mol·L^{-1} 的 HNO$_3$，观察实验现象。向试管中滴加 1 滴 6mol·L^{-1} 的 NaOH 和 1~2 滴奈氏试剂，观察实验现象。

写出以上化学反应的方程式，并说明硝酸的氧化性。

3. 硝酸盐的热分解

在 A、B 两支干燥的试管中分别加入少许固体 NaNO$_3$ 和 Cu(NO$_3$)$_2$，加热至熔化状态，观察反应现象，再用带火星的火柴棍检验气体产物。

写出化学反应的方程式，并说明硝酸盐热分解的产物与盐类的关系。

4. 正磷酸盐的性质

① 在 A、B、C 3 支试管中分别加入 10~20 滴均为 0.1mol·L^{-1} 的 Na$_3$PO$_4$、Na$_2$HPO$_4$ 和 NaH$_2$PO$_4$ 溶液，用 pH 试纸测试各溶液的 pH 值。然后在各试管中分别加入 2 滴 0.1mol·L^{-1} 的 AgNO$_3$，观察沉淀的颜色。再用 pH 试纸测试各溶液的 pH 值。

写出相应的化学反应方程式，并解释溶液的 pH 变化的原因。

② 往 3 支试管中分别加入 5 滴均为 0.1mol·L^{-1} 的 Na$_3$PO$_4$、Na$_2$HPO$_4$ 和 NaH$_2$PO$_4$，再各加 5 滴 0.1mol·L^{-1} 的 CaCl$_2$，观察沉淀生成情况。在没有沉淀的试管中逐滴滴加 2mol·L^{-1} 的氨水，观察实验现象。最后在 3 支试管中各加入 2mol·L^{-1} 的 HCl，观察实验现象。

写出上述过程中的化学反应方程式，并解释产生现象变化的原因。

5. 偏磷酸的水解反应

取少量固体 P$_4$O$_{10}$ 于 100mL 烧杯中，加水 20mL 得聚偏磷酸 (HPO$_3$)$_n$。取聚偏磷酸 (HPO$_3$)$_n$ 溶液 10mL 于试管中，加入 2mL 浓硝酸，煮沸 5min 得 H$_3$PO$_4$（煮沸过程中需补充适量水分）。再向试管中加入 20 滴 0.1mol·L^{-1} 的 (NH$_4$)$_2$MoO$_4$，观察实验现象。

6. PO$_3^-$、PO$_4^{3-}$、P$_2$O$_7^{4-}$ 的区分

取 3 支试管分别加入 10 滴 (HPO$_3$)$_n$、H$_3$PO$_4$ 和 0.1mol·L^{-1} 的 Na$_4$P$_2$O$_7$。再加入 0.1mol·L^{-1} 的 AgNO$_3$，观察实验现象。

再取 3 支试管分别加入 10 滴 (HPO$_3$)$_n$、H$_3$PO$_4$ 和 0.1mol·L^{-1} 的 Na$_4$P$_2$O$_7$，各加入 1% 的鸡蛋清水溶液，观察实验现象。

7. NH$_4^+$、NO$_3^-$、NO$_2^-$ 和 PO$_4^{3-}$ 的鉴定

① NH$_4^+$ 鉴定　在点滴板上滴 1 滴 0.1mol·L^{-1} 的 NH$_4$Cl，再滴加 1 滴奈氏试剂和 1 滴 0.1mol·L^{-1} 的 NaOH，观察实验现象。

② NO$_3^-$ 鉴定　在试管中加入少量固体 FeSO$_4$·7H$_2$O 和 1mL 0.1mol·L^{-1} 的 KNO$_3$。振荡试管使晶体溶解，再沿试管壁滴加 5~10 滴浓 H$_2$SO$_4$，观察溶液和试管壁交界处现象。

③ NO$_2^-$ 鉴定　在试管中加入少量固体 FeSO$_4$·7H$_2$O 和 10 滴 0.1mol·L^{-1} 的 NaNO$_2$，振荡试管使晶体溶解，再沿试管壁 5~10 滴 2mol·L^{-1} 的 HAc，观察溶液和试管壁交界处现象。

④ PO$_4^{3-}$ 的鉴定　向试管中加入 5 滴 0.1mol·L^{-1} 的 Na$_3$PO$_4$，再加入 10 滴浓 HNO$_3$ 和 20 滴 0.1mol·L^{-1} 的 (NH$_4$)2MoO$_4$。微热，观察实验现象。

五、思考题

① 有三组白色晶体，分别为 NaNO$_2$ 或 NaNO$_3$、NaNO$_3$ 或 NH$_4$NO$_3$、NaNO$_3$ 或 Na$_3$PO$_4$，如何用简便的方法加以鉴别？

② 分别写出 P$_4$O$_{10}$、(HPO$_3$)$_n$、P$_2$O$_7^{4-}$ 的结构式。

③ NO_2^- 和 NO_3^- 一样能产生棕色环反应，如何在检测 NO_3^- 的时候去除 NO_2^- 的干扰？

六、实验记录

1. 亚硝酸和亚硝酸盐的性质

实 验 内 容	现	象
$NaNO_2$ 与 H_2SO_4 反应	冰水浴：	常温下：
$NaNO_2$ 与 KI 反应		加 H_2SO_4 后：
$NaNO_2$ 与 $KMnO_4$ 反应		加 H_2SO_4 后：
$NaNO_2$ 与 $AgNO_3$ 反应		

2. 硝酸的氧化性

实 验 内 容	现	象
稀 HNO_3 与 S 反应		加 $BaCl_2$ 后：
浓 HNO_3 与 S 反应		加 $BaCl_2$ 后：
浓 HNO_3 与 Cu 反应		
稀 HNO_3 与 Cu 反应		
极稀 HNO_3 与 Zn 反应		加奈氏试剂后：

3. 硝酸盐的热分解

实 验 内 容	现	象
固体 $NaNO_3$ 熔融		带火星火柴：
固体 $Cu(NO_3)_2$ 熔融		带火星火柴：

4. 正磷酸盐的性质

实 验 内 容	现	象
Na_3PO_4 溶液	pH：	
Na_3PO_4 与 $AgNO_3$ 反应		pH：
Na_2HPO_4 溶液	pH：	
Na_2HPO_4 与 $AgNO_3$ 反应		pH：
NaH_2PO_4 溶液	pH：	
NaH_2PO_4 与 $AgNO_3$ 反应		pH：
Na_3PO_4 与 $CaCl_2$ 反应		加氨水后：
Na_2HPO_4 与 $CaCl_2$ 反应		加氨水后：
NaH_2PO_4 与 $CaCl_2$ 反应		加氨水后：

5. 偏磷酸的水解反应

实 验 内 容	现	象
$(HPO_3)_n$ 与 HNO_3、H_2O 反应		加 $(NH_4)_2MoO_4$ 后：

6. PO_3^-，PO_4^{3-}，$P_2O_7^{4-}$ 的区分

实 验 内 容	现	象
$(HPO_3)_n$ 与 $AgNO_3$ 反应		
H_3PO_4 与 $AgNO_3$ 反应		
$Na_4P_2O_7$ 与 $AgNO_3$ 反应		
$(HPO_3)_n$ 与鸡蛋清反应		
H_3PO_4 与鸡蛋清反应		
$Na_4P_2O_7$ 与鸡蛋清反应		

7. NH_4^+、NO_3^-、NO_2^- 和 PO_4^{3-} 的鉴定

实 验 内 容	现　　　象	
NH_4Cl 与奈氏试剂反应		
NO_3^- 鉴定试验		加 $BaCl_2$ 后：
NO_2^- 鉴定试验		
PO_4^{3-} 鉴定试验		

实验五　p区元素氧、硫及其化合物的性质

一、实验目的

① 了解过氧化氢的性质。

② 了解硫化氢和硫化物的性质。

③ 了解亚硫酸及其盐的性质。

④ 了解硫代硫酸及其盐的性质。

二、实验原理

氧和硫分别是第ⅥA族中第二周期和第三周期的元素，价电子构型通式是 ns^2np^4，是典型的非金属元素。氧在化合物中的常见氧化数为 -2；在过氧化物中则为 -1，代表性物质为 H_2O_2（过氧化氢），也称双氧水。H_2O_2 不太稳定，可分解为 H_2O 和 O_2。常温下分解较慢，在加热或有催化剂存在的情况下分解很快。

S 的最高氧化数为 $+6$，最低氧化数为 -2，此外具有 $+4$ 等多种变化的氧化数，形成化合物的种类较多。H_2S 中 S 的氧化数为 -2，具有较强的还原性，常温下为具有臭鸡蛋气味的气体，其水溶液称为氢硫酸。因其易污染环境，往往用硫代乙酰胺（CH_3CSNH_2）作为氢硫酸的替代品，在酸性或碱性条件下加热水解生成 H_2S 或 S^{2-}，例如：

$$CH_3CSNH_2 + H^+ + 2H_2O \Longrightarrow CH_3COOH + H_2S + NH_4^+$$

除少数碱金属、碱土金属（钾、钠、钡等）的硫化物外，大多数金属的硫化物在水中均难溶，但溶度积相差较大。ZnS 易溶于稀 HCl，CdS 溶解于浓 HCl，而 CuS 需用氧化性的 HNO_3 才能溶解，HgS 的溶解性最差，只能溶解在王水中。利用不同硫化物溶解性的差异可以分离和鉴定金属离子。

S^{2-} 遇稀酸生成 H_2S 气体，与醋酸铅反应生成 PbS，使醋酸铅试纸变黑。另外，在弱碱条件下，S^{2-} 可与 $Na_2[Fe(CN)_5NO]$（亚硝酰铁氰化钠）生成紫红色的配合物 $[Fe(CN)_5NOS]^{4-}$。利用这些性质都可以鉴定 S^{2-}。

H_2SO_3 及其盐中 S 的氧化数为 $+4$。以还原性为主，遇到强还原剂也可呈氧化性。H_2SO_3 不稳定，易分解生成 SO_2。SO_2 与一些有机染料中的偶氮基团发生加成反应，具有可逆的漂白性。

SO_3^{2-} 能与 $Na_2[Fe(CN)_5NO]$ 生成红色沉淀，加入 $ZnSO_4$ 和 $K_4[Fe(CN)_6]$ 可使红色显著加深。

$Na_2S_2O_3$（硫代硫酸钠）中 S 的氧化数为 $+2$，以还原性为主，能与 I_2 发生如下反应：

$$2Na_2S_2O_3 + I_2 \Longrightarrow Na_2S_4O_6（连四硫酸钠）+ 2NaI$$

$Na_2S_2O_3$ 在酸性介质中不稳定，歧化分解为 SO_2 和 S。$S_2O_3^{2-}$ 遇到银离子生成白色的

$Ag_2S_2O_3$ 沉淀，$S_2O_3^{2-}$ 过量时，又可生成 $Ag[S_2O_3]_2^{3-}$ 而溶解。但沉淀在光照下不稳定，颜色逐渐加深，最后转化为黑色的 Ag_2S，可用来鉴定 $S_2O_3^{2-}$。

三、器材与试剂

1. 器材

仪器或器材	数　量	仪器或器材	数　量
离心分离机		广泛 pH 试纸	
试管(普通玻璃)	10 支	醋酸铅试纸	
10mL 离心试管	5 支	品红试纸	
水浴	1 套	150～180mm 细玻璃棒($\phi3～4$)	2 根
点滴板(白瓷)	1 套	酒精灯或电炉	1 台

2. 试剂

试　剂	规　格	试　剂	规　格
HCl	$2mol·L^{-1}$,$6mol·L^{-1}$	MnO_2	粉末
H_2SO_4	$2mol·L^{-1}$	HNO_3	$6mol·L^{-1}$
KI	$0.1mol·L^{-1}$	氨水	$2mol·L^{-1}$
$KMnO_4$	$0.01mol·L^{-1}$	H_2O_2	3%
硫代乙酰胺	5%	$FeCl_3$	$0.1mol·L^{-1}$
$ZnSO_4$	饱和,$0.1mol·L^{-1}$	$CuSO_4$	$0.1mol·L^{-1}$
$CdSO_4$	$0.1mol·L^{-1}$	Na_2S	$0.1mol·L^{-1}$
$Hg(NO_3)_2$	$0.1mol·L^{-1}$	Na_2SO_3	$0.5mol·L^{-1}$
$Na_2[Fe(CN)_5NO]$	1%	$Na_2S_2O_3$	$0.1mol·L^{-1}$
碘水	$0.01mol·L^{-1}$	CCl_4	
$K_4[Fe(CN)_6]$	$0.1mol·L^{-1}$	淀粉	0.2%
品红	1%		

四、实验内容

1. 过氧化氢的性质

① 加 10 滴 $0.1mol·L^{-1}$ 的 KI 于试管中，再加 2 滴 $2mol·L^{-1}$ 的 H_2SO_4 酸化，加入 5 滴 3% 的 H_2O_2，观察实验现象。

② 取 10 滴 $0.01mol·L^{-1}$ 的 $KMnO_4$ 于试管中，再加 2 滴 $2mol·L^{-1}$ 的 H_2SO_4 酸化，加入 5 滴 3% 的 H_2O_2，观察实验现象。

③ 取 10 滴 3% 的 H_2O_2 于试管中，观察有无气泡发生。然后加入少量 MnO_2 粉末，观察实验现象，再用带火星的火柴棍检验气体产物。

写出相应的化学反应方程式，通过以上实验证明了过氧化氢具有什么样的化学性质？

2. 硫化氢和硫化物的性质

(1) H_2S 的生成及其还原性

取 10 滴 5% 的硫代乙酰胺于试管中，加入 2 滴 $2mol·L^{-1}$ 的 H_2SO_4 酸化，水浴加热。小心嗅产生气体的味道，并用湿润的醋酸铅试纸横放在试管口，检验所生成的气体。

取 5 滴 $0.01mol·L^{-1}$ 的 $KMnO_4$ 于试管中，加 2 滴 $2mol·L^{-1}$ 的 H_2SO_4 酸化，再加 5 滴

5％的硫代乙酰胺，水浴加热，观察实验现象。

取 10 滴 $0.1mol \cdot L^{-1}$ 的 $FeCl_3$ 于试管中，加 2 滴 $2mol \cdot L^{-1}$ 的 H_2SO_4 酸化，再加 5 滴 5％的硫代乙酰胺，水浴加热，观察实验现象。

写出相应的化学反应方程式，通过以上实验说明了硫化氢具有什么样的性质？

（2）硫化物的生成和溶解

在 A、B、C、D 四支离心试管中分别加入 5 滴均为 $0.1mol \cdot L^{-1}$ 的 $ZnSO_4$、$CdSO_4$、$CuSO_4$ 和 $Hg(NO_3)_2$，再各加入 2 滴 $0.5mol \cdot L^{-1}$ 的 Na_2S。离心分离，弃去上层清液，观察实验现象。

在各沉淀中加入 5 滴 $2mol \cdot L^{-1}$ 的 HCl，观察实验现象。

不溶解的沉淀再次离心分离，弃去上层清液。在沉淀中滴加 $6mol \cdot L^{-1}$ 的 HCl，观察沉淀溶解情况。

如果还有不溶解的沉淀，继续离心分离，并用蒸馏水洗涤至上层清液中无 Cl^-，弃去上层清液。再滴加 $6mol \cdot L^{-1}$ 的 HNO_3，微热，观察实验现象。

写出相应硫化物溶解的反应方程式，并比较其溶解性大小。

（3）S^{2-} 的鉴定

在点滴板上滴 1 滴 $0.5mol \cdot L^{-1}$ 的 Na_2S，再加 1 滴 1％的 $Na_2[Fe(CN)_5NO]$，此现象可说明有 S^{2-} 存在。

3. 亚硫酸及其盐的性质

（1）H_2SO_3 的制备及其性质

取 $0.5mol \cdot L^{-1}$ 的 Na_2SO_3 溶液 2mL 于试管中，加 10 滴 $2mol \cdot L^{-1}$ 的 H_2SO_4，微热，小心嗅产生气体的味道，并用湿润的 pH 试纸和品红试纸横放在试管口，观察实验现象。

取 10 滴 $0.01mol \cdot L^{-1}$ 的碘水于试管中，加入 2 滴淀粉指示液，然后滴加 $0.5mol \cdot L^{-1}$ 的 Na_2SO_3 溶液 10～15 滴，观察实验现象。

取 10 滴 5％的硫代乙酰胺于试管中，加 2 滴 $2mol \cdot L^{-1}$ 的 H_2SO_4 酸化，水浴加热，然后滴加 5 滴 $0.5mol \cdot L^{-1}$ 的 Na_2SO_3，观察实验现象。

写出相应的化学反应方程式，并说明 H_2SO_3 及其盐的性质。

（2）SO_3^{2-} 的鉴定

在点滴板上滴加 2 滴饱和的 $ZnSO_4$ 溶液，加 1 滴 $0.1mol \cdot L^{-1}$ 的 $K_4[Fe(CN)_6]$ 和 1 滴 1％的 $Na_2[Fe(CN)_5NO]$，滴加 1～2 滴 $0.5mol \cdot L^{-1}$ 的 Na_2SO_3。

4. 硫代硫酸及其盐的性质

（1）$H_2S_2O_3$ 的制备及性质

取 10 滴 $0.1mol \cdot L^{-1}$ 的 $Na_2S_2O_3$，加入 10 滴 $2mol \cdot L^{-1}$ 的 HCl，观察实验现象。

取 10 滴 $0.01mol \cdot L^{-1}$ 的碘水，加 1 滴 0.2％的淀粉溶液，然后加入 10 滴 $0.1mol \cdot L^{-1}$ 的 $Na_2S_2O_3$，观察实验现象。

写出相应的化学反应方程式，并说明 $H_2S_2O_3$ 及其盐的性质。

（2）$S_2O_3^{2-}$ 的鉴定

在点滴板上滴 2 滴 $0.1mol \cdot L^{-1}$ 的 $Na_2S_2O_3$，然后逐滴滴加 $0.1mol \cdot L^{-1}$ 的 $AgNO_3$，直至生成白色沉淀，观察沉淀的变化，此现象可说明 $S_2O_3^{2-}$ 的存在。

五、思考题

① Na_2S、Na_2SO_3、$Na_2S_2O_3$ 和 Na_2SO_4 都是白色晶体，能否用一种最简单的方法把它们区分开？

② 金属的硫化物沉淀在用 HNO_3 洗涤之前，为什么要用蒸馏水洗涤至没有 Cl^- 存在？

③ 将少量 $AgNO_3$ 滴入 $Na_2S_2O_3$ 溶液，在滴入处出现了白色沉淀，但振荡后沉淀消失，这是为什么？

④ Na_2S 和 Na_2SO_3 溶液为什么容易变质，产生的杂质是什么？

六、实验记录

1. 过氧化氢的性质

实验内容	现　象
H_2O_2 与 KI 反应	
H_2O_2 与 $KMnO_4$ 反应	
H_2O_2 与 MnO_2 反应	

2. 硫化氢和硫化物的性质

实验内容	现　象	
硫代乙酰胺与 H_2SO_4 反应	气味：	$Pb(Ac)_2$ 试纸：
硫代乙酰胺与 $KMnO_4$ 反应		
硫代乙酰胺与 $FeCl_3$ 反应		
A：$ZnSO_4$ 与 Na_2S 反应		沉淀加稀 HCl：
	沉淀加浓 HCl：	沉淀加 HNO_3：
B：$CdSO_4$ 与 Na_2S 反应		沉淀加稀 HCl：
	沉淀加浓 HCl：	沉淀加 HNO_3：
C：$CuSO_4$ 与 Na_2S 反应		沉淀加稀 HCl：
	沉淀加浓 HCl：	沉淀加 HNO_3：
D：$Hg(NO_3)_2$ 与 Na_2S 反应		沉淀加稀 HCl：
	沉淀加浓 HCl：	沉淀加 HNO_3：
S^{2-} 鉴定反应		pH：

3. 亚硫酸及其盐的性质

实验内容	现　象	
Na_2SO_3 与 H_2SO_4 反应	气味：	pH 试纸：
		品红试纸：
Na_2SO_3 与 I_2 反应		
硫代乙酰胺与 Na_2SO_3 反应		
SO_3^{2-} 鉴定反应		

4. 硫代硫酸及其盐的性质

实验内容	现　象
$Na_2S_2O_3$ 与 HCl 反应	
$Na_2S_2O_3$ 与 I_2 反应	
$S_2O_3^{2-}$ 的鉴定	

实验六　p区元素氟、氯、溴、碘及其化合物的性质

一、实验目的

① 熟悉卤素单质氧化性和卤素离子还原性的变化规律。

② 了解次氯酸盐和氯酸盐的强氧化性。

③ 熟悉卤化银的难溶性变化规律。

④ 掌握卤素离子的分离和鉴定方法。

二、实验原理

卤素位于元素周期表第ⅦA族，价电子构型通式是 ns^2np^5，其中 F、Cl、Br、I 是典型的非金属元素，其性质有明显的变化规律。比如原子（离子）半径依次增大、单质氧化性依次减弱、单质熔沸点依次升高、卤离子还原性依次增加、卤化银溶解性依次减弱、氢卤酸酸性依次增强等。

卤素最高氧化数为+7，最低氧化数为−1。此外具有多种可变氧化数，形成化合物的种类较多。以 Cl 具有的氧化数为+1、+3、+5、+7 的含氧酸为例，分别为 HClO（次氯酸）、$HClO_2$（亚氯酸）、$HClO_3$（正氯酸或氯酸）和 $HClO_4$（高氯酸）。其酸性依次增强，但氧化性却是从强到弱，这与其物质结构的稳定性有关。如 NaClO 可以将 KI 氧化：

$$ClO^- + 2I^- + 2H^+ = Cl^- + I_2 + H_2O$$

而 $KClO_3$ 需在强酸性介质中才能实现这一反应：

$$ClO_3^- + 6I^- + 6H^+ = 3I_2 + Cl^- + 3H_2O$$

除了 AgF 易溶于水外，AgCl（白色）、AgBr（淡黄色）和 AgI（黄色）均难溶于水，且溶解度依次减少。AgCl 易溶于过量浓氨水，形成 $[Ag(NH_3)_2]^+$ 配离子。AgBr 则不能完全溶解在氨水中，但可溶于 $Na_2S_2O_3$ 溶液，生成 $[Ag(S_2O_3)_2]^{3-}$ 配离子。

KI-淀粉试纸可用于 Cl_2 的鉴定，产生的 I_2 使淀粉变蓝，但过量的 Cl_2 会使蓝色褪去，因会发生了如下反应：

$$5Cl_2 + I_2 + 6H_2O = 2HIO_3 + 10HCl$$

Br_2 和 I_2 在 CCl_4 中分别呈现橙黄色和紫红色，是特征的鉴定反应。

三、器材与试剂

1. 器材

仪器或器材	数　量	仪器或器材	数　量
离心分离机		广泛 pH 试纸	
试管（普通玻璃）	10 支	醋酸铅试纸	
10mL 离心试管	5 支	KI-淀粉试纸	
水浴	1 套	$\phi(3\sim4)mm \times (150\sim180)mm$ 细玻璃棒	2 根

2. 试剂

试　　剂	规　　格	试　　剂	规　　格
浓 HCl	$12\text{mol}\cdot\text{L}^{-1}$	锌粉	
H_2SO_4	浓，$2\text{mol}\cdot\text{L}^{-1}$	HNO_3	$6\text{mol}\cdot\text{L}^{-1}$
KI	$0.1\text{mol}\cdot\text{L}^{-1}$	氨水	$6\text{mol}\cdot\text{L}^{-1}$
KBr	$0.1\text{mol}\cdot\text{L}^{-1}$	NaCl	$0.1\text{mol}\cdot\text{L}^{-1}$
NaClO	饱和	$MnSO_4$	$0.5\text{mol}\cdot\text{L}^{-1}$
$AgNO_3$	$0.1\text{mol}\cdot\text{L}^{-1}$	$Na_2S_2O_3$	$0.5\text{mol}\cdot\text{L}^{-1}$
$(NH_4)_2CO_3$	12%	溴水	饱和
碘水	饱和	品红	1%
淀粉	0.2%	NaCl	固体
KBr	固体	KI	固体
$KClO_3$	固体	CCl_4	

四、实验内容

1. 卤素单质氧化性和卤素离子还原性的变化规律

① 在 2 支试管中分别加入 10 滴 $0.1\text{mol}\cdot\text{L}^{-1}$ 的 KBr 溶液和 $0.1\text{mol}\cdot\text{L}^{-1}$ 的 KI 溶液，再分别加入 CCl_4，再逐滴加入饱和氯水，边滴加边振荡试管，观察实验现象。

② 试管中加入 10 滴 $0.1\text{mol}\cdot\text{L}^{-1}$ 的 KI 溶液、CCl_4，再逐滴加入饱和溴水，边振荡试管。观察实验现象。

③ 取 3 支干燥试管分别加入少量 NaCl、KBr 和 KI 固体，再分别加入浓硫酸数滴，观察试管中的反应现象。分别用湿润的 pH 试纸、KI-淀粉试纸和醋酸铅试纸横放在试管口，并加热试管，观察实验现象。

写出相应的化学反应方程式，并说明卤素单质的氧化性和卤离子的还原性的强弱顺序。

2. 次氯酸盐的氧化性

在 A、B、C、D 4 支试管中均加入 NaClO 饱和溶液 1mL，然后分别操作如下：

A 试管中滴加 10 滴浓盐酸，用湿润的 KI-淀粉试纸横放在试管口，并加热试管，观察实验现象。

B 试管加入 $0.1\text{mol}\cdot\text{L}^{-1}$ 的 $MnSO_4$ 溶液 0.5mL，观察实验现象。

C 试管中加入 $2\text{mol}\cdot\text{L}^{-1}$ 的 H_2SO_4 中和溶液至近中性，滴加 $0.1\text{mol}\cdot\text{L}^{-1}$ 的 KI，再滴淀粉指示剂检验产物。

D 试管中加入品红溶液，观察实验现象。

写出相应的化学反应方程式，思考通过以上实验验证了次氯酸盐的什么性质。

3. 氯酸盐的氧化性

在 3 支试管（A～C）中各加入少量 $KClO_3$ 固体粉末，分别进行如下操作：

A 试管中滴加浓盐酸，用湿润的 KI-淀粉试纸横放在试管口，并加热试管，观察实验现象。

B 试管中加水 2mL 溶解 $KClO_3$，再加 $0.1\text{mol}\cdot\text{L}^{-1}$ 的 KI 溶液、淀粉指示剂。观察实验现象。

C 试管中加水 2mL 溶解 $KClO_3$，再加 $0.1\text{mol}\cdot\text{L}^{-1}$ 的 KI 溶液、淀粉指示剂。再滴加

2mol·L^{-1} 的 H$_2$SO$_4$ 酸化溶液。观察实验现象。

写出相应的化学反应方程式。以上实验证明了氯酸盐的什么性质，与次氯酸盐相比又如何？

4. 卤化银的溶解性

在 3 支离心试管中分别加入均为 0.1mol·L^{-1} 的 NaCl、KBr 和 KI 溶液 0.5mL，再分别滴入 0.1mol·L^{-1} 的 AgNO$_3$ 溶液 0.5mL，观察现象。离心分离。弃去上层清液，然后：

① 在 3 支试管的沉淀中滴加 6mol·L^{-1} 的氨水溶液 10 滴，振荡试管，观察实验现象。

② 再在上述 3 支试管中滴加 0.5mol·L^{-1} 的 Na$_2$S$_2$O$_3$ 溶液 1mL（20～25 滴），振荡试管，观察实验现象。

5. 卤素离子的鉴定

① Cl$^-$ 的鉴定　在离心试管中加入 0.1mol·L^{-1} 的 NaCl 溶液 0.5mL，逐滴加入 0.1mol·L^{-1} 的 AgNO$_3$ 溶液，产生沉淀，离心分离。弃去上层清液，观察沉淀的颜色。加 1 滴 6mol·L^{-1} 的 HNO$_3$，观察沉淀是否溶解。若不溶解，则滴入 6mol·L^{-1} 的氨水溶液，并振荡试管，直到沉淀溶于氨水。再向试管中滴加 6mol·L^{-1} 的 HNO$_3$，观察实验现象。此现象可证明溶液中存在 Cl$^-$。

② Br$^-$ 和 I$^-$ 的鉴定　2 支试管中分别加入 10 滴均为 0.1mol·L^{-1} 的 KBr 溶液和 KI 溶液，加入 10 滴 CCl$_4$，再逐滴加入饱和氯水，边滴加边振荡试管，观察实验现象。通过 CCl$_4$ 层中的颜色判断原样液是 Br$^-$ 还是 I$^-$。

6. 卤素离子的分离鉴定

在离心试管中加入均为 0.1mol·L^{-1} 的 NaCl 溶液 2 滴、KBr 溶液 4 滴和 KI 溶液 3 滴，加入 1 滴 6mol·L^{-1} 的 HNO$_3$ 酸化，加入 0.1mol·L^{-1} 的 AgNO$_3$ 溶液 10～15 滴，产生沉淀，离心分离。

在上层清液中滴加 0.1mol·L^{-1} 的 AgNO$_3$ 溶液，若浑浊，继续离心分离，直至滴加 AgNO$_3$ 溶液后上层清液不再变浑为止。Cl$^-$、Br$^-$、I$^-$ 已被完全沉淀。弃去上层清液。

在沉淀中滴加 5～8 滴 12％的 （NH$_4$）$_2$CO$_3$ 溶液，剧烈搅拌并水浴加热 1min。再次离心分离。收集上层清液于另一试管中，加入硝酸酸化，白色沉淀出现证明 Cl$^-$ 存在。否则原混合液无 Cl$^-$ 存在。

原来的沉淀中加 5～8 滴 2mol·L^{-1} 的 H$_2$SO$_4$ 及少量锌粉，充分搅拌，水浴加热至沉淀颜色转为黑色。离心分离，弃去沉淀，清液中加 2mL CCl$_4$，再逐滴加入饱和氯水，CCl$_4$ 层呈现紫红色代表有 I$^-$。继续加氯水，CCl$_4$ 层紫红色褪去呈现橙黄色代表有 Br$^-$。

写出相应的化学反应方程式。

五、思考题

① 能否用浓硫酸分别与固体 KBr 和固体 KI 反应制备 HBr 和 HI，为什么？

② KI-淀粉试纸遇氯气变蓝，但继续反应则蓝色褪去，发生了什么反应？

③ KClO$_3$ 在 H$_2$SO$_4$ 介质中才能氧化 KI，能否用 HCl 或者 HNO$_3$ 来酸化？

④ 为什么在 Cl$^-$、Br$^-$ 和 I$^-$ 的分离中，在生成的卤化银沉淀上加 （NH$_4$）$_2$CO$_3$ 溶液而不是氨水？

六、实验记录

1. 卤素单质氧化性和卤离子还原性变化规律

实验内容	现 象	
KI 与氯水反应	CCl_4：	
KBr 与氯水反应	CCl_4：	
KI 与溴水反应	CCl_4：	加 H_2SO_4 后：
NaCl 与浓硫酸反应	pH 试纸：	KI 淀粉试纸：
		醋酸铅试纸：
KBr 与浓硫酸反应	pH 试纸：	KI 淀粉试纸：
		醋酸铅试纸：
KI 与浓硫酸反应	pH 试纸：	KI 淀粉试纸：
		醋酸铅试纸：

2. 次氯酸盐的氧化性

实验内容	现 象	
A：NaClO 与浓 HCl 反应		KI 淀粉试纸：
B：NaClO 与 $MnSO_4$ 反应		
C：NaClO 与 KI（中性）反应		淀粉指示剂：
D：NaClO 溶液加入品红		

3. 氯酸盐的氧化性

实验内容	现 象	
$KClO_3$ 与浓 HCl 反应		KI 淀粉试纸：
$KClO_3$ 与 KI（中性）反应		淀粉指示剂：
$KClO_3$ 与 KI（酸性）反应		淀粉指示剂：

4. 卤化银的溶解性

实验内容	现 象	
NaCl 与 $AgNO_3$ 反应		加氨水后：
		加 $Na_2S_2O_3$ 后：
KBr 与 $AgNO_3$ 反应		加氨水后：
		加 $Na_2S_2O_3$ 后：
KI 与 $AgNO_3$ 反应		加氨水后：
		加 $Na_2S_2O_3$ 后：

5. 卤离子的鉴定

实验内容	现 象	
Cl^- 鉴定		
Br^- 鉴定		
I^- 鉴定		

实验七　d区元素钛、铬、锰及其化合物的性质

一、实验目的
① 了解钛的重要化合物的性质。
② 熟悉铬的各种化合物的性质及相互转变规律。
③ 熟悉锰的各种化合物的性质及相互转变规律。
④ 掌握钛、铬、锰离子的鉴定方法。

二、实验原理
钛、铬、锰是重要的过渡金属元素，分别位于元素周期表第四周期的ⅣB、ⅥB和ⅦB族，其价电子构型分别是 $3d^2 4s^2$、$3d^5 4s^1$ 和 $3d^5 4s^2$，对应最高氧化数分别为 $+4$、$+6$ 和 $+7$。具有多种氧化数是过渡金属元素的重要特征之一。钛常见的氧化数有 $+3$ 和 $+4$，铬常见的氧化数有 $+3$ 和 $+6$，而锰常见的氧化数有 $+2$、$+4$、$+6$ 和 $+7$。一般说来，氧化数越高，此价态的氧化能力越强。

元素处于最高氧化数时，往往具有强氧化性，而且只能作氧化剂。

元素处于最低氧化数时，往往具有强还原性，而且只能作还原剂。

处于中间氧化数时，则氧化性和还原性都具备，根据不同反应对象和条件，体现出不同的氧化（还原）能力。

Ti(Ⅳ) 在水中以钛酰离子 TiO^{2+} 的形态存在，加入氨水可生成 $Ti(OH)_4$ 沉淀。而加热水解也能生成白色沉淀（此时一般写成偏钛酸 H_2TiO_3 的形式）。TiO^{2+} 具有弱氧化性，能被锌粉还原为紫色的 Ti^{3+}；而 Ti^{3+} 具有较强的还原性，能被氯化铜氧化：

$$Cu^{2+} + Ti^{3+} + Cl^- + H_2O = CuCl\downarrow + TiO^{2+} + 2H^+$$

Cr(Ⅲ)的氢氧化物 $Cr(OH)_3$ 具有明显的两性，易溶于强碱生成 $Cr(OH)_4^-$。$Cr(OH)_4^-$ 具有较强的还原性，能被双氧水氧化成 Cr(Ⅵ) 的 CrO_4^{2-}。在不同的酸碱性条件下，CrO_4^{2-}（黄色）与 $Cr_2O_7^{2-}$（橙色）可实现可逆的转化。

$$2CrO_4^{2-}(黄色) + H^+ = Cr_2O_7^{2-}(橙色) + OH^-$$

$Cr_2O_7^{2-}$ 能在双氧水作用下生成过氧化铬 CrO_5，CrO_5 在乙醚中呈现蓝色。这一反应是铬的特征反应，常用来检验、鉴定铬的存在：

$$Cr_2O_7^{2-} + 4H_2O_2 + 2H^+ = 2CrO_5 + 5H_2O$$

浓度较高的 Mn^{2+} 在水中呈浅粉红色（浓度较小时，近似无色），遇碱生成白色的 $Mn(OH)_2$ 沉淀。$Mn(OH)_2$ 易被空气中氧气氧化成棕黑色的 MnO_2 的水合物 $MnO(OH)_2$。这是水中溶解氧测定的理论基础：

$$2Mn^{2+} + 4OH^- + O_2 = 2MnO(OH)_2\downarrow$$

MnO_2 也可由 MnO_4^- 与 Mn^{2+} 在溶液中"归中反应"得到：

$$3Mn^{2+} + 2MnO_4^- + 2H_2O = 5MnO_2 + 4H^+$$

Mn(Ⅵ) 的 MnO_4^{2-} 呈墨绿色，可由 MnO_4^- 与 MnO_2 在强碱性溶液中"归中反应"得到：

$$MnO_2 + 2MnO_4^- + 4OH^- = 3MnO_4^{2-} + 2H_2O$$

由于 Mn^{2+} 颜色较浅，可通过强氧化剂 $NaBiO_3$ 的氧化，生成紫红色的 MnO_4^- 来鉴定：

$$2Mn^{2+} + 5BiO_3^- + 14H^+ === 2MnO_4^- + 5Bi^{3+} + 7H_2O$$

三、器材与试剂

1. 器材

仪器或器材	数　量	仪器或器材	数　量
KI-淀粉试纸		试管（普通玻璃）	10 支
酒精灯	1 个		

2. 试剂

试　剂	规　格	试　剂	规　格
HCl	$6mol \cdot L^{-1}$	浓 HCl	$12mol \cdot L^{-1}$
H_2SO_4	$2mol \cdot L^{-1}$	HNO_3	$6mol \cdot L^{-1}$
氨水	$6mol \cdot L^{-1}$	NaOH	$2mol \cdot L^{-1}, 6mol \cdot L^{-1}$
$CuCl_2$	$0.1mol \cdot L^{-1}$	$TiOSO_4$	$0.35mol \cdot L^{-1}$
K_2CrO_4	$0.1mol \cdot L^{-1}$	$CrCl_3$	$0.1mol \cdot L^{-1}$
$FeSO_4$	$0.1mol \cdot L^{-1}$	$K_2Cr_2O_7$	$0.1mol \cdot L^{-1}$
$BaCl_2$	$0.1mol \cdot L^{-1}$	$AgNO_3$	$0.1mol \cdot L^{-1}$
$MnSO_4$	$0.1mol \cdot L^{-1}$	$Pb(NO_3)_2$	$0.1mol \cdot L^{-1}$
双氧水	3%	$KMnO_4$	$0.01mol \cdot L^{-1}$
锌粉		$NaBiO_3$	粉末
乙醚		MnO_2	粉末

四、实验内容

1. 钛的化合物性质

① $Ti(OH)_4$ 的制备和性质　试管中滴加 $0.35mol \cdot L^{-1}$ 的硫酸氧钛 $TiOSO_4$ 溶液 1mL，加 5 滴 $6mol \cdot L^{-1}$ 氨水，得到 $Ti(OH)_4$ 白色沉淀；沉淀分在两支试管中，分别滴加 $2mol \cdot L^{-1}$ 的 H_2SO_4 和 $6mol \cdot L^{-1}$ 的 NaOH。观察实验现象。

② Ti^{3+} 的制备和性质　试管中加入 $0.35mol \cdot L^{-1}$ 的 $TiOSO_4$ 溶液 2mL，加少量锌粉，反应 2min，观察溶液颜色的变化。吸取上层清液约 1mL 于另 1 支试管中，逐滴滴加 $0.1mol \cdot L^{-1}$ 的 $CuCl_2$，观察实验现象。

③ TiO^{2+} 的水解反应　试管中加入 2mL 蒸馏水和 2 滴 $0.35mol \cdot L^{-1}$ 的 $TiOSO_4$，加热至沸腾，观察实验现象。

④ TiO^{2+} 的鉴定　在试管中加入 10 滴 $0.35mol \cdot L^{-1}$ 的 $TiOSO_4$ 和 2 滴 3% 的双氧水，观察实验现象。

写出上述各步反应的化学方程式。

2. 铬的化合物性质

① $Cr(OH)_3$ 的制备和性质　自己制备 $Cr(OH)_3$，并验证其两性。观察并记录 Cr^{3+}、$Cr(OH)_3$ 和 $Cr(OH)_4^-$ 的颜色。

② Cr^{3+} 的还原性　在 2 支试管中均加入 $0.1mol \cdot L^{-1}$ 的 $CrCl_3$ 溶液 0.5mL 和 5 滴 3% 的双氧水，然后分别加入 5 滴 $6mol \cdot L^{-1}$ 的 HCl 和 $6mol \cdot L^{-1}$ 的 NaOH 溶液，加热，观察实验现象，说明溶液的酸碱性对 Cr^{3+} 的氧化还原能力的影响。

③ CrO_4^{2-} 与 $Cr_2O_7^{2-}$ 的相互转化　在试管中加入 $0.1mol\cdot L^{-1}$ 的 K_2CrO_4 溶液 $0.5mL$、滴加 5 滴 $2mol\cdot L^{-1}$ 的 H_2SO_4，观察实验现象。再逐滴加入 5 滴 $2mol\cdot L^{-1}$ 的 $NaOH$，观察实验现象？

④ 难溶性铬酸盐的生成　在 3 支试管中各加 $0.1mol\cdot L^{-1}$ 的 K_2CrO_4 溶液 $0.5mL$，再分别加入数滴均为 $0.1mol\cdot L^{-1}$ 的 $AgNO_3$、$BaCl_2$ 和 $Pb(NO_3)_2$，观察实验现象。

用 $0.1mol\cdot L^{-1}$ 的 $K_2Cr_2O_7$ 替代 K_2CrO_4，重复上述实验，观察实验现象，说明了什么？

⑤ $C_2O_7^{2-}$ 的氧化性　在试管中加入 5 滴 $0.1mol\cdot L^{-1}$ 的 $K_2Cr_2O_7$，再先后加 5 滴 $2mol\cdot L^{-1}$ 的 H_2SO_4 和 10 滴 $0.1mol\cdot L^{-1}$ 的 $FeSO_4$，微热，观察实验现象。

⑥ Cr^{3+} 鉴定　在试管中加入 5 滴 $0.1mol\cdot L^{-1}$ 的 $CrCl_3$，加过量 $6mol\cdot L^{-1}$ 的 $NaOH$ 至生成沉淀又溶解。再加入 5 滴 3% 的双氧水。微热，观察实验现象。

试管冷却后，滴加 10 滴乙醚，再加 5 滴 $6mol\cdot L^{-1}$ 的 HNO_3，振荡试管，观察乙醚层的颜色。

写出上述各步反应的化学方程式，并回答各步所列的问题。

3. 锰的化合物

(1) $Mn(OH)_2$ 制备与性质

在 3 支试管（A～C）中各加 $0.1mol\cdot L^{-1}$ 的 $MnSO_4$ 溶液 $0.5mL$。

在 A 试管中加入 5 滴 $2mol\cdot L^{-1}$ 的 $NaOH$，观察实验现象。再加 $2mol\cdot L^{-1}$ 的 H_2SO_4，观察实验现象。

在 B 试管中再加 $2mol\cdot L^{-1}$ 的 $NaOH$ $1mL$，观察实验现象。

在 C 试管中再加 5 滴 $2mol\cdot L^{-1}$ 的 $NaOH$，并用力振荡试管，观察沉淀颜色的变化。

(2) MnO_2 的制备与性质

在试管中加 5 滴 $0.01mol\cdot L^{-1}$ 的 $KMnO_4$，加入 5 滴 $0.1mol\cdot L^{-1}$ 的 $MnSO_4$，观察实验现象。

在试管中加少量 MnO_2 粉末，加入 10 滴浓盐酸，将润湿的 KI-淀粉试纸横放在试管口，加热试管，观察实验现象。

(3) MnO_4^{2-} 制备与性质

在试管中加 $0.01mol\cdot L^{-1}$ 的 $KMnO_4$ 溶液 $1mL$ 和 $6mol\cdot L^{-1}$ 的 $NaOH$ 溶液 $1mL$，再加少许 MnO_2 粉末，加热沸腾片刻。静置后取约 $1mL$ 上层清液于另 1 支试管中，观察实验现象。再加 $6mol\cdot L^{-1}$ 的 H_2SO_4 溶液 $1mL$，观察实验现象。

(4) Mn^{2+} 的鉴定

取 5 滴 $0.1mol\cdot L^{-1}$ 的 $MnSO_4$ 溶液，用 5 滴 $6mol\cdot L^{-1}$ 的 HNO_3 酸化，再加少许 $NaBiO_3$ 粉末，振荡，静置后观察上层清液的颜色。

写出上述各步反应的化学方程式并回答相关问题。

五、思考题

① TiO^{2+} 与锌粉的作用过程中，溶液中可见大量气泡生成，这是什么气体？

② 鉴定 Cr^{3+} 的反应中，加入双氧水的目的是什么？生成 CrO_5 的反应是不是氧化还原反应？

③ 比较 Cr^{3+} 和 $Cr(OH)_4^-$ 还原性的强弱；比较 CrO_4^{2-} 和 $Cr_2O_7^{2-}$ 氧化性的强弱。并解释其中规律。

④ $Mn(OH)_2$ 应该是什么颜色，为什么新制得的 $Mn(OH)_2$ 颜色就有点泛棕黄色？

六、实验记录

1. 钛的化合物性质

实　验　内　容	现　　象	
TiOSO₄ 与氨水反应		A：加 H₂SO₄：
		B：加 NaOH：
TiOSO₄ 与锌粉反应		加 CuCl₂ 后：
TiO²⁺ 加热反应		
TiOSO₄ 与 H₂O₂ 反应		

2. 铬的化合物性质

实　验　内　容	现　　象	
Cr³⁺ 的颜色		
Cr(OH)₃ 的颜色		
Cr(OH)₄⁻ 的颜色		
CrCl₃ 与双氧水反应	HCl 中：	NaOH 中：
K₂CrO₄ 溶液	加 H₂SO₄：	加 NaOH 后：
K₂CrO₄ 与 AgNO₃ 反应		
K₂CrO₄ 与 BaCl₂ 反应		
K₂CrO₄ 与 Pb(NO₃)₂ 反应		
K₂Cr₂O₇ 与 AgNO₃ 反应		
K₂Cr₂O₇ 与 BaCl₂ 反应		
K₂Cr₂O₇ 与 Pb(NO₃)₂ 反应		
K₂Cr₂O₇ 与 FeSO₄ 反应		
Cr³⁺ 鉴定		乙醚层：

3. 锰的化合物

实　验　内　容	现　　象	
MnSO₄ 与 NaOH 反应		A：加 H₂SO₄ 后：
	B：过量 NaOH：	C：振荡：
KMnO₄ 与 MnSO₄ 反应		
MnO₂ 与浓盐酸反应		KI 淀粉试纸：
KMnO₄ 与 MnO₂（NaOH 中）反应		加 H₂SO₄ 后：
MnSO₄ 与 NaBiO₃ 反应		

实验八　d 区元素铁、钴、镍及其化合物的性质

一、实验目的

① 熟悉铁、钴、镍氢氧化物的制备与性质。
② 了解铁、钴、镍配合物的生成和性质。
③ 了解铁、钴、镍硫化物的生成和性质。
④ 掌握铁、钴、镍离子的鉴定方法。

二、实验原理

铁、钴、镍是重要的过渡金属元素，位于元素周期表第四周期，属第一过渡系、ⅧB 族。

六、实验记录

1. 钛的化合物性质

实　验　内　容	现　　象	
$TiOSO_4$ 与氨水反应		A：加 H_2SO_4：
		B：加 $NaOH$：
$TiOSO_4$ 与锌粉反应		加 $CuCl_2$ 后：
TiO^{2+} 加热反应		
$TiOSO_4$ 与 H_2O_2 反应		

2. 铬的化合物性质

实　验　内　容	现　　象	
Cr^{3+} 的颜色		
$Cr(OH)_3$ 的颜色		
$Cr(OH)_4^-$ 的颜色		
$CrCl_3$ 与双氧水反应	HCl 中：	NaOH 中：
K_2CrO_4 溶液	加 H_2SO_4：	加 $NaOH$ 后：
K_2CrO_4 与 $AgNO_3$ 反应		
K_2CrO_4 与 $BaCl_2$ 反应		
K_2CrO_4 与 $Pb(NO_3)_2$ 反应		
$K_2Cr_2O_7$ 与 $AgNO_3$ 反应		
$K_2Cr_2O_7$ 与 $BaCl_2$ 反应		
$K_2Cr_2O_7$ 与 $Pb(NO_3)_2$ 反应		
$K_2Cr_2O_7$ 与 $FeSO_4$ 反应		
Cr^{3+} 鉴定		乙醚层：

3. 锰的化合物

实　验　内　容	现　　象	
$MnSO_4$ 与 $NaOH$ 反应		A：加 H_2SO_4 后：
	B：过量 $NaOH$：	C：振荡：
$KMnO_4$ 与 $MnSO_4$ 反应		
MnO_2 与浓盐酸反应		KI 淀粉试纸：
$KMnO_4$ 与 MnO_2（$NaOH$ 中）反应		加 H_2SO_4 后：
$MnSO_4$ 与 $NaBiO_3$ 反应		

实验八　d 区元素铁、钴、镍及其化合物的性质

一、实验目的

① 熟悉铁、钴、镍氢氧化物的制备与性质。
② 了解铁、钴、镍配合物的生成和性质。
③ 了解铁、钴、镍硫化物的生成和性质。
④ 掌握铁、钴、镍离子的鉴定方法。

二、实验原理

铁、钴、镍是重要的过渡金属元素，位于元素周期表第四周期，属第一过渡系、ⅧB 族。

其价电子构型分别是 $3d^6 4s^2$，$3d^7 4s^2$ 和 $3d^8 4s^2$。具有多种氧化数是过渡金属元素的重要特征，铁、钴、镍的氧化数除了 +3 以外，+2 也较常见，其中前者的离子具有氧化性，后者具有还原性。以相应的氢氧化物为例，其氧化性和还原性的变化规律为：

氧化性增强 →

+3 价态	$Fe(OH)_3$	$Co(OH)_3$	$Ni(OH)_3$
	红棕色/	褐色	黑色
+2 价态	$Fe(OH)_2$	$Co(OH)_2/Co(OH)Cl$	$Ni(OH)_2$
	白色	粉红色/蓝色	果绿色

← 还原性增强

$Fe(OH)_2$ 与氧气接触即可被氧气氧化，经历白色→灰绿色→红棕色的颜色变化。制备 $Fe(OH)_2$ 的时候要事先煮沸溶液，赶走溶解氧。而 $Ni(OH)_3$ 氧化性很强，与浓盐酸作用能发生如下反应：

$$Ni(OH)_3 + 6HCl \overset{\triangle}{=\!=\!=} 2NiCl_2 \downarrow Cl_2 \uparrow + 6H_2O$$

过渡金属容易形成配合物，比如 Co(Ⅱ) 和 Ni(Ⅱ) 均能与氨水形成配合物。Fe(Ⅲ) 和 Co(Ⅱ) 均能与硫氰酸钾形成配合物。而 Fe^{3+} 与 $K_4[Fe(CN)_6]$（黄血盐）作用，生成蓝色沉淀（普鲁士蓝）。Fe^{2+} 与 $K_3[Fe(CN)_6]$（赤血盐）作用，也生成蓝色沉淀（滕氏蓝）。利用这些配合物特征颜色可以起到鉴定相应离子的作用。

二价的铁、钴、镍均能形成黑色的硫化物沉淀，均为黑色，FeS 能溶解于稀酸。CoS 和 NiS 一旦在溶液中析出，会发生晶型转变而不再溶解于稀酸。因此需要先将含有 Co^{2+} 或 Ni^{2+} 溶液酸化再加入氢硫酸，观察到无沉淀生成来反证 CoS 和 NiS 能溶于酸。因硫化氢气体污染环境，往往用硫代乙酰胺（CH_3CSNH_2）作为氢硫酸的替代品，在酸性或碱性条件下加热水解生成 H_2S 或 S^{2-}。

三、器材与试剂

1. 器材

仪器或器材	数 量	仪器或器材	数 量
KI-淀粉试纸		试管（普通玻璃）	10 支
酒精灯	1 个	离心分离机	1 台
中速定性滤纸		10mL 离心试管	5 支

2. 试剂

试 剂	规 格	试 剂	规 格
HCl	$2mol \cdot L^{-1}$	浓 HCl	$12mol \cdot L^{-1}$
H_2SO_4	$2mol \cdot L^{-1}$	氨水	$2mol \cdot L^{-1}$
氨水	$6mol \cdot L^{-1}$	NaOH	$2mol \cdot L^{-1}$, $6mol \cdot L^{-1}$
$CoCl_2$	$0.5mol \cdot L^{-1}$	$CoCl_2$	$0.1mol \cdot L^{-1}$
$FeCl_3$	$0.1mol \cdot L^{-1}$	$NiSO_4$	$0.1mol \cdot L^{-1}$
$K_4[Fe(CN)_6]$	$0.1mol \cdot L^{-1}$	KSCN	$0.1mol \cdot L^{-1}$
溴水	饱和	$K_3[Fe(CN)_6]$	$0.1mol \cdot L^{-1}$
丙酮		丁二酮肟	1%酒精溶液
$FeSO_4 \cdot 7H_2O$	固体	硫代乙酰胺	5%

四、实验内容

1. Fe(Ⅱ)、Co(Ⅱ)、Ni(Ⅱ) 氢氧化物的制备与性质

(1) $Fe(OH)_2$ 的制备与性质

在试管中加入 3mL 蒸馏水，加 3 滴 $2mol\cdot L^{-1}$ 的 H_2SO_4 酸化，煮沸片刻，待冷却后加少量 $FeSO_4\cdot 7H_2O$ 晶体，制得新鲜的 $FeSO_4$ 溶液，将此溶液加入 A、B、C 3 支试管中。

用滴管吸取煮沸、冷却后的 $6mol\cdot L^{-1}$ NaOH 溶液，分别插入 A、B、C 3 支盛有 $FeSO_4$ 溶液试管的底部，将 NaOH 慢慢释放。再在 A 试管中滴加 $2mol\cdot L^{-1}$ 的 HCl，B 试管中滴加 $2mol\cdot L^{-1}$ 的 NaOH，C 试管剧烈振荡，观察实验现象。

(2) $Co(OH)_2$ 的制备与性质

在试管中加入 $0.1mol\cdot L^{-1}$ 的 $CoCl_2$ 溶液 2mL，煮沸。将此溶液分在 3 支试管（A～C）中。

在 A 试管中再逐滴加入煮沸过的 $2mol\cdot L^{-1}$ 的 NaOH，观察沉淀的颜色。

在 B 试管中再加入煮沸过的 5 滴 $2mol\cdot L^{-1}$ 的 NaOH。再逐滴加入 $2mol\cdot L^{-1}$ 的 HCl。观察实验现象。

剧烈振荡 C 试管并放置一段时间，观察实验现象。

(3) $Ni(OH)_2$ 的制备与性质

用 $0.1mol\cdot L^{-1}$ 的 $NiSO_4$ 和 $2mol\cdot L^{-1}$ 的 NaOH 直接反应制备 $Ni(OH)_2$ 沉淀，观察其颜色，并设法检验其酸碱性和在空气中的稳定性。

通过以上实验，对 Fe(Ⅱ)、Co(Ⅱ)、Ni(Ⅱ) 氢氧化物的酸碱性和还原性做一个小结。

2. Fe(Ⅲ)、Co(Ⅲ)、Ni(Ⅲ) 氢氧化物的制备与性质

(1) $Fe(OH)_3$ 的制备与性质

在离心试管中加入 $0.1mol\cdot L^{-1}$ 的 $FeCl_3$ 溶液 0.5mL，滴加 $2mol\cdot L^{-1}$ 的 NaOH，观察实验现象。

离心分离，弃去上层清液并洗涤沉淀。在沉淀中滴加数滴浓盐酸，将湿润的 KI-淀粉试纸横放在试管口，加热试管，观察实验现象。

(2) $Co(OH)_3$ 的制备与性质

在离心试管中加入 $0.1mol\cdot L^{-1}$ 的 $CoCl_2$ 溶液 0.5mL，加入 5 滴饱和溴水，再滴加 5 滴 $2mol\cdot L^{-1}$ 的 NaOH，加热至沸，观察实验现象。

离心分离，弃去上层清液并洗涤沉淀。在沉淀中滴加数滴浓盐酸，将湿润的 KI-淀粉试纸横放在试管口，加热试管，观察实验现象。

(3) $Ni(OH)_3$ 的制备与性质

在离心试管中加入 $0.1mol\cdot L^{-1}$ 的 $NiSO_4$ 溶液 0.5mL，加入 5 滴饱和溴水，再滴加 5 滴 $2mol\cdot L^{-1}$ 的 NaOH，加热至沸，观察实验现象。

离心分离，弃去上层清液并洗涤沉淀。在沉淀上滴加数滴浓盐酸并加热，将湿润的 KI-淀粉试纸横放在试管口，加热试管，观察实验现象。

通过以上实验，对 Fe(Ⅲ)、Co(Ⅲ)、Ni(Ⅲ) 氢氧化物的酸碱性和氧化性做一个小结。

3. 铁、钴、镍配合物的生成和性质

(1) 铁的配合物　在 2 支试管中分别加 5 滴均为 $0.1mol\cdot L^{-1}$ 的 $K_4[Fe(CN)_6]$（黄血盐）与 $K_3[Fe(CN)_6]$（赤血盐）溶液，观察溶液的颜色，再分别加入 5 滴 $2mol\cdot L^{-1}$ 的 NaOH，观察实验现象。

在另一试管中加 0.1mol·L^{-1} 的 $FeCl_3$ 溶液 0.5mL，加入 2 滴 0.1mol·L^{-1} 的 $K_4[Fe(CN)_6]$，观察实验现象，利用此反应可检验 Fe^{3+}。

在实验内容 1 中 D 试管的 $FeSO_4$ 溶液中，加入 1 滴 0.1mol·L^{-1} 的 $K_3[Fe(CN)_6]$，观察实验现象，利用此反应可检验 Fe^{2+}。

注意普鲁士蓝与滕氏蓝沉淀的颜色区别。

（2）钴的配合物

在试管中加入 0.1mol·L^{-1} 的 $CoCl_2$ 溶液 1mL，加入 5 滴 0.1mol·L^{-1} 的 KSCN，再加入 1mL 丙酮，振荡试管，观察有机相中 $[Co(SCN)_4]^{2-}$ 的颜色。此反应可用于检验 Co^{2+}。

在试管中加入 0.1mol·L^{-1} 的 $CoCl_2$ 溶液 0.5mL，逐滴加入过量 6mol·L^{-1} 的氨水至生成的沉淀又溶解，此时生成了 $[Co(NH_3)_6]^{2+}$，观察实验现象，并放置一段时间，观察过程中的实验现象。

用玻璃棒蘸取 0.5mol·L^{-1} 的 $CoCl_2$ 溶液，在滤纸上写字，然后用电炉烤干，观察实验现象。

（3）镍的配合物

在试管中加入 0.1mol·L^{-1} 的 $NiSO_4$ 溶液 0.5mL，逐滴加入 6mol·L^{-1} 的氨水，至生成的沉淀又溶解，此时生成了 $[Ni(NH_3)_6]^{2+}$，观察实验现象。放置一段时间，观察过程中的实验现象。

在上述溶液中滴加数滴丁二酮肟，观察实验现象。利用此反应可用检验 Ni^{2+}。

4. 铁、钴、镍硫化物的生成和性质

在三支试管中分别加入均为 0.1mol·L^{-1} 的 $FeSO_4$（按实验内容 1 制取）、$CoCl_2$ 和 $NiSO_4$ 溶液 0.5mL，各加 5 滴 2mol·L^{-1} 的 HCl 酸化，再各加 5 滴 5% 的硫代乙酰胺，加热，观察实验现象。再各加 5 滴 2mol·L^{-1} 的氨水，观察实验现象。最后再在各试管中加入 2mol·L^{-1} 的 HCl，观察实验现象。

五、注意事项

① Fe^{3+} 与 $K_4[Fe(CN)_6]$（黄血盐）作用，生成蓝色沉淀（普鲁士蓝）。一种观点认为：
$$4Fe^{3+} + 3K_4[Fe(CN)_6] =\!\!=\!\!= Fe_4[Fe(CN)_6]_3 \downarrow (普鲁士蓝) + 12K^+$$
另一种观点认为：
$$Fe^{3+} + K_4[Fe(CN)_6] =\!\!=\!\!= K[Fe(CN)_6Fe] \downarrow (普鲁士蓝) + 3K^+$$

② Fe^{2+} 与 $K_3[Fe(CN)_6]$（赤血盐）作用，也生成蓝色沉淀（滕氏蓝）。一种观点认为：普鲁士蓝与滕氏蓝是同一种物质：
$$Fe^{2+} + K_3[Fe(CN)_6] =\!\!=\!\!= K[Fe(CN)_6Fe] \downarrow + 2K^+ (滕氏蓝、普鲁士蓝)$$
另一种观点认为：Fe^{2+} 与 $K_3[Fe(CN)_6]$（赤血盐）作用，也生成蓝色沉淀（滕氏蓝）。
$$3Fe^{2+} + 2K_3[Fe(CN)_6] =\!\!=\!\!= Fe_3[Fe(CN)_6]_2 \downarrow (滕氏蓝) + 6K^+$$

六、思考题

① 在加热试管中溶液时容易发生爆沸现象，如何预防？

② 在 $CoCl_2$ 溶液中逐滴加入氨水，先产生的沉淀颜色是蓝色的，这种物质是什么？

③ 实验室中干燥用的变色硅胶能根据颜色的变化来判断是否有效，蓝色的时候是有效的，红色的时候则失效，请问原理是什么？

④ 在放置较久的 $FeSO_4$ 溶液中加硫化氢，并用稀盐酸溶解生成的黑色沉淀后，会发现还有一些浅色的沉淀不能溶解，可能是什么？

七、实验记录

1. Fe(Ⅱ)、Co(Ⅱ)、Ni(Ⅱ) 氢氧化物的制备与性质

实验内容	现　象	
FeSO₄ 与 NaOH 反应		A：加 HCl 后：
	B：加 NaOH 后：	C：振荡后：
CoCl₂ 与 NaOH 反应	A：	B：加 NaOH 后：
	B：再加 HCl 后：	C：振荡后：
NiSO₄ 与 NaOH 反应		A：加 HCl 后：
	B：加 NaOH 后：	C：振荡后：

2. Fe(Ⅲ)、Co(Ⅲ)、Ni(Ⅲ) 氢氧化物的制备与性质

实验内容	现　象	
Fe(OH)₃ 加浓盐酸		KI 淀粉试纸：
Co(OH)₃ 加浓盐酸		KI 淀粉试纸：
Ni(OH)₃ 加浓盐酸		KI 淀粉试纸：

3. 铁、钴、镍配合物的生成和性质

实验内容	现　象	
K₄[Fe(CN)₆](黄血盐)与 NaOH 反应		
K₃[Fe(CN)₆](赤血盐)与 NaOH 反应		
FeCl₃ 与 K₄[Fe(CN)₆] 反应		
FeSO₄ 与 K₃[Fe(CN)₆] 反应		
CoCl₂ 与 KSCN 反应		
CoCl₂ 与氨水反应		放置后：
CoCl₂ 溶液写字		烘干后：
NiSO₄ 与氨水反应		放置后：
		加丁二酮肟

4. 铁、钴、镍硫化物的生成和性质

实验内容	现　象	
FeSO₄ 与硫代乙酰胺反应		加氨水后：
		加 HCl 后：
CoCl₂ 与硫代乙酰胺反应		加氨水后：
		加 HCl 后：
NiSO₄ 与硫代乙酰胺反应		加氨水后：
		加 HCl 后：

实验九　ds区元素铜、银、锌、镉、汞及其化合物的性质

一、实验目的

① 了解铜、银、锌、镉、汞氢氧化物的性质。

② 了解铜、银、锌、镉、汞有关配合物的生成。

③ 熟悉 Cu(Ⅱ)-Cu(Ⅰ)、Hg(Ⅱ)-Hg(Ⅰ) 之间的转化规律。

④ 掌握铜、银、锌、镉、汞的鉴定方法。

二、实验原理

铜、银、锌、镉、汞是重要的过渡金属元素，其中铜和银是元素周期表ⅠB族的元素，价电子构型分别为 $3d^{10}4s^1$ 和 $4d^{10}5s^1$，其最高氧化数分别是 +2 和 +1；锌、镉、汞是ⅡB族的元素，价电子构型分别为 $3d^{10}4s^2$、$4d^{10}5s^2$ 和 $5d^{10}6s^2$，最高氧化数均为 +2。

$Cu(OH)_2$ 具有两性但酸性很弱，在加热时易脱水生成黑色 CuO。$AgOH$ 极不稳定，常温下即脱水生成棕色的 Ag_2O。$Hg(Ⅰ、Ⅱ)$ 的氢氧化物也都不稳定，生成后迅速转变为 Hg_2O（黑色）和 HgO（黄色）。$Zn(OH)_2$ 的两性明显，而 $Cd(OH)_2$ 虽有两性但酸性不明显。

铜、银、锌、镉、汞均能形成多种配合物，以与氨水的作用为例，Cu^{2+}、Ag^+、Zn^{2+} 和 Cd^{2+} 均能形成稳定的配合物。$Hg(Ⅱ)$ 与氨水的作用比较复杂，$HgCl_2$ 加入氨水生成白色 $HgNH_2Cl$ 沉淀：

$$HgCl_2 + 2NH_3 \Longrightarrow HgNH_2Cl\downarrow + NH_4Cl$$

而 $Hg(NO_3)_2$ 加入氨水生成白色 $HgO \cdot HgNH_2NO_3$ 沉淀：

$$2Hg(NO_3)_2 + 4NH_3 + H_2O \Longrightarrow HgO \cdot HgNH_2NO_3\downarrow + 3NH_4NO_3$$

铜和汞有可变的氧化数，其中 $Cu(Ⅰ)$ 在水溶液中容易发生歧化，只有在生成卤化物的沉淀或配合物时 $Cu(Ⅰ)$ 才能稳定存在，例如下列反应：

$$2Cu^{2+} + 4I^- \Longrightarrow 2CuI\downarrow + I_2$$

$$Cu + Cu^{2+} + 4Cl^- \Longrightarrow 2[CuCl_2]^-$$

而 $Hg(Ⅰ)$ 在水溶液中以 Hg_2^{2+} 形式稳定存在，只有在生成 $Hg(Ⅱ)$ 的难溶物或配合物时才能歧化，如：

$$Hg_2I_2（黄绿色）+ 2I^- \Longrightarrow [HgI_4]^{2-}（无色）+ Hg\downarrow（黑色）$$

Cu^{2+} 能与 $K_4[Fe(CN)_6]$（黄血盐）作用，生成棕红色的 $Cu_2[Fe(CN)_6]$ 沉淀，可利用此反应鉴定 Cu^{2+}。Ag^+ 能与 Cl^- 作用生成白色 $AgCl$ 沉淀，该沉淀可溶于过量氨水，是 Ag^+ 的特征鉴定反应之一。Zn^{2+} 和二苯硫腙生成粉红色的螯合物（在 CCl_4 中呈现棕色），是 Zn^{2+} 的特征鉴定反应。Cd^{2+} 和 S^{2-} 作用生成黄色 CdS 沉淀，可验证 Cd^{2+} 的存在。Hg^{2+} 能被过量 $SnCl_2$ 还原成白色 Hg_2Cl_2 沉淀，并进一步还原成黑色单质汞，可用于检验 Hg^{2+}。

三、器材与试剂

1. 器材

仪器或器材	数　量	仪器或器材	数　量
KI-淀粉试纸		试管(普通玻璃)	10 支
酒精灯	1 个	离心分离机	1 台
中速定性滤纸		10mL 离心试管	5 支

2. 试剂

试　　剂	规　　格	试　　剂	规　　格
HCl	$2mol\cdot L^{-1}$	NH_4NO_3	固体
HNO_3	$2mol\cdot L^{-1}$	浓 HCl	$12mol\cdot L^{-1}$
氨水	$2mol\cdot L^{-1}$,$6mol\cdot L^{-1}$	H_2SO_4	$2mol\cdot L^{-1}$
NaOH	$2mol\cdot L^{-1}$,$6mol\cdot L^{-1}$	$CuCl_2$	$1mol\cdot L^{-1}$
$CuSO_4$	$0.1mol\cdot L^{-1}$	$Zn(NO_3)_2$	$0.1mol\cdot L^{-1}$
$AgNO_3$	$0.1mol\cdot L^{-1}$	$Hg(NO_3)_2$	$0.1mol\cdot L^{-1}$
$Cd(NO_3)_2$	$0.1mol\cdot L^{-1}$	$Hg_2(NO_3)_2$	$0.1mol\cdot L^{-1}$
$HgCl_2$	$0.1mol\cdot L^{-1}$	$SnCl_2$	$0.1mol\cdot L^{-1}$
KI	$0.1mol\cdot L^{-1}$,$2mol\cdot L^{-1}$	硫代乙酰胺	5%
KBr	$0.1mol\cdot L^{-1}$	CCl_4	
$K_4[Fe(CN)_6]$	$0.1mol\cdot L^{-1}$	铜屑	
二苯硫腙			

四、实验内容

1. 铜、银、锌、镉、汞氢氧化物的性质

① 在 A、B、C 3 支试管中分别加入 $0.1mol\cdot L^{-1}$ 的 $CuSO_4$ 溶液 0.5mL，再各加数滴 $2mol\cdot L^{-1}$ 的 NaOH，观察实验现象。

在 A 试管中加 $2mol\cdot L^{-1}$ 的 H_2SO_4，观察实验现象。

在 B 试管中加 $6mol\cdot L^{-1}$ 的 NaOH，观察实验现象。

C 试管在酒精灯上加热，观察实验现象。

② 在试管中加 $0.1mol\cdot L^{-1}$ 的 $AgNO_3$ 溶液 0.5mL，加数滴 $2mol\cdot L^{-1}$ 的 NaOH，观察实验现象。设法检验产物的酸碱性。

③ 在试管中加 $0.1mol\cdot L^{-1}$ 的 $Zn(NO_3)_2$ 溶液 0.5mL，再加入数滴 $2mol\cdot L^{-1}$ 的 NaOH，观察实验现象。再设法检验沉淀的酸碱性。

以 $0.1mol\cdot L^{-1}$ 的 $Cd(NO_3)_2$ 重复上面的实验，检验 $Cd(OH)_2$ 是否具有两性。

④ 在 2 支试管中各加 5 滴 $0.1mol\cdot L^{-1}$ 的 $Hg(NO_3)_2$，再分别加入数滴 $2mol\cdot L^{-1}$ 的 NaOH 至刚有沉淀生成，观察实验现象。在其中一支试管中滴加 $2mol\cdot L^{-1}$ 的 HNO_3，在另外一支试管中滴加过量的 $2mol\cdot L^{-1}$ 的 NaOH，观察实验现象。

以 $0.1mol\cdot L^{-1}$ 的 $Hg_2(NO_3)_2$ 重复上面的实验，观察实验现象。

通过以上实验总结铜、银、锌、镉、汞的氢氧化物的酸碱性和稳定性表现。

2. 铜、银、锌、镉、汞的配合物

① 自己设计方法并在试管中制备 $[Cu(NH_3)_4]^{2+}$、$[Ag(NH_3)_2]^+$、$[Zn(NH_3)_4]^{2+}$ 和 $[Cd(NH_3)_4]^{2+}$ 溶液。

② 在试管中加 5 滴 $0.1mol\cdot L^{-1}$ 的 $HgCl_2$，加数滴 $2mol\cdot L^{-1}$ 的氨水，观察实验现象。继续滴加过量氨水，观察实验现象。

③ 在试管中加 5 滴 $0.1mol\cdot L^{-1}$ 的 $Hg(NO_3)_2$，加数滴 $6mol\cdot L^{-1}$ 的氨水，观察实验现象。再加入少许 NH_4NO_3 晶体，观察实验现象。继续滴加过量氨水，观察实验现象。

3. Cu(Ⅱ)-Cu(Ⅰ)、Hg(Ⅱ)-Hg(Ⅰ) 之间的转化

① 在离心试管中加 5 滴 $0.1mol\cdot L^{-1}$ 的 $CuSO_4$，并滴加 $0.1mol\cdot L^{-1}$ 的 KI 溶液 1mL。观察实验现象。离心分离，弃去上层清液并洗涤沉淀，在沉淀中加 $2mol\cdot L^{-1}$ 的 KI 至刚好

溶解生成 $[CuI_2]^-$，观察实验现象。将溶液逐滴加入盛有水的另一支试管中，振荡试管，观察实验现象。

② 在试管中加 10 滴 $1mol \cdot L^{-1}$ 的 $CuCl_2$，再加 10 滴浓盐酸和少量铜屑，加热煮沸至溶液呈土黄色，此时溶液中生成了 $[CuCl_2]^-$，取上层清液滴加至盛有水的烧杯中，观察出现的现象。

③ 在试管中加 5 滴 $0.1mol \cdot L^{-1}$ 的 $Hg_2(NO_3)_2$ 溶液，滴加数滴 $0.1mol \cdot L^{-1}$ 的 KI，观察 Hg_2I_2 沉淀的颜色；继续滴加 $0.1mol \cdot L^{-1}$ 的 KI，观察沉淀的变化。

4. Cu(Ⅱ)、Ag(Ⅰ)、Zn(Ⅱ)、Cd(Ⅱ) 和 Hg(Ⅱ) 的鉴定

① Cu(Ⅱ)的鉴定　在试管中加 5 滴 $0.1mol \cdot L^{-1}$ 的 $Cu(NO_3)_2$，滴加数滴 $0.1mol \cdot L^{-1}$ 的 $K_4[Fe(CN)_6]$，观察红棕色沉淀的产生，示有 Cu^{2+} 的存在。

② Ag(Ⅰ)的鉴定　在离心试管中加 5 滴 $0.1mol \cdot L^{-1}$ 的 $AgNO_3$，再滴加数滴 $2mol \cdot L^{-1}$ 的 HCl，生成白色沉淀，离心分离并弃去清液。加 $6mol \cdot L^{-1}$ 的氨水至沉淀完全溶解，再加入数滴 $0.1mol \cdot L^{-1}$ 的 KBr，有淡黄色沉淀生成，示有 Ag^+ 的存在。

③ Zn(Ⅱ)的鉴定　在试管中加 2 滴 $0.1mol \cdot L^{-1}$ 的 $Zn(NO_3)_2$ 溶液，加 5 滴 $6mol \cdot L^{-1}$ 的 NaOH 和 10 滴二苯硫腙试剂（绿色），并微热，观察溶液中沉淀的生成。可加 CCl_4 萃取，观察实验现象。据此可鉴定 Zn^{2+} 的存在。

④ Cd(Ⅱ)的鉴定　在试管中加 10 滴 $0.1mol \cdot L^{-1}$ 的 $Cd(NO_3)_2$ 溶液，加 5 滴 5% 的硫代乙酰胺，加热，观察实验现象，据此可判断 Cd^{2+} 的存在。

⑤ Hg(Ⅱ)的鉴定　在试管中加 2 滴 $0.1mol \cdot L^{-1}$ 的 $HgCl_2$，加过量的 $0.1mol \cdot L^{-1}$ 的 $SnCl_2$，观察实验现象，放置片刻，观察实验现象。根据本反应的现象可鉴定 Sn^{2+} 或 Hg^{2+}。

五、思考题

① 有哪些过渡金属氢氧化物具有明显的两性？又有哪些虽有两性但碱性不明显？

② 在 $Hg_2(NO_3)_2$ 溶液中滴加 KI，应首先观察到黄绿色的 Hg_2I_2 沉淀，但也有可能出现一种橙色沉淀，试分析这是为什么？

③ 现有 Cu(Ⅱ)、Ag(Ⅰ)和 Zn(Ⅱ)的硝酸盐混合溶液，试设计方案分离和鉴定这三种离子。

④ 在水中，Cu(Ⅰ)和 Hg(Ⅰ)哪一个更容易发生歧化反应？写出相应的反应方程式。

六、实验记录

1. 铜、银、锌、镉、汞氢氧化物的性质

实验内容		现象
$CuSO_4$ 与 NaOH 反应		A：加 H_2SO_4：
	B：加 NaOH：	C：加热：
$AgNO_3$ 与 NaOH 反应		A：加 HNO_3：
		B：加 NaOH：
$Zn(NO_3)_2$ 与 NaOH 反应		A：加 HNO_3：
		B：加 NaOH：
$Cd(NO_3)_2$ 与 NaOH 反应		A：加 HNO_3：
		B：加 NaOH：
$Hg(NO_3)_2$ 与 NaOH 反应		A：加 HNO_3：
		B：加 NaOH：
$Hg_2(NO_3)_2$ 与 NaOH 反应		A：加 HNO_3：
		B：加 NaOH：

2. 铜、银、锌、镉、汞的配合物

实验内容	现　　象	
$CuSO_4$ 滴加氨水		过量氨水：
$AgNO_3$ 滴加氨水		过量氨水：
$Zn(NO_3)_2$ 滴加氨水		过量氨水：
$Cd(NO_3)_2$ 滴加氨水		过量氨水：
$HgCl_2$ 滴加氨水		过量氨水：
$HgNO_3$ 滴加氨水		过量氨水：
	加 NH_4NO_3：	再加氨水：

3. Cu(Ⅱ)-Cu(Ⅰ)、Hg(Ⅱ)-Hg(Ⅰ) 之间的转化

实验内容	现　　象	
$CuSO_4$ 与 KI 反应		沉淀加浓 KI：
		溶液滴入水：
$CuCl_2$ 与浓盐酸、铜屑反应		清液滴入水：
$Hg_2(NO_3)_2$ 与 KI 反应		过量 KI：

4. Cu(Ⅱ)、Ag(Ⅰ)、Zn(Ⅱ)、Cd(Ⅱ) 和 Hg(Ⅱ) 的鉴定

实验内容	现　　象	
$Cu(NO_3)_2$ 与 $K_4[Fe(CN)_6]$ 反应		
$AgNO_3$ 与 HCl 反应		沉淀加氨水：
		再加 KBr：
$Zn(NO_3)_2$ 与 NaOH 和二苯硫腙反应		CCl_4：
$Cd(NO_3)_2$ 与硫代乙酰胺反应		
$HgCl_2$ 与 $SnCl_2$ 反应		放置后：

实验十　常见阳离子的分离与鉴定

一、实验目的

① 了解阳离子分离与鉴定的硫化氢系统分析法和两酸两碱法。

② 掌握 Ag^+、Ba^{2+}、Pb^{2+}、Zn^{2+}、Ni^{2+}、Fe^{3+} 混合离子的分离与鉴定方法。

二、实验原理

常见阳离子包括了元素周期表中常见的金属离子二十多种和铵根离子，由于种类多，相互之间常有干扰，难以准确鉴定，所以要采用系统分析法。系统分析法是利用离子的一些共性，加入一定的试剂，将混合离子分批沉淀成若干组，再进行组内的分析鉴定，以减少相互之间的干扰。

硫化氢系统分离法是较完善的一种分组方案，依据的是各离子硫化物溶解度之间的差别，一共可分为五组，其分组方案如图1所示。

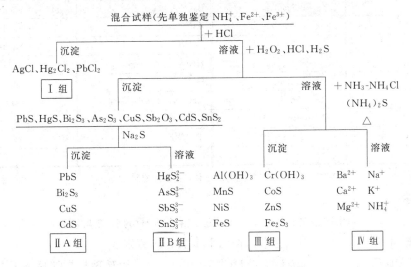

图1 硫化氢系统分离法的分组方案

硫化氢系统分离法的主要缺点在于硫化氢的毒性，虽然可以用硫代乙酰胺代替，但没有根本解决这一问题，而两酸两碱系统分离法则没有这一缺点。

所谓两酸两碱法是指以盐酸、硫酸、氨水和氢氧化钠为组试剂的分组方法，根据各离子氯盐、硫酸盐和氢氧化物溶解性的差别，将混合离子粗分为五组，其分组方案如图2所示。

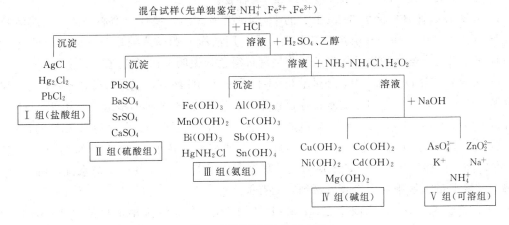

图2 两酸两碱法分组方案

三、器材与试剂

1. 器材

仪器或器材	数 量	仪器或器材	数 量
离心分离机	1台	pH试纸	
镍铬丝（铂丝）	1个	10mL离心试管	5支

2. 试剂

试　剂	规　格	试　剂	规　格
$AgNO_3$	$0.5mol \cdot L^{-1}$	$Ba(NO_3)_2$	$0.5mol \cdot L^{-1}$
$Pb(NO_3)_2$	$0.5mol \cdot L^{-1}$	$Zn(NO_3)_2$	$0.5mol \cdot L^{-1}$
$Ni(NO_3)_2$	$0.5mol \cdot L^{-1}$	$Fe(NO_3)_3$	$0.5mol \cdot L^{-1}$
未知混合液①		HNO_3	$6mol \cdot L^{-1}$
HCl	$2mol \cdot L^{-1}$	氨水	$6mol \cdot L^{-1}$
H_2SO_4	$6mol \cdot L^{-1}$	NH_3-NH_4Cl 缓冲溶液	$pH=10$
NaOH	$6mol \cdot L^{-1}$	KSCN	$0.1mol \cdot L^{-1}$
K_2CrO_4	$0.1mol \cdot L^{-1}$	丁二酮肟	
二苯硫腙			

① 含 Ag^+、Ba^{2+}、Pb^{2+}、Ni^{2+}、Zn^{2+}、Fe^{3+} 中的 3~4 种,由教师配制。

四、实验内容

1. Ag^+、Ba^{2+}、Pb^{2+}、Zn^{2+}、Ni^{2+}、Fe^{3+} 混合离子的分离与鉴定

取未知试样约 2mL 于离心试管中,按以下步骤分离鉴定。

① 在离心试管 A 中加 $2mol \cdot L^{-1}$ 的 HCl 溶液 0.5mL,用玻璃棒搅拌后离心分离。再在清液中加 1 滴 HCl,证实沉淀已完全后,再离心分离。将上层清液转移至离心试管 B 中,并用蒸馏水洗涤沉淀至净。

② 在离心试管 A 的沉淀中加热水,加热,离心分离。吸出上层清液于另一试管 C 中。在试管 C 中滴加 $0.1mol \cdot L^{-1}$ 的 K_2CrO_4,如有黄色沉淀生成,示有 Pb^{2+} 的存在。用蒸馏水洗涤沉淀至净。

③ 在离心试管 A 的沉淀中加 $6mol \cdot L^{-1}$ 的氨水搅拌使溶解,再滴加 $6mol \cdot L^{-1}$ 的 HNO_3 酸化,白色沉淀(AgCl)又生成,说明 Ag^+ 的存在。

④ 在离心试管 B 中滴加 $6mol \cdot L^{-1}$ 的 H_2SO_4 溶液 3 滴,搅拌后离心分离。上层清液转移至离心试管 D 中,并用蒸馏水洗涤沉淀至净。用洁净的铂丝或镍铬丝蘸取离心试管 B 中的沉淀,在无色火焰上灼烧,如焰色反应呈现黄绿色,说明 Ba^{2+} 的存在。

⑤ 在离心试管 D 的清液中,加过量 $6mol \cdot L^{-1}$ 的 NaOH 溶液,搅拌后离心分离,上层清液转移至离心试管 E 中,并用蒸馏水洗涤沉淀至净。在离心试管 E 的清液中,用 $2mol \cdot L^{-1}$ 的 HCl 调节溶液 pH 约 4~5,滴加二苯硫腙,并加热,若溶液呈现粉红色,说明 Zn^{2+} 的存在。

⑥ 在离心试管 D 的沉淀中加 NH_3-NH_4Cl 缓冲溶液,并用 $2mol \cdot L^{-1}$ 的 HCl 调节溶液 pH 约 7~8,搅拌后离心分离,上层清液转移至离心试管 F 中,并用蒸馏水洗涤沉淀至净。在离心试管 F 的清液中加丁二酮肟试剂,如有鲜红色沉淀生成,说明 Ni^{2+} 的存在。

⑦ 在离心试管 D 的沉淀中加 $2mol \cdot L^{-1}$ 的 HCl 使沉淀溶解,再加 $0.1mol \cdot L^{-1}$ 的 KSCN,如溶液呈现血红色,说明 Fe^{3+} 的存在。

2. 其他混合离子的分离与鉴定

有一未知试样中可能含有的离子为 Ag^+、Ca^{2+}、Cu^{2+}、Ni^{2+}、Cr^{3+}(或其他种类的混合离子),自行设计简便合理的方案进行分离与鉴定。

五、思考题

① 当溶液中可能含有 NH_4^+、Fe^{2+}、Fe^{3+} 时,为什么要首先单独鉴定它们?

② Fe^{3+} 的存在往往对 Cu^{2+} 的鉴定有干扰,可以用什么方法除去?

③ 混合离子溶液的配制往往用其硝酸盐，而不是盐酸盐和硫酸盐，为什么？

六、实验记录

1. Ag^+、Ba^{2+}、Pb^{2+}、Zn^{2+}、Ni^{2+}、Fe^{3+} 的分离与鉴定

实 验 内 容	现　象	结　论
A 试管：混合液加 HCl		
B 试管：A 管清液加热水		
C 试管：B 管清液加 K_2CrO_4		
D 试管：A 管沉淀加氨水		
再加 HNO_3		
B 管清液加 H_2SO_4		
B 管中沉淀焰色反应		
D 管清液加 NaOH		
E 试管：上管清液加二苯硫脲		
D 管沉淀加 HCl		
F 试管：上管清液加丁二酮肟		
D 管沉淀加 HCl 再加 KSCN		

第 4 章

化学原理实验

实验十一　pH法测定醋酸电离常数

一、实验目的

① 了解使用pH计测定醋酸电离常数的原理和方法。

② 学习pH计的使用方法。

③ 掌握移液管和滴定管的正确使用方法。

二、实验原理

醋酸是一元弱酸，在水溶液中存在着电离平衡：

$$HA + H_2O \rightleftharpoons H_3O^+ + A^-$$

始态/mol·L^{-1}	c_a	0	0
平衡/mol·L^{-1}	$c_a - [H^+]$	$[H^+]$	$[A^-]$

$$K_a = \frac{[H^+][A^-]}{[HA]}$$

K_a表示弱酸的解离平衡常数，也称电离常数，它是温度的函数。K_a越大，表示酸性越强。一般$K_a \leqslant 10^{-4}$为弱酸；$K_a = 10^{-2} \sim 10^{-3}$为中强酸。

已解离的部分弱酸浓度在解离前弱酸的总浓度中所占的比例，称为弱酸的电离度，用α表示。

$$\alpha = \frac{\text{已解离的弱酸的浓度}}{\text{解离前弱酸的总浓度}} \times 100\%$$

电离度α和电离常数K_a之间存在定量关系：

$$HA + H_2O \rightleftharpoons H_3O^+ + A^-$$

始态/mol·L^{-1}	c_a	0	0
平衡/mol·L^{-1}	$c_a - c_a\alpha$	$c_a\alpha$	$c_a\alpha$

所以可以推得：

$$K_a = \frac{c_a\alpha c_a\alpha}{c_a(1-\alpha)} = \frac{c_a\alpha^2}{1-\alpha}$$

在一定温度下，用酸度计测定一系列已知浓度c_a醋酸的pH值；再按$pH = -lg[H^+]$求得各溶液的$[H^+]$值；根据$\alpha = c_{H_3O^+}/c_a$，即可求得一系列对应HAc的α值，最后计算出各浓度下的K_a值，取其平均值即为该温度下此弱酸的电离常数。

三、器材与试剂

1. 器材

仪器或器材	数 量	仪器或器材	数 量
pH 计	1 台	电磁搅拌器	1 套
100mL 烧杯	1 支	250mL 烧杯	1 个
洗耳球	1 个	$\phi(3\sim4)$mm×$(150\sim180)$mm 细玻璃棒	2 根
50mL 塑料烧杯	4 个	托盘天平	1 台
50mL 量筒	1 个	50mL 酸式滴定管	2 支
搅拌子	2 个	100mL 干燥烧杯	1 个

2. 试剂

醋酸（A.R.，固体）；pH 标准溶液（pH＝4.003）。

四、实验内容

1. 配制不同浓度的醋酸溶液

用托盘天平称取 1.2g 醋酸（HAc）于 250mL 烧杯中，用量筒加水 50mL 溶解，再用量筒加水 150mL。用玻璃棒搅拌均匀。此醋酸溶液浓度为 $0.10\,mol\cdot L^{-1}$。

将 4 支干燥的 50mL 塑料烧杯编成 1～4 号，用酸式滴定管依编号顺序分别加入 $0.10\,mol\cdot L^{-1}$ 上述 HAc 溶液 6.00mL、12.00mL、24.00mL 和 48.00mL。再用另一滴定管（酸式或碱式均可）向 1、2、3 号杯中分别加入 42.00mL、36.00mL、24.00mL 去离子水。使各杯溶液均为 48.00mL，并用电磁搅拌器使之混合均匀，计算各个溶液的浓度。

2. pH 计的定位

开启 pH 计。将 pH＝4.003 的 pH 标准溶液 30～50mL 倒入一干燥的 100mL 烧杯中，将烧杯放在磁力搅拌器上，在溶液中放入磁力搅拌子 1 个，开启搅拌器，搅拌溶液 1min。停止搅拌后将玻璃电极插入溶液。调整 pH 计，使其 pH 读数为 4.00。测试后，将玻璃电极用水冲洗，最后用吸水纸或滤纸轻轻吸干电极表面的水。

3. 醋酸溶液 pH 值的测定

将 1、2、3、4 号烧杯（HAc 浓度从小到大）依次放在磁力搅拌器上，放入搅拌子，开启搅拌器，搅拌 1min。将玻璃电极插入 HAc 溶液中。读取各自的 pH 值。

4. 改变实验温度，重复上述实验内容，比较两个温度条件下的 K_a 值。

五、计算

1. HAc 的浓度计算

$$c(\mathrm{HAc})=\frac{\frac{1.2}{60.0}}{200\times10^{-3}}=0.10(\mathrm{mol\cdot L^{-1}})$$

2. HAc 离解常数 K_a 的计算

$$[\mathrm{H^+}]=10^{-\mathrm{pH}}$$

电离度 $\qquad\alpha=[\mathrm{H^+}]/c(\mathrm{HAc})$

电离常数 $\qquad K_a=c(\mathrm{HAc})\alpha^2/(1-\alpha)$

式中，$[\mathrm{H^+}]$ 为平衡时 $\mathrm{H^+}$ 即 $\mathrm{H_3O^+}$ 的浓度，$mol\cdot L^{-1}$；pH 为各溶液的 pH 测定值；α 为电离度；$c(\mathrm{HAc})$ 为各被测液的原始浓度，$mol\cdot L^{-1}$。

六、注意事项

① 本实验测定的 K_a 只要求 2 位有效数字，所以称量不必用电子天平。液体体积度量不

用容量瓶和移液管，用量筒即可满足要求。但也不能太随意，应按步骤严格操作。对于要求更高的定量分析，本实验的操作都是不允许的。

② 进行 pH 检测时，同系列溶液一定要从稀到浓测试。否则浓溶液给玻璃电极造成滞后效应，使读数不稳定或偏差过大。

③ 进行 pH 检测时，也可在搅拌时读数，但要求定位与测试各试液时转速尽量一致，这是很难做到的。所以，最好还是在停止搅拌时读数。

七、思考题

① 测定不同浓度的醋酸溶液 pH 值时，为什么要按照由稀到浓的顺序测定？

② 本实验中测定醋酸电离常数的原理是什么？

③ 若改变醋酸溶液的温度，测其电离度和电离常数有无变化？若使醋酸溶液进行微小的改变，其电离度和电离常数有无变化？为什么？

④ 测定去离子水的 pH 值是否为 7，如果不是，解释原因。

⑤ 如果原始醋酸溶液改为 1mol·L^{-1}。试推测其测值与实验条件下的测值相同否？原因何在？

八、实验记录

3. 醋酸溶液 pH 值的测定

烧杯编号	加 HAc 溶液量/mL	加水量/mL	HAc 浓度/mol·L^{-1}	pH 值
1# 烧杯				
2# 烧杯				
3# 烧杯				
4# 烧杯				

实验十二　缓冲溶液的配制和性质

一、实验目的

① 掌握缓冲溶液的缓冲原理及其配制方法。

② 了解缓冲溶液的性质。

③ 了解缓冲能力与缓冲剂浓度、缓冲组分比值的关系。

④ 学习和巩固 pH 试纸、酸度计的使用方法。

二、实验原理

同时含有弱酸（碱）与它的共轭碱（酸）的溶液叫缓冲溶液。常见的缓冲溶液体系有：HAc-NaAc、NH_3-NH_4Cl、$NaHCO_3$-Na_2CO_3、NaH_2PO_4-Na_2HPO_4 等。

对于弱酸 HA 及其共轭碱 NaA 组成的缓冲体系：

$$HA + H_2O \rightleftharpoons H_3O^+ + A^-$$

始态　　　　c_a　　　　　0　　　　c_b

平衡　　$c_a-[H^+]$　　　$[H^+]$　　$c_b+[H^+]$

$$K_a = \frac{[H^+][A^-]}{[HA]} = \frac{[H^+](c_b+[H^+])}{c_a-[H^+]}$$

因为 HA 为弱酸，电离度很小，即 $[H^+]$ 很小，所以：

$$c_a - [H^+] \approx c_a$$

$$c_b + [H^+] \approx c_b$$

$$K_a = \frac{[H^+] c_b}{c_a} \qquad [H^+] = K_a \frac{c_a}{c_b}$$

$$pH = pK_a - \lg \frac{c_a}{c_b}$$

一般配制缓冲溶液时，常使 $c_b = c_a$，此时缓冲能力的变化率最小，即在缓冲试剂浓度相同时，其缓冲能力最强。所以，选择的缓冲溶液中弱酸的 pK_a 等于或接近于需控制的 pH，或选择的缓冲溶液中弱碱的 pK_b 等于或接近于需控制的 pOH，即 pH＝14－pOH。

当适量稀释缓冲溶液时，由于 c_a、c_b 以同倍数下降，比值 $\frac{c_a}{c_b}$ 不变，因此缓冲溶液的 pH 也不变。

缓冲溶液的特点是：当外加适量的酸或碱，或进行适度稀释时，溶液的 pH 基本上保持不变。但是，缓冲溶液的缓冲能力是有限的，当加入大量的酸、碱或稀释倍数太大时，就会失去缓冲能力。

三、器材与试剂

1. 器材

仪器或器材	数　量	仪器或器材	数　量
pH 计	1 台	电磁搅拌器	1 套
50mL 量筒	1 个	100mL 烧杯	3 个
普通玻璃试管		$\phi(3\sim4)mm \times (150\sim180)mm$ 细玻璃棒	2 根
精密 pH 试纸			

2. 试剂

试　剂	规　格	试　剂	规　格
Na_3PO_4	$0.1mol \cdot L^{-1}$	HAc	$0.1mol \cdot L^{-1}$，$1mol \cdot L^{-1}$
NaH_2PO_4	$0.1mol \cdot L^{-1}$	NaAc	$0.1mol \cdot L^{-1}$，$1mol \cdot L^{-1}$
$NH_3 \cdot H_2O$	$0.1mol \cdot L^{-1}$	NH_4Cl	$0.1mol \cdot L^{-1}$
NaOH	$0.1mol \cdot L^{-1}$，$2mol \cdot L^{-1}$	pH 标准溶液（HAc＋NaAc）	pH＝4.003
pH 标准溶液（KH_2PO_4＋K_2HPO_4）	pH＝7.20	pH 标准溶液（H_3BO_3＋$Na_2B_4O_7$）	pH＝9.26
H_3PO_4	$0.1mol \cdot L^{-1}$		
Na_2HPO_4	$0.1mol \cdot L^{-1}$	HCl	$0.1mol \cdot L^{-1}$

四、实验内容

1. 缓冲溶液的选择和配制

① 欲配制 pH 为 5.00、7.20、9.26 三种缓冲溶液，应分别选择下列哪组溶液？各组分的体积分别是多少？（总体积为 50mL）

a. $0.1mol \cdot L^{-1}$ 的 NaH_2PO_4 和 $0.1mol \cdot L^{-1}$ 的 Na_2HPO_4；

b. $0.1mol \cdot L^{-1}$ 的 Na_2HPO_4 和 $0.1mol \cdot L^{-1}$ 的 Na_3PO_4；

c. $0.1 mol \cdot L^{-1}$ 的 HAc 和 $0.1 mol \cdot L^{-1}$ 的 NaAc；

d. $0.1 mol \cdot L^{-1}$ 的 $NH_3 \cdot H_2O$ 和 $0.1 mol \cdot L^{-1}$ 的 NH_4Cl；

e. $0.1 mol \cdot L^{-1}$ 的 H_3PO_4 和 $0.1 mol \cdot L^{-1}$ 的 NaH_2PO_4。

② 根据①计算的结果，用量筒量取所需液体倒入 200mL 干燥烧杯中，混合均匀，配制三种缓冲溶液各 100mL，并用酸度计分别测量其 pH 值，并将三种缓冲溶液 pH 值及各组分的名称、体积记入表 1 中。

2. 缓冲溶液的性质

取 1 号缓冲溶液 25.0mL，加入 $0.1 mol \cdot L^{-1}$ 的 HCl 溶液 0.5mL（约 10 滴），搅拌均匀，用酸度计测其 pH 值；记录于表 2 中。

表 1　缓冲溶液配制数据

缓冲溶液编号	预定 pH	各组成名称及浓度	加入体积/mL	pH 实测值
1	5.00			
2	7.20			
3	9.26			

表 2　缓冲溶液性质数据

实 验 内 容	pH 实测值	pH 理论计算值
1 号缓冲溶液 50mL		
加 $0.5 mol \cdot L^{-1}$ 的 HCl 溶液 0.5mL（约 10 滴）		
加 $1.0 mol \cdot L^{-1}$ 的 NaOH 溶液 1.0mL（约 20 滴）		
1 号缓冲溶液 25mL 加 25mL 水		

另取 1 号缓冲溶液 25.0mL，加入 $0.1 mol \cdot L^{-1}$ 的 NaOH 溶液 1mL（约 20 滴），搅拌均匀，用酸度计测其 pH 值，记录于表 2 中。

另取 1 号缓冲溶液 25.0mL，加相同体积的水稀释，混合均匀后测定溶液的 pH 值，将实验结果记录在表 2 中，并与理论计算得到的 pH 值相比较，解释原因。

3. 缓冲能力的大小与缓冲组分的浓度比值的关系

① 取 2 支试管，一支试管中加入 $0.1 mol \cdot L^{-1}$ 的 HAc 和 $0.1 mol \cdot L^{-1}$ 的 NaAc 溶液各 5mL，另一支试管中加入 $1 mol \cdot L^{-1}$ 的 HAc 溶液 5mL 和 $1 mol \cdot L^{-1}$ 的 NaAc 溶液 5mL，振荡均匀，用 pH 试纸测两试管内溶液的 pH 值是否相同？

在两试管中分别滴入 2 滴甲基红指示剂。溶液呈什么颜色？甲基红指示剂：pH<4.2 时呈红色，pH>6.3 时呈黄色。

然后在两试管中分别逐滴滴加 $2 mol \cdot L^{-1}$ 的 NaOH 溶液（每滴加一滴均需摇匀），直至溶液的颜色变成黄色，记录两支试管中滴加的 NaOH 滴数，记录于表 3 中并解释所得结果。

表 3　缓冲能力的大小与缓冲组分的浓度比值的关系数据（1）

试管编号	缓冲溶液组成	pH 值	加甲基红后的颜色	溶液变黄所加 NaOH 滴数
1	$0.1 mol \cdot L^{-1}$ 的 HAc 溶液 5mL 与 $0.1 mol \cdot L^{-1}$ 的 NaAc 溶液 5mL			
2	$1 mol \cdot L^{-1}$ 的 HAc 溶液 5mL 与 $1 mol \cdot L^{-1}$ 的 NaAc 溶液 5mL			

② 一支试管中加入 $0.1 mol \cdot L^{-1}$ 的 NaH_2PO_4 溶液和 $0.1 mol \cdot L^{-1}$ 的 Na_2HPO_4 溶液各

5mL。另一支试管中加入 $0.1mol \cdot L^{-1}$ 的 NaH_2PO_4 溶液 9mL 和 $0.1mol \cdot L^{-1}$ 的 Na_2HPO_4 溶液 1mL。用玻璃棒蘸一滴缓冲溶液于精密 pH 试纸上测定它们的 pH 值。

然后在两支试管中各加入 $0.1mol \cdot L^{-1}$ 的 NaOH 溶液 1mL，再用精密 pH 试纸分别测定它们的 pH 值。比较两支试管加 NaOH 前后的 pH 值，将实验结果记录于表 4 中，并解释实验现象。

表 4 缓冲能力的大小与缓冲组分的浓度比值的关系数据（2）

试管编号	缓冲溶液组成	pH 值	加 NaOH 后的 pH 值
1	$0.1mol \cdot L^{-1}$ 的 NaH_2PO_4 溶液 5mL 与 $0.1mol \cdot L^{-1}$ 的 Na_2HPO_4 溶液 5mL		
2	$0.1mol \cdot L^{-1}$ 的 NaH_2PO_4 溶液 9mL 与 $0.1mol \cdot L^{-1}$ 的 Na_2HPO_4 溶液 1mL		

五、注意事项

① 用 pH 计（使用玻璃电极）测量 pH＝5.00 的缓冲溶液 pH 前，要用 pH＝4.003 的 pH 标准溶液对 pH 计进行定位。测量 pH＝7.20 的缓冲溶液 pH 前，要用 pH＝7.20 的 pH 标准溶液对 pH 计进行定位。测量 pH＝9.26 的缓冲溶液 pH 前，要用 pH＝9.26 的 pH 标准溶液对 pH 计进行定位。否则，会有较大误差。

② 用 pH 计测量 pH 时，一定要先测 pH 值小的液样，然后按 pH 依次升高的顺序测量。所以，应先全面阅读实验内容，统筹安排。不必按实验内容的先后顺序进行 pH 值的测量。本实验中测完 1 号液样后，应进行实验内容 2！然后再依次测 2 号液样和 3 号液样。

③ 精密 pH 试纸测定 pH 不是很准，应仔细观察试纸颜色的微小变化。

六、思考题

① 如何选择缓冲溶液体系和配制缓冲溶液？

② pH 试纸有哪些类型？怎样正确使用 pH 试纸检测溶液 pH 值？

③ 用酸度计测定溶液 pH 值的正确步骤是什么？

④ 影响缓冲溶液的 pH 值的因素有哪些？

⑤ 用 pH 计（使用玻璃电极）测量 pH 时，为什么一定要先测 pH 值小的液样，然后按 pH 依次升高的顺序测量？

七、实验记录

1. 缓冲溶液的选择和配制

缓冲溶液编号	pH 理论值	各组成名称及浓度	加入体积比	pH 实测值
1	5.00			
2	7.20			
3	9.26			

2. 缓冲溶液的性质

实验内容	pH 理论值	pH 实测值
1 号缓冲溶液 50mL		
加 $0.5mol \cdot L^{-1}$ 的 HCl 溶液 0.5mL(约 10 滴)		
加 $1.0mol \cdot L^{-1}$ 的 NaOH 溶液 1.0mL(约 20 滴)		
1 号缓冲溶液 25mL 加 25mL 水		

3. 缓冲能力的大小与缓冲组分的浓度比值的关系

试管编号	缓 冲 溶 液 组 成	pH 值	加甲基红后的颜色	溶液变黄所加 NaOH 滴数
1	$0.1mol \cdot L^{-1}$ 的 HAc 溶液 5mL 与 $0.1mol \cdot L^{-1}$ 的 NaAc 溶液 5mL			
2	$1mol \cdot L^{-1}$ 的 HAc 溶液 5mL 与 $1mol \cdot L^{-1}$ 的 NaAc 溶液 5mL			

试管编号	缓 冲 溶 液 组 成	pH 值	加 NaOH 后的 pH 值
3	$0.1mol \cdot L^{-1}$ 的 NaH_2PO_4 溶液 5mL 与 $0.1mol \cdot L^{-1}$ 的 Na_2HPO_4 溶液 5mL		
4	$0.1mol \cdot L^{-1}$ 的 NaH_2PO_4 溶液 9mL 与 $0.1mol \cdot L^{-1}$ 的 Na_2HPO_4 溶液 1mL		

实验十三 电导法测定硫酸钡的溶度积

一、实验目的

① 了解溶度积的定义与应用。

② 掌握电导法测定溶度积的原理与方法。

③ 了解电导仪的构成及电导仪的使用方法。

二、实验原理

硫酸钡是难溶电解质。在其饱和溶液中存在离解与溶解平衡：

$$BaSO_4(s) \rightleftharpoons Ba^{2+} + SO_4^{2-}$$

$$K_{sp}(BaSO_4) = [Ba^{2+}][SO_4^{2-}] = c^2(BaSO_4)$$

若能求出 $[Ba^{2+}]$ 或 $[SO_4^{2-}]$ 便可求得 $K_{sp}(BaSO_4)$。此情况下，不考虑活度的影响。液体的电导 G：

$$G = \kappa A/l$$

式中，A 为电导电极的截面积；l 为电导两电极平面间的距离（一般为 1.00cm）；κ 为常数，称为"电导率"。即当溶液中离子的电荷浓度为 $1mol \cdot m^{-3}$、电极的截面积为 $1cm^2$、两电极平面间的距离为 1m 时，溶液的电导率为 $1S \cdot m^{-1}$。在理想溶液中，浓度为 $1mol \cdot m^{-3}$ 的溶液的电导率称作"摩尔电导率 Λ_m（单位为 $S \cdot m^2 \cdot mol^{-1}$）"。

当 A 和 l 全部确定后，电导率 κ 与溶液中离子的电荷浓度成正比：

$$\kappa = \Lambda_m c$$

在极稀的溶液中，离子间的相互作用可忽略，是理想溶液。在此条件下，溶液的电荷浓度为各种离子电荷浓度之和，溶液的电导率为各种离子单独存在时的电导率之和。

已知：Ba^{2+} 的摩尔电导率 $\Lambda_m(Ba^{2+}) = 2 \times 63.6 \times 10^{-4} S \cdot m^2 \cdot mol^{-1}$、$SO_4^{2-}$ 的摩尔电导率 $\Lambda_m(SO_4^{2-}) = 2 \times 8.0 \times 10^{-4} S \cdot m^2 \cdot mol^{-1}$。

所以，$BaSO_4$ 饱和溶液电导率

$$\kappa = \Lambda_m(Ba^{2+})c(Ba^{2+}) + \Lambda_m(SO_4^{2-})c(SO_4^{2-})$$

因为

$$c(Ba^{2+}) = c(SO_4^{2-}) = c(BaSO_4)$$

所以

$$\kappa(BaSO_4) = c(BaSO_4)[\Lambda_m(Ba^{2+}) + \Lambda_m(SO_4^{2-})]$$

$$\Lambda_m(BaSO_4) = \Lambda_m(Ba^{2+}) + \Lambda_m(SO_4^{2-})$$

只要求出电导率，便可得到 $BaSO_4$ 的溶解度 $c(BaSO_4)$，可求出 $K_{sp}(BaSO_4)$。

由于实验室用水并非纯水，也会产生电导，因此必须将其扣除。

A/l 是电导池常数，由电极出厂时给出。

三、器材与试剂

1. 器材

仪器或器材	数　量	仪器或器材	数　量
DDS-11A 型或 DDS-11 型电导率仪	1 台	100mL 烧杯	2 个
电炉	1 台	50mL 量筒	1 个
500mL 洗瓶	1 个	$\phi(3\sim4)mm\times(150\sim180)mm$ 细玻璃棒	2 根

2. 试剂

固体 $BaSO_4$（A. R.）。

四、实验内容

1. $BaSO_4$ 饱和溶液的制备

用量筒量取 50mL 水于 100mL 烧杯中，加入 $BaSO_4$（A. R.）固体，加热煮沸 $3\sim5min$，烧杯中应有 $BaSO_4$ 固体存在。静置、冷却至室温。

2. 电导率的测定

按照"实验十九　离子交换法制备去离子水"中"电导率的测试原理与测试方法"一节所述测定电导率。

① 用量筒量取 40mL 水于 100mL 烧杯中，测定其电导率 $\kappa(H_2O)$。

② 取 $BaSO_4$ 饱和溶液的上层澄清液，测定其电导率 $\kappa(BaSO_4+H_2O)$。

五、计算

$BaSO_4$ 饱和溶液的电导率：

$$\kappa(BaSO_4)=\kappa(BaSO_4+H_2O)-\kappa(H_2O)$$

$BaSO_4$ 的溶度积 $K_{sp}(BaSO_4)$：

$$K_{sp}(BaSO_4)=\left[\frac{\kappa(BaSO_4)\times10^{-3}}{\Lambda_m(BaSO_4)}\right]^2$$
$$=\left[\frac{\kappa(BaSO_4)\times10^{-3}}{(2\times63.6\times10^{-4}+2\times8.0\times10^{-4})}\right]^2$$
$$=4.87\times10^{-3}\times\kappa^2(BaSO_4)$$

六、注意事项

① 测定电导率 $\kappa(H_2O)$ 和 $\kappa(BaSO_4+H_2O)$ 时，速度要快，更不要搅动水。否则水会溶解大气中的可溶性物质，使电导率上升。

② 测定电导率 $\kappa(BaSO_4+H_2O)$ 时，一定要用澄清液，不能有沉淀混在其中。若溶液不能自然沉降达到澄清，可采取干过滤的方法（漏斗、滤纸、接受滤液的烧杯都必须干燥）过滤溶液后测定。

七、思考题

① 为什么要测蒸馏水的电导率？

② 什么条件下才可认为"溶液的电导率为各种离子单独存在时的电导率之和"？

③ 什么条件下可用电导率计算电解质的溶解度和 K_{sp}？

④ 电导率与溶液的体积有无关系？为什么？

⑤ 什么叫摩尔电导率？浓度单位是什么？

八、实验记录

水的电导率/$S \cdot m^2 \cdot mol^{-1}$	$BaSO_4$ 饱和溶液电导率/$S \cdot m^2 \cdot mol^{-1}$

实验十四　配位化合物及其性质

一、实验目的

① 了解配离子的生成、组成和性质。

② 比较配离子和简单离子、配合物和复盐在性质上的区别。

③ 比较不同配离子在水溶液中的稳定性。

④ 了解配位平衡及其移动。

⑤ 了解螯合物的形成及应用。

二、实验原理

由一个具有空轨道的中心离子或原子（称为中心原子）与一定数目带有孤对电子的离子或中性分子（称为配位体）以配位键相结合，按一定的组成和空间构型所形成的化合物，叫做配位化合物，如 $[Cu(NH_3)_4]SO_4$。与中心原子直接相连的原子称为配位原子，配体的个数叫做配位数，含配离子的配位化合物还可分为内界和外界。例如在配合物 $[Cu(NH_3)_4]SO_4$ 中，氮原子为配位原子，配位数为 4，$[Cu(NH_3)_4]^{2+}$ 为配合物的内界，SO_4^{2-} 为配合物的外界。

大多数易溶配合物为强电解质，在水溶液中完全电离为内界和外界离子。而配离子相似于弱电解质，在水溶液中存在电离平衡。如：

$$[Cu(NH_3)_4]SO_4 \rightleftharpoons [Cu(NH_3)_4]^{2+} + SO_4^{2-}$$

$$[Cu(NH_3)_4]^{2+} \rightleftharpoons Cu^{2+} + 4NH_3$$

可见，配离子、金属离子和配位体共存于配位-解离平衡体系中，这一平衡的平衡常数，记为 $K_{不稳}$。$K_{不稳}$ 越大，表示该配离子越不稳定。配离子的稳定常数 $K_{稳} = 1/K_{不稳}$。不同的配离子 $K_{稳}$ 也不同。根据平衡移动原理，改变平衡体系中金属离子和配位体的浓度，如加入沉淀剂、氧化剂或还原剂、其他配位剂等，均可使平衡移动。

尽管复盐与配合物都属于较复杂的化合物，但复盐与配合物不同，它在水溶液中完全电离为简单离子，如：

$$(NH_4)Fe(SO_4)_2 \rightleftharpoons NH_4^+ + Fe^{3+} + 2SO_4^{2-}$$

金属离子形成配离子后，在颜色、溶解度、氧化还原性等性质上都有较大的改变；同一金属离子与不同的配位体形成的配位化合物在稳定性方面也有很大的不同。

当同一配位体提供 2 个或 2 个以上的配位原子与一个中心原子配位时，若形成具有环状结构的配位化合物，称为"螯合物"。螯合物比一般的配合物更加稳定。由于大多数金属的螯合物具有特征的颜色，且难溶于水，所以螯合物常被用于分析化学中金属离子的鉴定。

同时利用其他一些配离子的形成来分离、鉴定某些离子。

三、器材与试剂

1. 器材

仪器或器材	数　　量	仪器或器材	数　　量
离心分离机	1 台	白瓷点滴板	1 套
醋酸铅试纸		50mL 烧杯	1 个
品红试纸		石蕊试纸	
普通玻璃试管	10 支	$\phi(3\sim4)$mm×$(150\sim180)$mm 细玻璃棒	2 根
10mL 离心试管	5 支		

2. 试剂

试　　剂	规　　格	试　　剂	规　　格
HNO_3	$6mol\cdot L^{-1}$	浓 HCl	
H_2SO_4	$1mol\cdot L^{-1}$	NaOH	$0.1mol\cdot L^{-1}$
$NH_3\cdot H_2O$	$6mol\cdot L^{-1}$	$AgNO_3$	$0.1mol\cdot L^{-1}$
$Al(NO_3)_3$	$0.1mol\cdot L^{-1}$	$BaCl_2$	$0.1mol\cdot L^{-1}$
$CuSO_4$	$0.1mol\cdot L^{-1}$	$Cu(NO_3)_2$	$0.1mol\cdot L^{-1}$
$FeCl_3$	$0.1mol\cdot L^{-1}$	KBr	$0.1mol\cdot L^{-1}$
KSCN	$0.1mol\cdot L^{-1}$	KI	$0.1mol\cdot L^{-1}$
KI	$2mol\cdot L^{-1}$	NaCl	$0.1mol\cdot L^{-1}$
$K_3Fe(CN)_6$	$0.1mol\cdot L^{-1}$	Na_2S	$0.1mol\cdot L^{-1}$
$Na_2S_2O_3$	$0.5mol\cdot L^{-1}$	$Na_2S_2O_3$	$0.1mol\cdot L^{-1}$
NH_4F	10%	$(NH_4)Fe(SO_4)_2$	$0.1mol\cdot L^{-1}$
$NiSO_4$	$0.1mol\cdot L^{-1}$	$Pb(NO_3)_2$	$0.1mol\cdot L^{-1}$
丁二酮肟	1%	酒精	95%
CCl_4		EDTA	$0.1mol\cdot L^{-1}$

四、实验内容

1. 配位化合物的生成、组成和性质

（1）阳离子配位化合物的生成

取 $0.1mol\cdot L^{-1}$ 的 $CuSO_4$ 溶液 5mL 于 50mL 小烧杯中，逐滴加入 $6mol\cdot L^{-1}$ 的氨水，观察溶液及其颜色的变化。然后加入约 95% 的酒精 8mL。观察溶液的变化及晶体的颜色。离心分离，观察溶液及沉淀的颜色。用酒精洗涤晶体 1~2 次，备用。

取上述洗涤后的晶体用少量蒸馏水溶解后，分盛于 2 支试管（A、B）中。在 A 试管中加入 2 滴 $0.1mol\cdot L^{-1}$ 的 NaOH 溶液，并在试管口放一条水湿润的石蕊试纸并微热试管；在 B 试管中加入 $0.1mol\cdot L^{-1}$ 的 $BaCl_2$ 溶液，观察现象。

写出上述各步反应的化学方程式。并由实验结果说明铜与氨的配位化合物的内界和外界的组成。

（2）阴离子配位化合物的生成

在试管中加入 2 滴 $0.1mol\cdot L^{-1}$ 的 $AgNO_3$ 溶液，再逐滴加入 $0.5mol\cdot L^{-1}$ 的 $Na_2S_2O_3$ 溶液，观察现象。然后在所得的溶液中加入 2 滴 $0.1mol\cdot L^{-1}$ 的 NaCl 溶液，观察是否有白

色沉淀产生。写出有关反应方程式并解释现象。

2. 配离子与简单离子的区别

在试管中加入 5 滴 0.1mol·L⁻¹ 的 $FeCl_3$ 溶液，再加入 1 滴 0.1mol·L⁻¹ 的 KSCN 溶液，观察溶液的颜色变化。

以 0.1mol·L⁻¹ 的 $K_3[Fe(CN)_6]$ 代替 $FeCl_3$ 做同样的实验，观察实验现象。写出方程式并说明配离子与简单离子的区别。

3. 配离子与复盐的区别

在 3 支试管（A～C）中各滴入 10 滴 0.1mol·L⁻¹ 的 $(NH_4)Fe(SO_4)_2$ 溶液。A 试管中加入 0.1mol·L⁻¹ 的 NaOH 溶液，并在试管口放一条水湿润的石蕊试纸并微热试管；B 试管中加入 0.1mol·L⁻¹ 的 KSCN 溶液；C 试管中加入 0.1mol·L⁻¹ 的 $BaCl_2$ 溶液。观察实验现象并与本实验内容 1 的实验结果进行比较。写出各步反应方程式。说明配合物与复盐的区别。

4. 不同配离子在水溶液中的稳定性

（1）配离子之间的转化

在试管中加 5 滴 0.1mol·L⁻¹ 的 $(NH_4)Fe(SO_4)_2$ 溶液，再加入 3 滴浓 HCl 溶液，振荡，观察现象。加入 1 滴 0.1mol·L⁻¹ 的 KSCN 溶液，观察溶液颜色的变化。再往试管中加入 5 滴 10% 的 NH_4F 溶液，观察溶液的变化现象。从溶液颜色的变化，写出各反应方程式，并比较各配离子的稳定性大小。

（2）沉淀与配离子之间的转化

在试管中加入 5 滴 $AgNO_3$（0.1mol·L⁻¹）溶液和 NaCl（0.1mol·L⁻¹）溶液，得到白色沉淀。在沉淀中逐滴加入 6mol·L⁻¹ 的 $NH_3·H_2O$ 溶液，至沉淀全部溶解。再加 1～2 滴 0.1mol·L⁻¹ 的 KBr 溶液，观察实验现象。继续逐滴加入 0.1mol·L⁻¹ 的 $Na_2S_2O_3$ 溶液，观察实验现象。若再加 1～2 滴 0.1mol·L⁻¹ 的 KI 溶液，观察实验现象。从实验现象比较沉淀 AgCl、AgBr、AgI 的 K_{sp} 值大小和配离子 $[Ag(NH_3)_2]^+$、$[Ag(S_2O_3)_2]^{3-}$ $K_稳$ 值的大小。写出相关方程式。

5. 配位-解离平衡及其移动

（1）离子浓度对解离平衡的影响

取 2 滴 0.1mol·L⁻¹ $Pb(NO_3)_2$ 溶液于试管中，逐滴加入 2mol·L⁻¹ 的 KI 溶液，观察实验现象。在上述溶液中逐滴加入水稀释，观察现象。写出各步反应方程式。

在实验内容 2 第一步制得的红色溶液中逐滴加水稀释，观察溶液颜色的变化。写出方程式，并解释现象。

（2）酸碱性介质及生成沉淀的影响

取实验内容 1（1）制得的 $[Cu(NH_3)_4]SO_4·H_2O$ 晶体溶于少量水中，分成 2 支试管（A、B），在 A 试管中加入 1mol·L⁻¹ 的 H_2SO_4 溶液，观察滴加过程中溶液的变化。在 B 试管中加入 0.1mol·L⁻¹ 的 Na_2S 溶液，观察现象。写出反应方程式并解释现象。

取实验内容 4（2）制得的 $[Ag(NH_3)_2]^+$ 溶液，逐滴加入 6mol·L⁻¹ 的 HNO_3 溶液，观察现象，写出反应方程式。

（3）氧化还原反应的影响

在 2 支试管（A、B）中各加入 0.1mol·L⁻¹ 的 $FeCl_3$ 溶液 0.5mL，在 A 试管中逐滴加入 10% 的 NH_4F 溶液，至溶液黄色褪去。再分别往上述两支试管中加入 0.1mol·L⁻¹ 的 KI 溶液 0.5mL 和 0.5mL CCl_4 溶液，振荡试管，观察并比较两支试管的现象。写出反应方程式并解释之。

6. 螯合物的形成

① 在试管中加入 2 滴 $0.1 mol \cdot L^{-1}$ 的 $NiSO_4$ 溶液和约 $1 mL$ 水，再加入 4 滴 $6 mol \cdot L^{-1}$ 的 $NH_3 \cdot H_2O$ 溶液，然后加入 $2 \sim 3$ 滴 1% 的丁二酮肟溶液，观察现象，写出反应方程式。这是 Ni^{2+} 的鉴定反应。

② 在实验内容 1 制得的 $[Cu(NH_3)_4]^{2+}$ 溶液中，逐滴加入 $0.1 mol \cdot L^{-1}$ 的 EDTA 溶液，观察发生的现象，写出方程式并加以解释。

7. 利用配位反应分离混合离子

试利用配位反应分离混合液中的 Al^{3+}、Cu^{2+} 和 Ag^+，设计分离方案并写出有关反应方程式。

五、思考题

① 配离子的组成和形成条件分别是什么？它与简单离子有何区别？如何证明？

② 结合本实验结果，试说明影响配位-解离平衡移动的因素有哪些？

③ 举例说明简单金属离子形成配离子后在颜色、溶解度、氧化还原性等方面的区别。

④ 同一金属离子的不同配离子可以相互转化的条件是什么？

⑤ 螯合物有什么特征？它为什么比一般配合物要稳定？

六、实验记录

1. 配位化合物的生成、组成和性质

实 验 内 容	现　象	
$CuSO_4$ 滴加氨水		加乙醇：
上述晶体与 NaOH 反应		石蕊试纸：
上述晶体与 $BaCl_2$ 反应		
$AgNO_3$ 滴加 $Na_2S_2O_3$ 溶液		加 NaCl：

2. 配位离子与简单离子的区别

实 验 内 容	现　象
$FeCl_3$ 与 KSCN 反应	
$K_3[Fe(CN)_6]$ 与 KSCN 反应	

3. 配离子与复盐的区别

实 验 内 容	现　象	
$(NH_4)Fe(SO_4)_2$ 与 NaOH 反应		石蕊试纸：
$(NH_4)Fe(SO_4)_2$ 与 KSCN 反应		
$(NH_4)Fe(SO_4)_2$ 与 $BaCl_2$ 反应		

4. 不同配离子在水溶液中的稳定性

实 验 内 容		现　象	
$(NH_4)Fe(SO_4)_2$ 加 HCl,振荡		加 KSCN：	
		加 NH_4F：	
$AgNO_3$ 与 NaCl 反应		沉淀滴氨水：	
	再加 KBr：	滴加 $Na_2S_2O_3$：	
	滴加 KI：		

5. 配位-解离平衡及其移动

实 验 内 容	现　　象	
Pb(NO₃)₂ 滴加 KI 溶液	加水：	
FeCl₃ 与 KSCN 反应	加水：	
[Cu(NH₃)₄]SO₄·H₂O 与 H₂SO₄ 反应		
[Cu(NH₃)₄]SO₄·H₂O 与 Na₂S 反应		
[Ag(NH₃)₂]⁺ 与 HNO₃ 反应		
FeCl₃ 与 KI 反应	CCl₄ 中：	
FeCl₃ 滴加 NH₄F 后，与 KI 反应	CCl₄ 中：	

6. 螯合物的形成

实 验 内 容	现　　象
NiSO₄ 加丁二酮肟	

7. Al^{3+}、Cu^{2+} 和 Ag^+ 分离的设计方案

实验十五　配合物晶体场分裂能的测定

一、实验目的
① 了解配合物的吸收光谱。
② 了解用分光光度法测定配合物分裂能的原理和方法。
③ 学习 721 型分光光度计的使用方法。

二、实验原理

八面体配离子 $[Ti(H_2O)_6]^{3+}$ 的中心离子 Ti^{3+}（$3d^1$）仅有一个 3d 电子，在基态时，这个电子处于能量较低的 t_{2g} 轨道，当它吸收一定波长的可见光的能量时，就会在分裂的 d 轨道之间跃迁（称之为 d-d 跃迁），即由低能级的 t_{2g} 轨道跃迁到高能级的 e_g 轨道。

3d 电子所吸收光子的能量应等于 e_g 轨道和 t_{2g} 轨道之间的能级差 $[E(e_g)-E(t_{2g})]$，亦即 $[Ti(H_2O)_6]^{3+}$ 的分裂能 Δ_o（J·m）。

$$\Delta_o = E_光 = hc/\lambda = 6.626\times10^{-34}\times2.9989\times10^8/\lambda = 1.986\times10^{-25}/\lambda$$

只要知道被吸收光的波长 λ，就可以求得分裂能 Δ_o。λ 可以通过吸收光谱求得。选取一定浓度的 $[Ti(H_2O)_6]^{3+}$ 溶液，用分光光度计测出在不同波长 λ 下的吸光度 A，以 A 为纵坐标、λ 为横坐标作图可得吸收曲线，曲线最高峰所对应的 λ_{max} 为 $[Ti(H_2O)_6]^{3+}$ 的最大吸收波长，即

$$\Delta_o = 2.0\times10^{-25}/\lambda$$

对于八面体的 $[Cr(H_2O)_6]^{3+}$ 和 $[Cr-EDTA]^-$ 配离子，中心离子 Cr^{3+} 的 d 轨道上有 3 个电子，处于能量较低的 t_{2g} 轨道，它吸收一定波长的可见光的能量时，会由低能级的 t_{2g} 轨道跃迁到高能级的 e_g 轨道。其 t_{2g} 轨道到 e_g 轨道的能级差即为分裂能 Δ_o。

三、器材与试剂
1. 器材

仪器或器材	数　量	仪器或器材	数　量
分光光度计	1台	托盘天平	1台
5mL移液管	1支	50mL烧杯	1个
洗耳球	1个	$\phi(3\sim4)$mm×$(150\sim180)$mm 细玻璃棒	2根
50mL容量瓶	3个		

2. 试剂

试　剂	规　格	试　剂	规　格
$TiCl_3$(A.R.)	15%～20%	$CrCl_3 \cdot 6H_2O$	固体
EDTA二钠盐	固体		

四、实验内容

1. $[Ti(H_2O)_6]^{3+}$ 溶液的配制

用移液管吸取 15%～20% 的 $TiCl_3$ 溶液 5mL 于 50mL 容量瓶中，加去离子水稀释至刻度，摇匀。

2. $[Cr(H_2O)_6]^{3+}$ 溶液的配制

用托盘天平称取 $CrCl_3 \cdot 6H_2O$ 固体 0.3g 于 50mL 烧杯中，加水溶解，转移至 50mL 容量瓶中，加去离子水稀释至刻度，摇匀。

3. $[Cr\text{-}EDTA]^-$ 溶液的配制

用托盘天平称取 EDTA 二钠盐固体 0.5g 于 50mL 烧杯中，加 30mL 水，加热溶解。再加入 $CrCl_3 \cdot 6H_2O$ 固体约 0.05g，稍加热，得到紫色的 $[Cr\text{-}EDTA]^-$ 溶液。

4. 吸光度 A 的测定

以去离子水为参比液，用分光光度计在波长 420～600nm 范围内，每隔 10nm 测一次 $[Ti(H_2O)_6]^{3+}$、$[Cr(H_2O)_6]^{3+}$、$[Cr\text{-}EDTA]^-$ 的吸光度 A，在接近极大值附近，每间隔 2nm 测一次数据。

5. 数据处理

以吸光度 A 为纵坐标、λ 为横坐标分别作 $[Ti(H_2O)_6]^{3+}$、$[Cr(H_2O)_6]^{3+}$、$[Cr\text{-}EDTA]^-$ 的吸收曲线。在吸收曲线上找出最高峰（即 A 最大）所对应的波长 λ_{max}，叫最大吸收波长。

6. 计算 Δ_o

用最大吸收波长 λ_{max}，计算 $[Ti(H_2O)_6]^{3+}$、$[Cr(H_2O)_6]^{3+}$、$[Cr\text{-}EDTA]^-$ 的分裂能 Δ_o。（分别用 J 和波数 $n=c/\lambda$ 来表达）。

五、注意事项

① 以去离子水为参比液，其具体操作是：选择一个波长后，应将去离子水参比液的吸光度 A 调节为 0 后再测 $[Ti(H_2O)_6]^{3+}$、$[Cr(H_2O)_6]^{3+}$、$[Cr\text{-}EDTA]^-$ 的吸光度。选择另一个波长，必须重复上述过程。

② 分光光度计上所示的波长 λ 的单位均为 nm，即 10^{-9}m。

③ 所配制的各溶液的浓度均无须非常准确，称量时不必用电子天平。也可以不用容量瓶，用烧杯和量筒即可。因为实验只要求 2 位有效数字。

六、思考题

① 本实验的原理是什么？

② 使用分光光度计有哪些注意事项？

③ 分裂能 Δ_o 如何计算？单位通常是什么？

④ 测定分裂能 Δ_o 时，和配离子浓度有无关系？为什么？

⑤ $[Ti(H_2O)_6]^{3+}$ 只有1个d电子跃迁，而 $[Cr(H_2O)_6]^{3+}$ 有3个d电子跃迁。后者的分裂能 Δ_o 是否等于由最大吸收波长求得的值除以3？

⑥ 从 $[Cr(H_2O)_6]^{3+}$、$[Cr\text{-}EDTA]^-$ 的 Δ_o 值测量结果，可得出什么结论？

七、实验记录

1. $[Ti(H_2O)_6]^{3+}$ 溶液的配制

吸取 $TiCl_3$ 溶液体积/mL：	稀释后溶液总体积/mL：

2. $[Cr(H_2O)_6]^{3+}$ 溶液的配制

$CrCl_3 \cdot 6H_2O$ 质量/g：	溶液体积/mL：

3. $[Cr\text{-}EDTA]^-$ 溶液的配制

EDTA 质量/g：	溶液体积/mL：	$CrCl_3 \cdot 6H_2O$ 质量/g：

4. 吸光度 A 的测定

测试液	波长/nm	吸光度 A	波长/nm	吸光度 A	波长/nm	吸光度 A
$[Ti(H_2O)_6]^{3+}$	420		430		440	
	450		460		470	
	480		490		500	
	510		520		530	
	540		550		560	
	570		580		590	
	600					

测试液	波长/nm	吸光度 A	波长/nm	吸光度 A	波长/nm	吸光度 A
$[Cr(H_2O)_6]^{3+}$	420		430		440	
	450		460		470	
	480		490		500	
	510		520		530	
	540		550		560	
	570		580		590	
	600					

测试液	波长/nm	吸光度 A	波长/nm	吸光度 A	波长/nm	吸光度 A
$[Cr\text{-}EDTA]^-$	420		430		440	
	450		460		470	
	480		490		500	
	510		520		530	
	540		550		560	
	570		580		590	
	600					

实验十六　磺基水杨酸合铜(Ⅱ)逐级稳定常数的测定

一、实验目的
① 学习用 pH 法测定配合物逐级稳定常数的原理、方法。
② 掌握酸效应系数、质子理论的概念。
③ 学习作图法及实验数据的处理。

二、实验原理
在金属离子 M 溶液中加入过量的配位剂 L，配合物的平均配位数

$$n=(c_L-[L])/c_M$$
$$c_L=[L]+[ML]+2[ML_2]+\cdots+n[ML_n]$$
$$c_M=[M]+[ML]+[ML_2]+\cdots+[ML_n]$$
$$n=([ML]+2[ML_2]+\cdots+n[ML_n])/([M]+[ML]+[ML_2]+\cdots+[ML_n])$$

式中　c_L——加入的配位剂 L 的总浓度，$mol\cdot L^{-1}$；
$[L]$——平衡时游离的配位剂的浓度，$mol\cdot L^{-1}$；
c_M——加入的金属离子 M 的总浓度，$mol\cdot L^{-1}$。

Cu^{2+} 与磺基水杨酸 $C_6H_3(OH)(SO_3H)COOH$ 能形成 1∶2 的配合物，即 $n=2$。

$$n=([CuL]+2[CuL_2])/([Cu^{2+}]+[CuL]+[CuL_2])$$

当加入的配位剂 L 很少时，主要形成 CuL，而 $[CuL_2]\approx0$。所以

$$n=[CuL]/([Cu^{2+}]+[CuL])$$

若
$$[Cu^{2+}]=[CuL]$$
$$n=0.5$$
$$K_1=[CuL]/([Cu^{2+}][L])=1/[L]$$
$$\lg K_1=-\lg[L]$$

当 $[CuL_2]=[CuL]$ 时
$$n=1.5$$
$$\lg K_2=-\lg[L]$$

可以作出 n-$\lg[L]$ 的曲线图，对应于 $n=0.5$ 和 $n=1.5$ 的 $\lg[L]$ 的负值便为 $\lg K_1$ 和 $\lg K_2$。

本实验采用 pH 电位法测定平均配位数 n。

磺基水杨酸是弱酸，$K_{a1}=0.500$、$K_{a2}=2.51\times10^{-2}$、$K_{a3}=2.51\times10^{-12}$。在酸碱滴定中，磺基水杨酸只能给出 2 个氢质子：

$$H_3L \Longrightarrow HL^{2-}+2H^+$$

若有 Cu^{2+} 存在，在酸碱滴定中，磺基水杨酸能给出 3 个氢质子：

$$Cu^{2+}+H_3L \Longrightarrow CuL^-+3H^+$$
$$Cu^{2+}+2H_3L \Longrightarrow CuL_2^{4-}+6H^+$$

同样浓度的磺基水杨酸在两种情况下消耗的 NaOH 量的差值便是 $(CuL+2CuL_2)$ 的量。

① 取同样量的磺基水杨酸溶液二份。其中一份加入一定量的 Cu^{2+}（其量应远小于磺基水杨酸的量）。分别用同浓度的 NaOH 标准溶液滴定，并用 pH 计同时测定各点的 pH 值。分别做 pH-V_{NaOH} 的滴定曲线。

② 在 pH-V_{NaOH} 的滴定曲线图上，在相同的 pH 下，查得两条曲线对应的 $V_{NaOH,1}$ 和 $V_{NaOH,2}$。

已配合的磺基水杨酸浓度

$$c_L^* = ([CuL] + 2[CuL_2]) = (V_{NaOH,2} - V_{NaOH,1})c_{NaOH}/V_总$$

$V_总$ 为该 pH 值下对应的溶液总体积

$$V_总 = V_0 + (V_{NaOH,2} + V_{NaOH,1})/2$$

③ 计算平均配位数

$$n = (c_L - [L])/c_{Cu} = c_L^* / c_{Cu}$$

④ 计算此 pH 下游离的磺基水杨酸浓度

$$[L^{3-}] = [c_L - c_L^*]/\alpha_H$$

α_H 为磺基水杨酸的酸效应系数。

⑤ 作出 n-$\lg[L^{3-}]$ 的关系曲线，对应于 $n = 0.5$、$n = 1.5$ 的 $-\lg[L^{3-}]$ 便为 $\lg K_1$、$\lg K_2$。

三、器材与试剂

1. 器材

仪器或器材	数　量	仪器或器材	数　量
pH 计	1 台	5mL 移液管	3 支
50mL 量筒	1 个	$\phi(3\sim4)$mm×$(150\sim180)$mm 细玻璃棒	2 根
100mL 烧杯	2 个	带搅拌子的磁力搅拌器	1 台
10mL 碱式滴定管	1 支		

2. 试剂

试　剂	规　格	试　剂	规　格
NaOH 标准溶液	约 0.1mol·L^{-1}（已标定）	磺基水杨酸	约 0.1mol·L^{-1}
CuSO$_4$ 标准溶液	约 0.01mol·L^{-1}（已标定）	KCl	1mol·L^{-1}
pH 标准溶液	pH=6.88		

四、实验内容

① pH 计用 pH=6.88 的标准溶液定位。

② 用移液管吸取 0.1mol·L^{-1} 的磺基水杨酸溶液 5mL，1mol·L^{-1} 的 KCl 溶液 5mL，用量筒取 40.0mL 水于 100mL 烧杯中。加搅拌子在磁力搅拌器充分搅拌后测定 pH 值。在 10mL 半微量碱式滴定管中装入 0.1mol·L^{-1}（已标定）NaOH 标准溶液并滴定该溶液。每加 1mL 读 1 次 pH 值。4mL 后，每滴入 0.1mL 读 1 次 pH 值。突跃之后，再加 NaOH 标准溶液 1mL，读取 pH 值。

③ 用移液管吸取 0.1mol·L^{-1} 的磺基水杨酸溶液 5mL、1mol·L^{-1} 的 KCl 溶液 5mL、0.01mol·L^{-1}（已标定）CuSO$_4$ 标准溶液 5mL，用量筒取 35.0mL 水于 100mL 烧杯中，加搅拌子在磁力搅拌器充分搅拌后测定 pH 值。在 10mL 半微量碱式滴定管中装入 0.1mol·L^{-1}（已标定）NaOH 标准溶液并滴定该溶液。每加 1mL 读 1 次 pH 值。4mL 后，每滴入 0.1mL 读 1 次 pH 值。突跃之后，再加 NaOH 标准溶液 1mL，读取 pH 值。

五、数据处理

① 在坐标纸上以 V_{NaOH} 为横坐标、pH 为纵坐标，分别做滴定磺基水杨酸溶液和滴定磺基水杨酸＋硫酸铜溶液的 pH-V_{NaOH} 的滴定曲线。

② 由上述两条滴定曲线，求出对应的磺基水杨酸浓度 c_L^*。

③ 计算不同 pH 值下的平均配位数 n。

④ 计算不同 pH 值下磺基水杨酸的酸效应系数及对应的游离的磺基水杨酸的浓度 $[L^{3-}]$。

⑤ 由 n 和对应的 $[L^{3-}]$，在坐标纸上以 $\lg[L^{3-}]$ 为横坐标、以平均配位数 n 为纵坐标，做 n-$\lg[L^{3-}]$ 曲线。从图中查得 $\lg K_1$ 和 $\lg K_2$。

六、思考题

① 为什么要加 KCl 溶液？

② 已知 $\lg K_1 = 9.60$、$\lg K_2 = 6.92$。若实验结果与此有差距，分析造成误差的原因可能有哪些？

③ 根据实验原理，若不用 pH 值测得滴定曲线，还可用什么方法求得 K_1、K_2？

④ 磺基水杨酸的原始浓度是否必须提前标定？本实验是如何确定的？

七、实验记录

1. 磺基水杨酸溶液 pH 值测定

测试液	pH	加 NaOH/mL	pH	加 NaOH/mL	pH
		1.00		2.00	
		3.00		4.00	
		4.10		4.20	
		4.30		4.40	
磺基水杨酸					

2. 磺基水杨酸-CuSO₄ 溶液 pH 值测定

测试液	pH	加 NaOH/mL	pH	加 NaOH/mL	pH
		1.00		2.00	
		3.00		4.00	
		4.10		4.20	
		4.30		4.40	
磺基水杨酸-CuSO₄					

实验十七　氧化还原反应与电极电位

一、实验目的

① 了解电极电位和氧化还原反应的关系。

② 掌握影响电极电位的因素及其与氧化还原反应的关系。

③ 掌握原电池、电解池的组成及其原理。

二、实验原理

氧化还原过程是电子转移过程。氧化还原反应中得到电子的物质是氧化剂，失去电子的物质是还原剂。不同的氧化剂或还原剂氧化或还原能力是有差别的。其氧化还原能力高低可以用该物质的氧化态-还原态所组成的电对［如 $\varphi^{\ominus}(Zn^{2+}/Zn)$，$\varphi^{\ominus}(Cu^{2+}/Cu)$ 等］的电极电位的相对高低来衡量。一个电对的 $\varphi^{\ominus}$ 代数值越大，表示相应的氧化还原电对中的氧化态的氧化性越强，而对应的还原态的还原性越弱，反之亦然。

电极电位的大小与氧化态和还原态的浓度、溶液的温度及介质的酸碱度等因素有关。对于任意给定的电对反应：

$$氧化态 + ne^- \Longrightarrow 还原态$$

其电极电位可用能斯特方程表示：

$$\varphi = \varphi^{\ominus} + \frac{RT}{nF}\ln[c(氧化态)/c(还原态)]$$

式中　φ——某条件下的电极电位，V；

$\varphi^{\ominus}$——标准状态下该电对的电极电位，又称标准电极电位，V；

R——热力学常数，8.314J·mol^{-1}·K^{-1}；

T——热力学温度，K；

n——在该电对的反应中电子转移数；

F——法拉第常数，96486C·mol^{-1}。

若将上式中的自然对数换成常用对数，在常温（$T=298.15$K）下，能斯特方程可表示为：

$$\varphi = \varphi^{\ominus} + \frac{0.0592}{n}\lg[c(氧化态)/c(还原态)]$$

把化学能转化成电能的装置叫做原电池。理论上任何一个氧化还原反应都可设计成原电池。原电池之所以会有电流产生，是因为组成原电池的两个电极之间存在电位差，这个电位差称为原电池的电动势（用符号 E 表示）。原电池的电动势是电池反应的驱动力。一般来说，较活泼的金属为负极，发生氧化反应；较不活泼的金属为正极，发生还原反应。

当电流通过电解质溶液时，在电极上发生的化学变化叫电解。在电解池中，与电源负极相连的阴极进行还原反应；与电源正极相连的阳极进行氧化反应。电解产物与电极电位的大小、离子浓度和电极材料等因素有关。如电解 Na_2SO_4 溶液时，以石墨作为电极，在电解电压为 1.1V 时，其电极反应为：

阴极：$\quad 2H_2O + 2e^- \Longrightarrow H_2 + 2OH^-$

阳极：$\quad 2H_2O - 4e^- \Longrightarrow O_2 + 4H^+$

但同样的 Na_2SO_4 溶液，以铜作为电极，在电解电压为 1.1V 时可发生下列反应：

阴极：$\quad 2H_2O + O_2 + 4e^- \Longrightarrow 4OH^-$

阳极：$\quad Cu - 2e^- \Longrightarrow Cu^{2+}$

三、器材与试剂

1. 器材

仪器或器材	数　量	仪器或器材	数　量
盐桥	1个	毫伏表	1台
9cm 蒸发皿	1个	50mL 烧杯	2个
普通玻璃试管	10支	$\phi(3\sim4)mm\times(150\sim180)mm$ 细玻璃棒	2根
锌片		铜片	
导线		砂纸	
水浴	1套		

2. 试剂

试　剂	规　格	试　剂	规　格
NaOH	$6mol\cdot L^{-1}$	浓 $NH_3\cdot H_2O$	
H_2SO_4	$6mol\cdot L^{-1}$	H_2SO_4	$3mol\cdot L^{-1}$
H_2SO_4	$2mol\cdot L^{-1}$	$FeCl_3$	$0.1mol\cdot L^{-1}$
$FeSO_4$	$0.1mol\cdot L^{-1}$	$K_3[Fe(CN)_6]$	$0.1mol\cdot L^{-1}$
KBr	$0.1mol\cdot L^{-1}$	KI	$0.1mol\cdot L^{-1}$
$KMnO_4$	$0.01mol\cdot L^{-1}$	$KClO_3$	$0.1mol\cdot L^{-1}$
Na_2SO_3	$0.1mol\cdot L^{-1}$	Na_2SO_4	$1mol\cdot L^{-1}$
$Na_2C_2O_4$	$0.1mol\cdot L^{-1}$	$MnSO_4$	$0.2mol\cdot L^{-1}$
$ZnSO_4$	$0.1mol\cdot L^{-1}$	$CuSO_4$	$0.1mol\cdot L^{-1}$
$CuSO_4$	$1mol\cdot L^{-1}$	$AgNO_3$	$0.1mol\cdot L^{-1}$
溴水	饱和	碘水	饱和
酚酞溶液		琼胶	
过硫酸铵	固体	CCl_4	

四、实验内容

1. 氧化还原与电极电位

（1）Fe^{3+} 的氧化性

在试管中加入 $0.1mol\cdot L^{-1}$ 的 KI 溶液 0.5mL 和 2 滴 $0.1mol\cdot L^{-1}$ 的 $FeCl_3$ 溶液，振荡混匀后加入 0.5mL 的 CCl_4，用力振荡，观察 CCl_4 层的颜色。

然后再加入 5mL H_2O 及 2 滴 $0.1mol\cdot L^{-1}$ 的 $K_3[Fe(CN)_6]$ 溶液，观察水溶液中的颜色变化？解释实验现象并写出有关反应方程式。

用 $0.1mol\cdot L^{-1}$ 的 KBr 溶液代替 $0.1mol\cdot L^{-1}$ 的 KI 溶液，进行相同的实验，观察 CCl_4 层及水溶液的颜色变化，根据实验现象可以得出什么结论？

（2）Fe^{2+} 的还原性

在 2 支试管中分别加入数滴饱和溴水与饱和碘水，然后各加入 $0.1mol\cdot L^{-1}$ 的 $FeSO_4$ 溶液 0.5mL。振荡试管，观察实验现象并写出有关反应方程式。

根据以上实验结果，判断上述物质中最强的氧化剂和最强的还原剂分别是哪一个？并比较 Br_2/Br^-、I_2/I^-、Fe^{3+}/Fe^{2+} 三个电对电极电位的相对大小。

2. 介质、温度和催化剂对氧化还原反应的影响

（1）酸度对含氧酸盐氧化性的影响

在试管中加入 $0.1mol\cdot L^{-1}$ 的 $FeSO_4$ 溶液 0.5mL 和 5 滴 $0.1mol\cdot L^{-1}$ $KClO_3$ 溶液，混

匀。观察实验现象。

再滴加 $2mol \cdot L^{-1}$ 的 H_2SO_4 溶液 2mL，观察溶液的变化。

如何检验溶液中是否有 Fe^{3+} 存在？写出有关反应方程式并解释之。

（2）介质的酸碱性对氧化还原反应产物的影响

在 3 支试管中各加入 2～3 滴 $0.01mol \cdot L^{-1}$ 的 $KMnO_4$ 溶液，分别加入数滴 $6mol \cdot L^{-1}$ 的 H_2SO_4 溶液、数滴水和数滴 $6mol \cdot L^{-1}$ 的 $NaOH$ 溶液，再各滴加数滴 $0.1mol \cdot L^{-1}$ 的 Na_2SO_3 溶液，振荡试管，观察现象。写出有关反应方程式。

（3）温度对氧化还原反应的影响

在 2 支试管中分别加入 $0.1mol \cdot L^{-1}$ 的 $Na_2C_2O_4$ 溶液 2mL、$3mol \cdot L^{-1}$ 的 H_2SO_4 溶液 0.5mL 和 1 滴 $0.01mol \cdot L^{-1}$ 的 $KMnO_4$ 溶液，混匀，将其中一支试管放入 80℃ 的水浴加热，另一支不加热。观察两试管褪色的快慢，写出方程式并加以解释。

（4）催化剂对氧化还原反应的影响

在两支试管中均加入 $0.2mol \cdot L^{-1}$ 的 $MnSO_4$ 溶液 5mL 和 $3mol \cdot L^{-1}$ 的 H_2SO_4 溶液 1mL，振荡后加入一小匙过硫酸铵固体，用力振荡溶解。再向一支试管中加入 1～2 滴 $0.1mol \cdot L^{-1}$ 的 $AgNO_3$ 溶液，振荡均匀；另一支试管不加 $AgNO_3$ 溶液。静置，用手表记录两支试管中溶液变成稳定的紫红色所需的时间。比较两试管的反应情况，写出反应方程式。

3. 原电池

① 在两只 50mL 的烧杯中分别加入 $0.1mol \cdot L^{-1}$ 的 $ZnSO_4$ 溶液 30mL 和 $0.1mol \cdot L^{-1}$ 的 $CuSO_4$ 溶液 30mL。在 $ZnSO_4$ 溶液中插入锌片，$CuSO_4$ 溶液中插入铜片组成两个电极，两个烧杯之间以盐桥相连。用导线将锌片和铜片分别与毫伏表的负极和正极相接，测量两极之间的电压，如图 1 所示。

在硫酸铜溶液中逐滴滴入浓氨水并搅拌均匀，记录加入浓氨水的滴数与对应的毫伏表读数 5 个，直至生成的沉淀溶解，形成深蓝色的溶液为止。

再在硫酸锌溶液中，加浓氨水至生成的沉淀完全溶解为止，记录加入浓氨水滴数与对应的毫伏表读数 5 个。

写出原电池的电极反应，解释上述实验中电压变化的原因。

② 自行设计原电池 $(-)Cu | CuSO_4 (0.01mol \cdot L^{-1}) \| CuSO_4 (1mol \cdot L^{-1}) | Cu(+)$。测定这一浓差电池的电动势，将实验测定值和理论计算值比较。

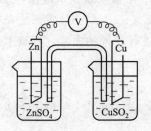

图 1 原电池的构成

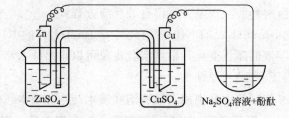

图 2 电解池的原理与构成

4. 电解

在蒸发皿中加入 20mL 水，再加入数滴 $1mol \cdot L^{-1}$ 的 Na_2SO_4 溶液和 2 滴酚酞溶液。拆去图 1 中的毫伏表，然后将连接锌片和铜片的两根导线插入蒸发皿中，如图 2 所示。注意不要使两极导线接触。判断哪一根导线是阴极？观察阴极附近溶液的颜色如何变化，并用化学方程式解释之。

五、注意事项

　　① 本实验原电池的电动势不大，尤其向两烧杯中加氨水时，电位差变化可能很小，所以，毫伏表要尽量使用小量程挡，使毫伏表指针移动较大，现象明显。这在浓差电池中更为明显。

　　② 在"催化剂对氧化还原反应的影响"实验中，若由于气温太低，反应过慢，可由水浴同时对两支试管加热。

六、思考题

　　① 怎样从电极电位的相对大小判断氧化剂和还原剂的氧化还原能力？

　　② 影响电极电位的因素有哪些？

　　③ 原电池中盐桥的作用是什么？

　　④ 怎样判断电解时两极的产物？

七、实验记录

　　1. 氧化还原与电极电位

实验内容	现　　象	
$FeCl_3$ 与 KI 反应	CCl_4：	加 $K_3[Fe(CN)_6]$：
$FeCl_3$ 与 KBr 反应	CCl_4：	加 $K_3[Fe(CN)_6]$：
$FeSO_4$ 与溴水反应		
$FeSO_4$ 与碘水反应		

　　2. 介质、温度和催化剂对氧化还原反应的影响

实验内容	现　　象	
$FeSO_4$ 与 $KClO_3$ 反应		加 H_2SO_4：
$KMnO_4$ 与 Na_2SO_3 反应（H_2SO_4 介质）		
$KMnO_4$ 与 Na_2SO_3 反应（中性介质）		
$KMnO_4$ 与 Na_2SO_3 反应（$NaOH$ 介质）		
$Na_2C_2O_4$ 与 $KMnO_4$ 反应	常温：	加热：
$MnSO_4$ 与过硫酸铵反应		加 $AgSO_4$：

　　3. 原电池

硫酸铜溶液滴加浓氨水滴数	毫伏表读数/mV

硫酸锌溶液滴加浓氨水滴数	毫伏表读数/mV

浓差原电池（−）Cu│CuSO₄（0.01mol·L⁻¹）‖ CuSO₄（1mol·L⁻¹）Cu（＋）的电动势

原电池电动势理论值/V	原电池电动势实测值/V

实验十八　沉淀原理及沉淀反应

一、实验目的

① 了解沉淀生成、溶解和转化的条件，掌握溶度积规则和同离子效应基本原理。

② 学习离心分离操作方法及其应用。

③ 掌握利用沉淀反应分离混合离子的方法。

二、实验原理

在一定温度下，将难溶电解质（M_mB_n）放入水中，在溶液中即会建立起一个溶解与沉淀的多相离子平衡，简称溶解平衡：

$$M_mB_n(s) \rightleftharpoons mM(aq) + nB(aq)$$

$$\text{未溶解的固体} \qquad \text{溶液中的离子}$$

构晶离子与它们形成的固相处于动态平衡，其平衡常数为：

$$K_{sp}(M_mB_n) = [M]^m[B]^n$$

$K_{sp}(M_mB_n)$ 叫溶度积常数，其物理意义是：在难溶电解质的饱和溶液中，构晶的阴、阳离子的平衡浓度的幂积（又称浓度积）等于溶度积。如

$$K_{sp}(BaSO_4) = [Ba^{2+}][SO_4^{2-}]$$

$$K_{sp}(CaF_2) = [Ca^{2+}][F^-]^2$$

对于结构类型相同的难溶电解质而言，K_{sp} 越大，其溶解度越大。K_{sp} 只是温度的函数，与溶液中离子的浓度无关。

当溶液处于未饱和状态时，溶液中离子浓度的乘积用 Q_i（离子积）来表示，$Q_i = [M]^m[B]^n$，Q_i 和 K_{sp} 之间有如下关系：

$Q_i = K_{sp}$　　饱和状态　　　　固体溶解的速率等于溶液中离子沉淀的速率

$Q_i > K_{sp}$　　过饱和状态　　　　　沉淀可析出

$Q_i < K_{sp}$　　未饱和状态　　　　　沉淀溶解

这个关系称为溶度积规则，可用于判断沉淀的生成或溶解。

如果溶液中含有多种离子，并且都能与所加沉淀剂生成沉淀，所形成的沉淀的溶解度又相差较大，加入沉淀剂后，离子沉淀的先后次序不同，离子积 Q_i 先达到 K_{sp} 的离子首先沉淀出来。这种现象称为分步沉淀。因此，在实际工作中适当控制条件，就可利用分步沉淀进行离子分离。

若在沉淀 A 中加入某试剂，能使其形成更难溶的沉淀 B，这个过程称为沉淀的转化。它也是一种沉淀溶解的方法，它用于不能用一般方法溶解的沉淀的溶解。

另外，沉淀反应还被用作分离溶液中混合离子的手段。

三、器材与试剂

1. 器材

仪器或器材	数　量	仪器或器材	数　量
离心机	1台	$\phi(3\sim4)$mm×$(150\sim180)$mm 细玻璃棒	2根
10mL 离心试管	5支	5mL 试管	10支
10mL 烧杯	4个	广泛 pH 试纸	

2. 试剂

试　剂	规　格	试　剂	规　格
NaCl	0.1mol·L^{-1}	Na$_2$S	0.1mol·L^{-1}
Na$_2$SO$_4$	0.002mol·L^{-1},0.1mol·L^{-1}	KI	1mol·L^{-1}
Pb(NO$_3$)$_2$	1mol·L^{-1}	Na$_2$CO$_3$	0.1mol·L^{-1}
BaCl$_2$	0.01mol·L^{-1},1mol·L^{-1}	CaCl$_2$	0.01mol·L^{-1}
MgCl$_2$	0.10mol·L^{-1}	NH$_4$Cl	0.1mol·L^{-1}
HCl	2mol·L^{-1},6mol·L^{-1}	NaOH	0.1mol·L^{-1}
HAc	2mol·L^{-1}	AgNO$_3$	0.1mol·L^{-1}
NH$_3$·H$_2$O	6mol·L^{-1}	KI	0.1mol·L^{-1}
K$_2$CrO$_4$	0.1mol·L^{-1}	PbI$_2$	饱和

四、实验内容

1. 沉淀的生成

① 取 2 支试管，各加入 0.002mol·L^{-1} 的 Na$_2$SO$_4$ 溶液 1mL，分别加入 0.01mol·L^{-1} 的 CaCl$_2$ 溶液和 0.01mol·L^{-1}BaCl$_2$ 溶液各 1mL，观察实验现象。

② 在试管中加入 5 滴 0.1mol·L^{-1} 的 Pb(NO$_3$)$_2$ 溶液和 5 滴 0.1mol·L^{-1} 的 KI 溶液，观察实验现象。

在试管中加入 10mL 蒸馏水后，重复上述实验，观察实验现象，写出化学反应方程式。

③ 取 2 支试管，均加入 PbI$_2$ 饱和溶液 1mL，再分别加 5 滴 0.1mol·L^{-1}Pb(NO$_3$)$_2$ 溶液和 5 滴 0.1mol·L^{-1}KI 溶液，观察实验现象，并解释之。

另取一支试管，加入 PbI$_2$ 饱和溶液数滴，再加 1mol·L^{-1} 的 KI 溶液 1mL，观察实验现象。

再向试管中加入蒸馏水 10mL，观察实验现象。

2. 分步沉淀

① 在试管中加入 5 滴 0.1mol·L^{-1} 的 NaCl 溶液和 5 滴 0.1mol·L^{-1} 的 KI 溶液，振荡混匀。逐滴加入 0.1mol·L^{-1} 的 AgNO$_3$ 溶液，不断振荡试管，观察实验现象。继续滴加 0.1mol·L^{-1} AgNO$_3$ 溶液，观察实验现象。根据实验现象和溶度积规则判断先后生成的沉淀是什么物质。写出反应方程式。

② 在试管中加入 5 滴 0.1mol·L^{-1} 的 AgNO$_3$ 溶液和 5 滴 0.1mol·L^{-1} 的 Pb(NO$_3$)$_2$ 溶液，加 5mL 蒸馏水，振荡混匀。逐滴加入 0.1mol·L^{-1} 的 K$_2$CrO$_4$ 溶液，不断振荡试管，观察实验现象，写出反应方程式。

3. 沉淀的转化

① 在试管中加入 2 滴 0.1mol·L^{-1} 的 AgNO$_3$ 溶液和 5 滴 0.1mol·L^{-1} 的 K$_2$CrO$_4$ 溶液，观察实验现象。再滴加 0.1mol·L^{-1} 的 NaCl 溶液，边加边振荡，观察实验现象。解释所观

察到的现象。写出反应方程式。

② 在试管中加入 5 滴 $0.1mol \cdot L^{-1}$ 的 $Pb(NO_3)_2$ 溶液和 5 滴 $0.1mol \cdot L^{-1}$ 的 K_2CrO_4 溶液，振荡，观察实验现象。再滴加 $0.1mol \cdot L^{-1}$ 的 Na_2S 溶液，振荡，观察实验现象。写出反应方程式并解释实验现象。

4. 沉淀的溶解

① 在试管中加入 $0.01mol \cdot L^{-1}$ 的 $MgCl_2$ 溶液 1mL，滴加 $2mol \cdot L^{-1}$ 的 $NH_3 \cdot H_2O$ 溶液至生成沉淀为止。再在此溶液中滴加 $0.1mol \cdot L^{-1}$ 的 NH_4Cl 溶液，观察实验现象。用平衡移动的观点解释上述现象。

② 在 3 支离心试管中分别加入 $0.1mol \cdot L^{-1}$ 的 Na_2CO_3 溶液、$0.1mol \cdot L^{-1}$ 的 K_2CrO_4 溶液和 $0.1mol \cdot L^{-1}$ 的 Na_2SO_4 溶液各 1mL，再分别在试管中加入 3 滴 $1mol \cdot L^{-1}$ 的 $BaCl_2$ 溶液，离心分离沉淀。用胶头滴管吸去上层清液，用少量蒸馏水洗涤沉淀，再次离心分离。分别试验这三种沉淀在 $2mol \cdot L^{-1}$ 的 HAc 溶液、$2mol \cdot L^{-1}$ 的 HCl 溶液和 $6mol \cdot L^{-1}$ 的 HCl 溶液中的溶解情况。试用平衡移动原理解释实验现象。

5. 利用沉淀反应原理，设计实验方案分离下列混合离子，并实现之。

① Ag^+，Fe^{3+}，Cu^{2+}。

② Zn^{2+}，Al^{3+}，Ag^+。

③ Mg^{2+}，Na^+，Ag^+。

五、注意事项

① 在加试剂时，不仅要看清试剂名称，还要辨清各自的浓度。试剂浓度不同有可能产生不同的实验现象。

② 设计实验方案分离混合离子时，应考虑分离的离子通过何种途径恢复其离子状态。还必须有检测分离是否彻底的方法。

六、思考题

① 沉淀生成和溶解的条件分别是什么？

② 影响沉淀-溶解平衡的因素有哪些？

③ 在含有 $0.1mol \cdot L^{-1}$ 的 Cl^- 和 CrO_4^{2-} 的溶液中，逐滴加入 $0.1mol \cdot L^{-1}$ 的 $AgNO_3$ 溶液，利用计算说明哪一种离子先被沉淀下来？

④ 要使沉淀溶解可以有哪些方法？

七、实验记录

1. 沉淀的生成

实 验 内 容	现　　象	
Na_2SO_4 与 $CaCl_2$ 反应		
Na_2SO_4 与 $BaCl_2$ 反应		
$Pb(NO_3)_2$ 与 KI 反应		
加 10mL 水后，$Pb(NO_3)_2$ 与 KI 反应		
PbI_2 饱和溶液	加 $Pb(NO_3)_2$ 后：	加 KI 后：
PbI_2 饱和溶液	加浓 KI 后：	再加水：

2. 分步沉淀

实　验　内　容	现　　　象	
NaCl、KI 混合液滴加 AgNO₃ 溶液	先：	后：
AgNO₃、Pb(NO₃)₂ 混合液滴加 K₂CrO₄ 溶液	先：	后：

3. 沉淀的转化

实　验　内　容	现　　　象	
AgNO₃、K₂CrO₄ 混合液滴加 NaCl 溶液	先：	后：
Pb(NO₃)₂、K₂CrO₄ 混合溶液滴加 Na₂S	先：	后：

4. 沉淀的溶解

实　验　内　容	现　　　象	
MgCl₂ 与 NH₃·H₂O 反应		加 NH₄Cl：
Na₂CO₃ 与 BaCl₂ 反应		沉淀加 HAc：
	加 2mol·L⁻¹HCl：	加 6mol·L⁻¹HCl：
K₂CrO₄ 与 BaCl₂ 反应		沉淀加 HAc：
	加 2mol·L⁻¹HCl：	加 6mol·L⁻¹HCl：
Na₂SO₄ 与 BaCl₂ 反应		沉淀加 HAc：：
	加 2mol·L⁻¹HCl：	加 6mol·L⁻¹HCl：

5. 利用沉淀反应原理，设计实验方案分离下列混合离子。并实现之。

(1) Ag^+，Fe^{3+}，Cu^{2+}。

设计流程：

(2) Zn^{2+}，Al^{3+}，Ag^+。

设计流程：

(3) Mg^{2+}，Na^+，Ag^+。

设计流程：

实验十九　离子交换法制备去离子水

一、实验目的

① 了解离子交换法的原理及其应用。

② 掌握离子交换柱的制作方法及去离子水的制备方法。

③ 学习电导率仪的使用。

④ 掌握水中常见离子的定性鉴定方法。

二、实验原理

1. 离子交换法制备去离子水的原理

在天然水或者自来水中含有各种各样的无机和有机杂质，常见的无机杂质有 Mg^{2+}、Ca^{2+}、SO_4^{2-}、HCO_3^-、CO_3^{2-}、Cl^- 等。然而无论是工业生产用水、日常生活用水，还是科研实验用水，对水质都有一定的要求。为了去除这些杂质得到较为纯净的水，通常的方法有蒸馏法、电渗析法和离子交换法。本实验中使用离子交换法制备去离子水。

离子交换法制备去离子水就是利用离子交换树脂除去水中的无机和有机离子杂质。离子交换树脂是一种难溶性的高分子聚合物，由本体和交换基团两部分组成。其中本体起的是载体作用，而本体上附着的交换基团才是活性成分。根据活性基团类型的不同，可以把离子交换树脂分为阳离子交换树脂和阴离子交换树脂。离子交换树脂具有网状的骨架结构，如果在骨架上引入磺酸活性基团（—SO_3H）就成为强酸性氢型阳离子交换树脂；如果引入季铵活性基团（—N^+OH^-）就成为强碱性 OH^- 型阴离子交换树脂。当水流过离子交换树脂时，树脂骨架上活性基团中的 H^+ 就与水中的 Na^+、Mg^{2+}、Ca^{2+} 阳离子进行交换，OH^- 就与水中的 SO_4^{2-}、HCO_3^-、CO_3^{2-}、Cl^- 等阴离子进行交换。其交换反应可简单表示为：

$$RSO_3^- H^+ + Na^+ \rightleftharpoons RSO_3^- Na^+ + H^+$$
$$2RSO_3^- H^+ + Ca^{2+} \rightleftharpoons (RSO_3^-)_2 Ca^{2+} + 2H^+$$
$$-N^+ OH^- + Cl^- \rightleftharpoons -N^+ Cl^- + OH^-$$
$$2-N^+ OH^- + SO_4^{2-} \rightleftharpoons (-N^+)_2 SO_4^{2-} + 2OH^-$$

如此，水中的无机离子被截留在树脂上，而交换出来的 OH^- 与 H^+ 发生中和反应，生成水，使水得到了净化。这种交换反应是可逆的，当用高浓度的酸处理阳离子（钠型、钙型等）交换树脂或用高浓度的碱处理阴离子（氯型、硫酸根型）交换树脂时，无机离子便从树脂上解脱出来，而 H^+ 或 OH^- 又与树脂结合，这称为"树脂的再生"。

2. 水质的检验

（1）电导率的测试原理　由于纯水中只含有微量的 H^+ 和 OH^-，所以导电性很差，即电导率极小。如果水中含有电解质杂质，会使水的电导率明显增大。从某种意义上讲（主要针对可溶性离子而言），电导率大小反映了水的纯度。

测电导率要用电导率电极。它的顶端有相互平行、间距 1cm 的铂金片，它们分别由导线与电导率仪的正、负极连接。将电极插入溶液，由于溶液的导电性能不一样，两极片间的电位差也不同。电导率仪输出的电位差值直接转化成电导率，从电表上读出。

打开电源前，指针应指零。若不指零，用螺丝刀调零。

打开电源后，旋钮 K_2 应指向"校正"位置。指针应在满刻度上，否则用"校正"调节旋钮调节为满刻度。

测试时，将旋钮 K_2 转向"测量"位置。

若被测溶液的电导率 $<300\mu S \cdot cm^{-1}$ 时，旋钮 K_3 应指向"低周"位置。否则指向"高周"位置。

"低周"有 1～8 量程，"高周"有 9～12 量程。

不知道被测溶液的电导率时，需从高电导率挡依次下降，防止指针转得太快，打断或打弯指针。

每一个电导率电极都标有电极常数。当被测溶液的电导率小于 $10\mu S \cdot cm^{-1}$ 时，使用 DJS-1 型光亮电极，将旋钮 RW_2 调节到电极常数的数值位置。

当被测溶液的电导率在 $10 \sim 10^4 \mu S \cdot cm^{-1}$ 时，使用 DJS-1 型铂黑电极，将旋钮 RW_2 调节到电极常数的数值位置。

当被测溶液的电导率大于 $10^4 \mu S \cdot cm^{-1}$ 时，使用 DJS-10 型铂黑电极，将旋钮 RW_2 调节到电极常数/10 的数值位置。读出的电导率乘 10 所得值才为被测溶液的实际电导率。

自来水和去离子水的电导率一般均小于 $300\mu S \cdot cm^{-1}$。

（2）杂质离子检验法　还可以用化学方法对水中常见离子定性鉴定，判断离子交换法制备去离子水的效果。

① Cl^- 检验　用 $AgNO_3$ 溶液检验。

② SO_4^{2-} 检验　用 $BaCl_2$ 溶液检验。

③ Mg^{2+} 检验　在 pII 约为 8--11 时，用铬黑 T 试剂检验。水中若无 Mg^{2+}，溶液呈蓝色；若有 Mg^{2+} 存在，则 Mg^{2+} 与铬黑 T 形成酒红色的配合物。

④ Ca^{2+} 检验　在 pH＞12 时，用钙指示剂检验。水中若无 Ca^{2+}，溶液呈蓝色；若有 Ca^{2+} 存在，则 Ca^{2+} 与钙指示剂形成红色的配合物（在此 pH 条件下，Mg^{2+} 已生成氢氧化物沉淀，不干扰 Ca^{2+} 的鉴定）。

三、器材与试剂

1. 器材

仪器或器材	数　量	仪器或器材	数　量
电导率仪	1 台	电导电极	1 支
离子交换柱	2 支	10mL 烧杯	2 个
阳离子交换树脂(再生完毕)		细玻璃棒 $\phi(3\sim4)mm \times (150\sim180)mm$	2 根
阴离子交换树脂(再生完毕)		玻璃纤维	
滤纸		广泛 pH 试纸	
试管	5 支		

2. 试剂

试　剂	规　格	试　剂	规　格
HNO_3	$1mol \cdot L^{-1}$	NaOH	$2mol \cdot L^{-1}$
$NH_3 \cdot H_2O$	$2mol \cdot L^{-1}$	$AgNO_3$	$0.1mol \cdot L^{-1}$
$BaCl_2$	$1mol \cdot L^{-1}$	三乙醇胺	20％(m/V)
铬黑 T＋NaCl	1:100(固体)	钙指示剂	固体

四、实验内容

1. 离子交换柱的准备

用烧杯将离子交换树脂带水装入柱内，一直填满到离柱口大约 2cm 处。装填过程中一定要装实，不能让柱子内部出现气泡，出现以上情况可以拿玻璃棒伸入树脂内部上下抽动，使气泡溢出。柱子底部垫有玻璃纤维，以防树脂颗粒掉出柱外。

2. 去离子水的制备

离子交换装置由两根离子交换柱串联组成。上面一根柱子是阳离子交换树脂（图 1），下面一根是阴离子交换树脂（图 2）。

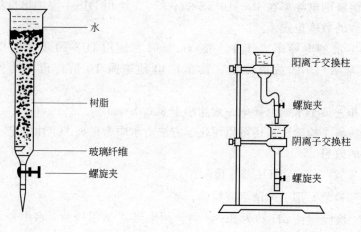

图 1　离子交换柱　　　　　　　图 2　离子交换装置

将自来水慢慢倒入柱中，同时打开活塞，控制水的流出速度为 60 滴·min^{-1} 左右（柱中水面的位置应始终略高于树脂），当流出的水约 100mL 左右时，接取的流出液（称去离子水）作水质检验用。

3. 水质检验

① 电导率的测定　用小烧杯取 2/3 杯离子交换水（取水时，必须先用被测水荡洗烧杯 2~3 次），将电导电极插入水中，用电导率仪测定其电导率，记录数据。同时测定自来水的电导率，进行比较。

② Mg^{2+} 的检验　取 1mL 水样于试管中，加入 2 滴 NH_3-NH_4Cl 缓冲液、控制 pH 为 8~11，再加 3 滴三乙醇胺和少许铬黑 T，摇匀。水中若无 Mg^{2+}，溶液呈蓝色，去离子效果好，制得的水合格；若有 Mg^{2+} 存在，则 Mg^{2+} 与铬黑 T 形成酒红色的配合物。

③ Ca^{2+} 的检验　取 1mL 水样于试管中，滴加 1 滴 2mol·L^{-1} 的 NaOH 溶液调节水溶液 pH=12~12.5，再加 3 滴三乙醇胺和少许钙指示剂，摇匀。若无 Ca^{2+} 存在，溶液呈蓝色，去离子效果好，制得的水合格；若有 Ca^{2+} 存在，则与钙指示剂形成红色配合物。

④ Cl^- 的检验　取 1mL 水样于试管中，加入 3 滴 1mol·L^{-1} 的 HNO_3 酸化，再加入 1~2 滴 0.1mol·L^{-1} 的 $AgNO_3$ 溶液，摇匀。观察是否出现白色浑浊，无白色浑浊为合格。

⑤ SO_4^{2-} 的检验　取 1mL 水样于试管中，加入 3 滴 1mol·L^{-1} 的 HNO_3 使之酸化，再加入 1~2 滴 1mol·L^{-1} 的 $BaCl_2$ 溶液，摇匀。观察是否出现白色浑浊，无白色浑浊为合格。

五、注意事项

① 控制好阳离子交换柱与阴离子交换柱的流速匹配。阳离子交换柱流速太快，阴离子交换柱液面会溢出。阴离子交换柱流速太快，阴离子交换柱会出现干涸现象，树脂间会混有气泡，交换效果将大大下降。

② 测电导率时，仔细辨认电极型号、电极常数。

③ 电极的导线不能潮湿，否则，测值不准。

④ 制得的去离子水应立即、迅速地进行电导率的测定。否则，其电导率会迅速上升。

⑤ 钙指示剂有时不太灵敏，也可用钙黄绿素-百里酚酞指示剂。无 Ca^{2+} 时，呈紫色。有 Ca^{2+} 时，呈荧光绿色。

六、思考题

① 离子交换法制备去离子水的原理是什么？

② 离子交换树脂装柱时应注意些什么？

③ 用钙指示剂检验水样中的钙离子时，溶液应调至 pH 值至 12 以上，为什么？

④ 为什么要求"柱中水面应始终高于树脂"？不如此，会引起什么后果？为什么？

⑤ 去离子水的电导率应立即测定，否则，其电导率会迅速上升。为什么？

⑥ 检验 Mg^{2+}、Ca^{2+} 时，为什么要滴加三乙醇胺？

七、实验记录

1. 电导率的测定

自来水电导/$\mu S \cdot cm^{-1}$	离子交换水电导/$\mu S \cdot cm^{-1}$

（2）离子的检验

检验离子	实　验	现象（与自来水对照）
Mg^{2+}	离子交换水加铬黑 T	
Mg^{2+}	离子交换水加钙指示剂	
Cl^-	离子交换水加 $AgNO_3$	
SO_4^{2-}	离子交换水加 $BaCl_2$	

实验二十　化学反应速率和活化能的测定

一、实验目的

① 了解浓度、温度及催化剂对化学反应速率的影响。

② 学会使用恒温水浴装置。

③ 了解测定 $K_2S_2O_8$ 与 KI 反应速率的原理，学会用作图法求出反应级数和活化能。

二、实验原理

在水溶液中，过二硫酸钾（$K_2S_2O_8$）和碘化钾在水溶液中发生如下反应：

$$S_2O_8^{2-} + 3I^- \rightleftharpoons 2SO_4^{2-} + I_3^- \tag{1}$$

此反应的反应速率方程为：

$$v = k[S_2O_8^{2-}]^m[I^-]^n$$

式中，k 为速率常数；m、n 为 $S_2O_8^{2-}$ 和 I^- 的反应级数，m 与 n 之和是反应的总级数。若 $[S_2O_8^{2-}]$、$[I^-]$ 为起始浓度，则 v 表示起始速率。

实验测定的速率是一段时间 Δt 内反应的平均速率。如果在 Δt 时间内 $S_2O_8^{2-}$ 浓度的改变值为 $\Delta[S_2O_8^{2-}]$，则平均反应速率为：

$$\bar{v} = \frac{-\Delta[S_2O_8^{2-}]}{\Delta t}$$

由于本实验在 Δt 时间内反应物浓度 $\Delta[S_2O_8^{2-}]$ 的变化很小，即反应速率的变化也很小，所以可近似地用平均反应速率代替起始速率，则

$$v=-\frac{\Delta[S_2O_8^{2-}]}{\Delta t}=k[S_2O_8^{2-}]^m[I^-]^n$$

为了能够测出在一定时间 Δt 内的浓度变化值 $\Delta[S_2O_8^{2-}]$，需要在混合 $K_2S_2O_8$ 和 KI 溶液的同时，加入一定体积的已知浓度的 $Na_2S_2O_3$ 溶液和淀粉。这样在反应（1）进行的同时，还有以下反应发生：

$$2S_2O_3^{2-}+I_3^- \Longrightarrow S_4O_6^{2-}+3I^- \tag{2}$$

反应（2）的速度比反应（1）快得多，几乎瞬间完成。由反应（1）生成的 I_3^- 立即与 $S_2O_3^{2-}$ 作用，生成无色的 I^- 和 $S_4O_6^{2-}$。因此在反应开始的一段时间内，看不到碘与淀粉作用而显示的特有蓝色。一旦 $Na_2S_2O_3$ 耗尽，反应（1）继续产生的 I_3^- 就立即与淀粉作用而呈现出特有的蓝色。

从反应开始到溶液蓝色出现，表示 $S_2O_3^{2-}$ 全部耗尽，所以从反应开始到溶液出现蓝色这段时间 Δt 内，$S_2O_3^{2-}$ 浓度的改变 $\Delta[S_2O_3^{2-}]$ 实际上就是 $Na_2S_2O_3$ 的起始浓度，所以：

$$\Delta[S_2O_3^{2-}]=0-[S_2O_3^{2-}]_{起始}=-[S_2O_3^{2-}]_{起始}$$

从反应方程式（1）和式（2）可以看出，$[S_2O_8^{2-}]$ 减少的量为 $[S_2O_3^{2-}]$ 减少量的一半，所以可以得出如下关系：

$$\Delta[S_2O_8^{2-}]=\frac{[\Delta S_2O_3^{2-}]}{2}$$

在本实验中，每份混合液中 $Na_2S_2O_3$ 的起始浓度都是相同的，因而 $\Delta[S_2O_3^{2-}]$ 也是不变的。这样，只要准确记录从反应开始到溶液出现蓝色所需要的时间 Δt，则可计算平均反应速率：

$$v=\frac{\Delta[S_2O_8^{2-}]}{\Delta t}=\frac{\Delta[S_2O_3^{2-}]}{2\Delta t}$$

从不同浓度下测得的反应速率，即能计算出该反应的反应级数 m 和 n。对式 $v=k[S_2O_8^{2-}]^m[I^-]^n$ 两边取对数，得：

$$\lg v=m\lg[S_2O_8^{2-}]+n\lg[I^-]+\lg k$$

当 $[I^-]$ 不变时，以 $\lg v$ 对 $\lg[S_2O_8^{2-}]$ 作图，可得一直线，斜率即为 m。同理，当 $[S_2O_8^{2-}]$ 不变时，以 $\lg v$ 对 $\lg[I^-]$ 作图，可求得 n。将求得 m 和 n，代入式 $v=k[S_2O_8^{2-}]^m[I^-]^n$，即可求得反应速率常数 k。

根据阿仑尼乌斯经验式，反应速率常数 k 与反应温度 T 一般有以下关系：

$$\lg k=A-\frac{E_a}{2.30RT}$$

式中，E_a 为反应的活化能，$J \cdot mol^{-1}$；R 为气体常数，$8.314 J \cdot mol^{-1} \cdot K^{-1}$；$T$ 为热力学温度，K。

测出不同温度时的 k 值，以 $\lg k$ 对 $1/T$ 作图，可得一直线，直线斜率为 $-\dfrac{E_a}{2.30R}$，从所

得斜率值可求得 E_a。

为了使每次实验的离子强度和总体积保持不变，在实验中所减少的 $K_2S_2O_8$ 或 KI 溶液量，分别用 KNO_3 或 K_2SO_4 溶液来补充。

三、器材与试剂

1. 器材

仪器或器材	数 量	仪器或器材	数 量
秒表	1只	$\phi(3\sim4)mm\times(150\sim180)mm$ 细玻璃棒	2根
温度计	1支	恒温水槽	1个
50mL 烧杯	5个	10mL 量筒	2个

2. 试剂

试 剂	规 格	试 剂	规 格
$Na_2S_2O_3$	$0.0050mol\cdot L^{-1}$	KNO_3	$0.40mol\cdot L^{-1}$
K_2SO_4	$0.050mol\cdot L^{-1}$	KI	$0.4mol\cdot L^{-1}$
$K_2S_2O_8$	$0.050mol\cdot L^{-1}$	$Cu(NO_3)_2$	$0.02mol\cdot L^{-1}$
淀粉	0.2%	冰块	

四、实验内容

1. 浓度对反应速率的影响

在室温下，按表1所示剂量分别用量筒把一定量的 KI、$Na_2S_2O_3$、KNO_3、K_2SO_4 和淀粉溶液加入已编 $1\sim5$ 号的 50mL 烧杯中，搅拌均匀，然后用量筒量取 $K_2S_2O_8$ 溶液，迅速加到已搅拌均匀的溶液中，同时启动秒表并不断搅拌。待溶液一出现蓝色时，立即按停秒表并记录时间于表1中。

表1 浓度对化学反应速率的影响　　　　室温：____℃

	序　号	1	2	3	4	5
试剂用量/mL	$0.050mol\cdot L^{-1}$ $K_2S_2O_8$	1.0	1.5	2.0	2.0	2.0
	$0.40mol\cdot L^{-1}$ KI	2.0	2.0	2.0	1.5	1.0
	$0.0050mol\cdot L^{-1}$ $Na_2S_2O_3$	0.6	0.6	0.6	0.6	0.6
	0.2%淀粉溶液	0.4	0.4	0.4	0.4	0.4
	$0.40mol\cdot L^{-1}$ KNO_3	0	0	0	0.5	1.0
	$0.050mol\cdot L^{-1}$ K_2SO_4	1.0	0.5	0	0	0
	反应时间/s					

2. 温度对反应速率的影响

① 用量筒按表1中5号烧杯的剂量把 KI、$Na_2S_2O_3$、KNO_3、K_2SO_4 和淀粉溶液加入一个 50mL 烧杯中，混合均匀，再用量筒量取 $0.050mol\cdot L^{-1}$ 的 $K_2S_2O_8$ 溶液 2.0mL 加入另一个 50mL 烧杯中。然后将两个烧杯同时置于冰水浴中冷却，待试液冷却到0℃时，将混合溶液迅速加到 $K_2S_2O_8$ 溶液中。同时启动秒表并不断搅拌溶液，待溶液出现蓝色时，按停秒表并记录时间。

② 在 40℃以下，再选择 3 个合适的温度点（相邻温度差在 10℃左右），按上述①的操作进行实验，记录每次实验的温度与反应时间于表 2 中。

表 2　温度对化学反应速率的影响

序　　号	6	7	8	9
反应温度/℃				
反应时间/s				

3. 催化剂对化学反应速率的影响

按表 1 中任一编号的试剂用量，先往 KI、$Na_2S_2O_3$、KNO_3、K_2SO_4、淀粉混合溶液中滴加 2 滴 $0.02mol \cdot L^{-1}$ 的 $Cu(NO_3)_2$ 溶液，搅匀后再迅速加入相应量的 $K_2S_2O_8$ 试液，记录反应时间。与表 1 中相应编号的反应时间相比。

五、数据处理

1. 计算反应级数和速率常数

计算表 1 中编号 1～5 的各个实验的平均反应速率，并将相应数据填入表 3 中。

表 3　计算反应级数和速率常数数据

实　验　序　号		1	2	3	4	5
50mL 混合液中反应物的起始浓度/(mol·L⁻¹)	$K_2S_2O_8$					
	KI					
	$Na_2S_2O_3$					
反应时间 $\Delta t/s$						
$v = \Delta[S_2O_3^{2-}]/2\Delta t$						
$\lg v$						
$\lg[S_2O_8^{2-}]$						
$\lg[I^-]$						
m						
n						
$k = v/[S_2O_8^{2-}]^m[I^-]^n$						

当 $[I^-]$ 不变时，用编号 1、2、3 的 v 及 $[S_2O_8^{2-}]$ 的数据，以 $\lg v$ 对 $\lg[S_2O_8^{2-}]$ 作图，所得直线的斜率即为 m；同理，当 $[S_2O_8^{2-}]$ 不变时，以编号 3、4、5 的 $\lg v$ 对 $\lg[I^-]$ 作图，求得 n。

根据速率方程式 $v = k[S_2O_8^{2-}]^m[I^-]^n$，求出 v、m、n，即可求得反应速率常数 k。

2. 求活化能

计算编号 6～9 四个不同温度实验的平均反应速率及速率常数 k，然后以 $\lg k$ 为纵坐标，$1/T$ 为横坐标作图。由所得直线的斜率求 E_a。将有关数据填入表 4 中。

六、思考题

① 实验中为什么可以由反应溶液出现蓝色时间的长短来计算反应速率？

② 下述情况对实验结果有何影响？

a. 量筒混用。

b. 先加 $K_2S_2O_8$ 溶液，最后加 KI 溶液。

c. 往 KI 等混合液中慢慢加入 $K_2S_2O_8$ 溶液。

表 4　求活化能数据

(6～9 号混合液中反应物的起始浓度与 5 号相同)

实 验 序 号	6	7	8	9
反应温度/K				
反应时间/s				
反应速率 v/mol·s^{-1}				
速率常数 k/mol$^{(l-m-n)}$·s^{-1}				
lg$\{k\}$				
$1/T$				
活化能 E_a/kJ·mol^{-1}				

实验二十一　重结晶法提纯硫酸铜

一、实验目的

① 掌握重结晶法提纯粗硫酸铜的原理和方法。

② 练习台秤的使用，熟悉常压过滤、减压过滤、蒸发、结晶等基本操作。

③ 了解运用对照实验检验产品纯度的方法。

二、实验原理

粗硫酸铜中含有不溶性杂质和可溶性杂质。在制备过程中，不溶性杂质通过过滤除去。可溶性杂质，如 Fe^{2+}、Fe^{3+} 等与 $CuSO_4$ 同时结晶而存在于产物中。在硫酸铜溶液中加入氧化剂，如 H_2O_2 或 Br_2，可以将 Fe^{2+} 氧化为 Fe^{3+}：

$$2Fe^{2+}+2H^++H_2O_2 === 2Fe^{3+}+2H_2O$$

然后将溶液的 pH 值调节在 3～4，使 Fe^{3+} 水解，完全生成 $Fe(OH)_3$ 沉淀：

$$Fe^{3+}+3H_2O === Fe(OH)_3 \downarrow +3H^+$$

因为 $K_{sp}[Fe(OH)_3]=3.5\times10^{-38}$，残留在溶液中的 Fe^{3+}：

$$[Fe^{3+}]=3.5\times10^{-38}/(10^{-10})^3～3.5\times10^{-38}/(10^{-11})^3=3.5\times10^{-8}～3.5\times10^{-5}$$

可认为已去净。再过滤除去。而 Cu^{2+} 不会被沉淀。

除去 Fe^{3+} 后的滤液，可加热蒸发、浓缩溶液至饱和，冷却后 $CuSO_4·5H_2O$ 结晶。其他微量可溶性杂质在硫酸铜结晶时，仍留在母液中，可通过过滤除去，得到更纯净的 $CuSO_4·5H_2O$。

为了防止在蒸发结晶过程中 Cu^{2+} 水解生成 $Cu(OH)_2$，必须用酸酸化。

含有 Fe^{3+} 的溶液中加入 KSCN 溶液，会产生血红色溶液：

$$Fe^{3+}+nSCN^- === [Fe(SCN)_n]^{3-n}$$

这是 Fe^{3+} 的特征反应，常用来鉴定 Fe^{3+} 的存在。其红色的深度与 Fe^{3+} 的浓度成正比。所以可根据溶液血红色的深浅比较粗硫酸铜和提纯后的硫酸铜中 Fe^{3+} 的多少。

三、器材与试剂

1. 器材

仪器或器材	数　量	仪器或器材	数　量
托盘天平	1 台	玛瑙研钵	1 套
100mL 烧杯	1 个	50mL 烧杯	1 个
布氏漏斗(匹配吸滤瓶)	1 个	普通漏斗	1 个
漏斗架	1 个	$\phi(3\sim4)$mm×$(150\sim180)$mm 细玻璃棒	2 根
9cm 蒸发皿	1 个	电炉或电热板	1 台
酒精灯	1 个	9cm、中速定性滤纸	
广泛 pH 试纸	2 个	广口瓶	1 个
50mL 量筒	1 个	内径 1~2mm 毛细管	2 根
50mL 容量瓶	3 个	100mL 量筒	2 个

2. 试剂

试　剂	规　格	试　剂	规　格
工业粗硫酸铜(固体)		H_2O_2	3%
H_2SO_4	1mol·L^{-1}	$NH_3·H_2O$	6mol·L^{-1}
KSCN	1mol·L^{-1}	NaOH	0.2mol·L^{-1}
丙酮:浓盐酸:水	90:5:5(体积比)	Fe^{3+} 标准溶液	0.2mg Fe^{3+}·(50mL)$^{-1}$

四、实验内容

1. 粗硫酸铜的提纯

① 将粗硫酸铜在研钵中研细,用托盘天平称取 4g 于 100mL 烧杯中,用量筒加入 25mL 蒸馏水,加热溶解。从电炉上取下烧杯,在不断搅拌的情况下,加入 3% 的 H_2O_2 溶液 2mL。

继续加热,逐滴加入 0.2mol·L^{-1} 的 NaOH 溶液。并不时地用玻璃棒蘸 1 滴溶液于 pH 试纸上检测,使溶液的 pH 约为 4。静置 5min,有黄棕色沉淀产生或溶液呈蓝绿色到黄绿色。过滤溶液,用洁净的蒸发皿收集滤液。

② 在滤液中滴加 1mol·L^{-1} 的 H_2SO_4 酸化硫酸铜滤液,并用 pH 试纸检测溶液 pH 值为 1~2。

③ 用酒精灯加热蒸发皿,蒸发浓缩滤液。当滤液表面出现一层结晶膜时,停止加热。

④ 将蒸发皿冷却至室温,蒸发皿中有蓝色结晶出现。在布氏漏斗上减压过滤,尽量抽干。

⑤ 停止抽滤后,用玻璃棒取出滤纸及其上的硫酸铜晶体。将所得晶体夹于两张干滤纸中,尽量吸干其表面的水分,称重,计算产率。

2. 纸色谱法鉴定硫酸铜提纯的效果

① 取粗硫酸铜和已提纯的硫酸铜各 1g 于 2 个 100mL 烧杯中。加 5mL H_2O 溶解,加入 10 滴 1mol·L^{-1} 的 H_2SO_4 酸化,然后再加入 3% 的 H_2O_2 溶液 1mL,煮沸片刻。溶液冷却后,滴加 6mol·L^{-1} 的 $NH_3·H_2O$,直至最初生成的蓝色沉淀完全溶解、溶液呈深蓝色为止。此时 Fe^{3+} 转化为 $Fe(OH)_3$ 沉淀,Cu^{2+} 则转变为 $[Cu(NH_3)_4]^{2+}$ 配离子。

$$Fe^{3+}+3NH_3·H_2O \Longrightarrow Fe(OH)_3\downarrow+3NH_4^+$$

$$2CuSO_4 + 2NH_3 \cdot H_2O \rule[0.5ex]{2em}{0.5pt} Cu_2(OH)_2SO_4 \downarrow + (NH_4)_2SO_4$$

$$Cu_2(OH)_2SO_4 + (NH_4)_2SO_4 + 6NH_3 \rule[0.5ex]{2em}{0.5pt} 2[Cu(NH_3)_4]SO_4 + 2H_2O$$

用普通漏斗过滤，并用滴管将 $1mol \cdot L^{-1}$ 的 $NH_3 \cdot H_2O$ 滴到滤纸上洗涤沉淀，直到蓝色全部洗去为止（弃去滤液）。$Fe(OH)_3$ 黄色沉淀留在滤纸上。用滴管把 $3mL$ 热的 $1mol \cdot L^{-1}$ 的 H_2SO_4 滴在滤纸上，溶解 $Fe(OH)_3$ 沉淀，所得溶液用 $50mL$ 容量瓶接收，并稀释至刻度，摇匀。分别称为"检验液 1"（粗硫酸铜）和"检验液 2"（提纯的硫酸铜）。

② 取一张宽 $5cm$、长 $15cm$ 的慢速定量滤纸。在纸的下端 $2cm$ 处用铅笔画一条与纸边平行的横线，并将滤纸纵向折成 4 折。用毛细管分别蘸取少量上述"检验液 1"、"检验液 2"和 Fe^{3+} 标准溶液，小心点在每一折的横线上（称为原点），斑点直径约为 $0.5cm$。

③ 将以丙酮：浓盐酸：水＝90：5：5（体积比）的比例配制的混合液（称为"展开剂"）$10mL$ 倒于 $100mL$ 量筒中。将点样的滤纸折成 4 折直立插入量筒中，使滤纸下端浸入展开剂约 $1cm$，注意不要使试液斑点浸入展开剂中。盖上塑料纸并用橡皮筋固定塑料纸。待展开剂前沿上升至离顶端 $2cm$ 左右时取出滤纸。立即用铅笔记下溶剂前沿的位置。在空气中风干。

④ 另取一洁净的 $100mL$ 量筒，加入 $5mL$ 浓氨水，将滤纸直立插入量筒中。注意滤纸不能浸入氨水中。氨熏 $5min$ 后，即可在滤纸上得到清晰的斑点。

比较 3 个斑点的大小及颜色，判断重结晶提纯的效果。若提纯的硫酸铜的斑点大小和颜色均弱于 Fe^{3+} 标准溶液的斑点，则提纯的硫酸铜已达到 C.P.（化学纯）级。

五、注意事项

① 蒸发和浓缩蒸发皿的滤液时不要蒸干，否则 $CuSO_4 \cdot 5H_2O$ 晶体小颗粒会炸溅出来，使得率下降。蒸干后也有可能使部分 $CuSO_4 \cdot 5H_2O$ 的结晶水丢失，与本实验要求的产物不符。蒸发皿中留有少量溶液，虽使得率有所下降，但其中仍溶有微量 Fe^{3+} 和其他可溶性杂质，可通过抽滤除去，使纯化效果更好。

② 用此法获得的得率不是真的得率，因为 $CuSO_4 \cdot 5H_2O$ 的结晶中还有很多表面游离的水存在。正确做法是：将纯化后的 $CuSO_4 \cdot 5H_2O$ 的结晶在 $105℃$ 下烘干 $45 \sim 60min$ 后再称量。由于实验时间所限，不能按正规的方法操作。

③ $CuSO_4 \cdot 5H_2O$ 产品的标准规定，铁杂质 $\leqslant 0.02\%$ 为化学纯（C.P.）、$\leqslant 0.003\%$ 为分析纯（A.R.）、$\leqslant 0.001\%$ 为优级纯（G.R.）。实验室提供的铁标准溶液中铁含量等于 0.02%。此溶液称"对照溶液"，此法称为"限量检查法"，常用于产品的杂质分析。大多数情况下，只要知道杂质是否小于国家标准，而无须知道它的准确含量。

六、思考题

① 粗硫酸铜中可溶性和不溶性杂质如何除去？

② 粗硫酸铜中杂质 Fe^{2+}、Fe^{3+} 分别如何除去？

③ 用计算来说明为什么除 Fe^{3+} 时 pH 值要控制在 4 左右？

④ 在进行普通过滤与减压过滤操作时，应注意哪些问题？

⑤ 氧化剂为什么用 H_2O_2 而不采用 $KMnO_4$、$K_2Cr_2O_7$ 等？

⑥ 除去铁杂质，能不能不将 Fe^{2+} 氧化为 Fe^{3+} 而直接用重结晶法除去 Fe^{2+}？

⑦ 纸色谱斑点为何用 NH_3 熏蒸？

⑧ 若要检验提纯后的 $CuSO_4 \cdot 5H_2O$ 是否达到 G.R. 级，用 $(NH_4)_2Fe(SO_4)_2 \cdot 6H_2O$

如何配制 Fe^{3+} "对照溶液"?

七、实验记录

1. 粗硫酸铜的提纯

粗硫酸铜质量/g	提纯后硫酸铜质量/g	产　率

第 5 章

滴定分析与重量分析基础实验

实验二十二　盐酸标准溶液的配制和标定

一、实验目的

① 学习滴定分析的基本操作，熟悉甲基橙指示剂的使用和滴定终点的判断。

② 学习用电子天平的减量法操作，掌握用基准物质标定标准溶液浓度的方法。

③ 掌握盐酸标准溶液的配制与计算方法。

④ 确定盐酸标准溶液的准确浓度，以备后用。

二、实验原理

酸碱滴定是利用酸碱反应的定量计量关系，对未知酸或碱的浓度进行测定的方法。参与反应的其中一方为浓度已知的标准溶液，另外一方则是待测溶液。为了达到滴定准确，首先要求反应完全，参与反应的酸(碱)至少有一种是强酸(强碱)，这也是为什么常用盐酸或氢氧化钠溶液作为滴定溶液的原因；其次还要选择合适的指示剂来指示滴定终点，在滴定中对指示剂的变色判断是准确滴定的关键。

盐酸是滴定分析中最常用的标准溶液，但它不是基准物质，所以不能直接配制成准确浓度的标准溶液。正确的方法是：将盐酸稀释成接近所需浓度的溶液后，再用合适的基准物质测定盐酸的准确浓度。这种盐酸溶液称作"盐酸标准溶液"。

用来标定盐酸标准溶液浓度的基准物质有无水碳酸钠（Na_2CO_3，G. R.）、硼砂（$Na_2B_4O_7 \cdot 10H_2O$，G. R.）等。由于碳酸钠中可能含有水分，故应预先在 $270 \sim 300 ℃$ 充分干燥，保存于干燥器中。

以无水碳酸钠为基准物质标定盐酸的浓度时，用甲基橙作指示剂，反应进行至第二个"化学计量点"时：

$$Na_2CO_3 + HCl \longrightarrow NaCl + NaHCO_3$$
$$NaHCO_3 + H^+ \longrightarrow H_2O + CO_2 + Na^+$$

这时溶液的 pH 值由 CO_2 饱和溶液决定。CO_2 饱和溶液约为 $0.04 mol \cdot L^{-1}$。

$$[H^+] = [cK_{a1}(H_2CO_3)]^{1/2} = (0.04 \times 4.2 \times 10^{-7})^{1/2} = 1.3 \times 10^{-4} mol \cdot L^{-1}$$
$$pH = -lg[H^+] = 3.89$$

指示剂甲基橙的变色范围为 $\Delta pH = 4.4$(黄色)~ 3.1(红色)，化学计量点（$pH = 3.6$）落在变色范围内。滴定终点的颜色应为由黄色变为红色的过渡色——橙色。

当然，终点应确保 CO_2 的浓度约为 $0.04 mol \cdot L^{-1}$，即需被滴定的 Na_2CO_3 溶液浓度应大于 $0.1 mol \cdot L^{-1}$。

指示剂也可选择甲基红 [变色范围为 $\Delta pH = 6.2$（黄色）~ 4.4（红色）] 或溴甲酚绿-甲基红混合指示剂（变色点为 $pH = 5.1$，由绿色变为灰色或酒红色）。当指示剂变色时，离化学计量点的距离远远超过 0.2%。这是因为溶液中仅有一部分 HCO_3^- 转化为 H_2CO_3，但未反应完。这时需煮沸溶液，使 CO_2 全部挥发。溶液中未反应的 HCO_3^- 使溶液的 pH>7，指示剂又由酸色变回碱色。直到煮沸后溶液仍呈现指示剂的酸色为滴定终点。

三、器材与试剂

1. 器材

仪器或器材	数　量	仪器或器材	数　量
电子天平	1 台	$\phi(3\sim4)mm\times(150\sim180)mm$ 细玻璃棒	2 根
50mL 酸式滴定管	1 支	250mL 锥形瓶	3 个
500mL 洗瓶	1 个	1000mL 塑料试剂瓶	1 个
50mL 量筒	1 个		

2. 试剂

试　剂	规　格	试　剂	规　格
盐酸(A.R.)	(1+1)	甲基橙	0.1%水溶液
无水碳酸钠(G.R.)	270~300℃灼烧至恒重		

四、实验内容

1. 0.20mol·L^{-1}盐酸溶液的配制

用量筒量取（1+1）（约 6mol·L^{-1}）盐酸约 34mL 倒入已盛有 500mL 蒸馏水的 1L 试剂瓶中，再加水稀释至约 1L，盖上盖子，剧烈振摇 7 次，使盐酸溶液浓度均匀，备用。此时盐酸浓度约为 0.20mol·L^{-1}，将试剂瓶贴上标签，写上班级、学号、姓名。

2. 无水碳酸钠作为基准物质标定 0.20mol·L^{-1}盐酸标准溶液

用电子天平减量法准确称取约 0.35g 无水碳酸钠于 250mL 锥形瓶中，共称 3 份。各加蒸馏水约 50mL，再用洗瓶吹洗瓶内壁，摇动锥形瓶使之溶解。

把待标定的盐酸溶液装入酸式滴定管中，记下初读数 V_0（最好为 0.00），加 1~2 滴甲基橙指示剂于锥形瓶中，溶液呈黄色。

用待标定盐酸溶液逐滴滴入锥形瓶，并不断摇动锥形瓶，直到溶液由黄色突变为橙色时即为终点，记录盐酸溶液的体积读数 V_1。

平行测定 3 次，分别计算盐酸标准溶液的浓度。要求所得盐酸浓度相对平均偏差小于 0.4%。如达不到要求，则需重新称量碳酸钠再标定，直至滴定数据满足上述标准为止。

最后根据达到要求的 3 组数据，计算盐酸溶液的平均浓度，即为所配盐酸标准溶液的准确浓度。

五、计算

1. 应取稀释前（1+1）的盐酸的体积 V 的计算

根据

c(稀释前 1+1 的盐酸)V(稀释前 1+1 的盐酸)=c(稀释后的盐酸)V(稀释后的盐酸)

$$6V(稀释前 1+1 的盐酸)=0.2\times1000$$

$$V(稀释前 1+1 的盐酸)=0.2\times1000/6\approx34(mL)$$

2. 盐酸标准溶液浓度的计算

$$c(\text{HCl}) = \frac{\dfrac{m}{M(\text{Na}_2\text{CO}_3)} \times 2}{(V_1 - V_0) \times 10^{-3}}$$

式中，$c(\text{HCl})$ 为盐酸标准溶液的浓度，$\text{mol} \cdot \text{L}^{-1}$；$M(\text{Na}_2\text{CO}_3)$ 为 Na_2CO_3 的摩尔质量，$\text{g} \cdot \text{mol}^{-1}$；2 为甲基橙呈橙色时，$\text{H}^+$ 与 Na_2CO_3 反应的比例系数；V_0、V_1 为未滴定时和滴至终点时，HCl 标准溶液的体积，mL；m 为称取 Na_2CO_3 的质量，g。

六、注意事项

① 滴定前后 HCl 标准溶液在滴定管中体积一定要读至小数点后第 2 位，最后一位为估读，但不能不读。否则，它的前一位便变成了估读。

② Na_2CO_3 不能称量过多。否则，将 50mL 的 HCl 标准溶液全部滴入，可能还未到达终点。分析测试不允许对 1 份待测液使用的滴定液超过 50mL，那样误差会很大。

③ 第一份 Na_2CO_3 被滴定完成后，一定要在滴定管中再加入 HCl 标准溶液至 0.00 刻度。再滴定第二份 Na_2CO_3。

④ 将 HCl 标准溶液加入到滴定管中时，必须由 HCl 试剂瓶直接倒入滴定管。不要通过另一个器皿（如烧杯等）再进入滴定管。因为经过的步骤、器皿越多，增加误差的可能性越大。

⑤ 滴定时，眼睛应从锥形瓶侧面观察溶液的颜色，不要看滴定管中弯月面的读数。

⑥ 开始滴定时，HCl 标准溶液滴入后，溶液颜色无变化，表明离终点还很远，滴定速度可快一点。当 1 滴 HCl 标准溶液滴入后，溶液中会有一块红色液团出现，但摇动锥形瓶时又会消失，若红色液团消失滞后时间稍长，表明离终点已比较近了，应一滴一滴地滴定，要充分摇动锥形瓶直到变成橙色为滴定终点。

⑦ 若对滴定终点时指示剂甲基橙颜色的变化判断不熟练，可在未滴定的 Na_2CO_3 溶液中加同量样的甲基橙作参照，可以比较好地判断滴定终点。

七、思考题

① 用碳酸钠标定盐酸溶液时为什么选用甲基橙而不选用酚酞作指示剂？

② 实验中为什么规定称取碳酸钠 0.35g 左右，称得过多或过少有什么不好？怎样估算基准物质的用量？

③ 用已吸水的碳酸钠标定盐酸溶液时，所得结果偏高还是偏低？

④ 用硼砂（$\text{Na}_2\text{B}_4\text{O}_7 \cdot 10\text{H}_2\text{O}$）为基准物质时，可选哪种指示剂？如何计算 HCl 标准溶液的浓度？

⑤ 若 $\text{Na}_2\text{C}_2\text{O}_4 \cdot 2\text{H}_2\text{O}$ 有 G.R. 级试剂，能否用其直接标定 HCl 标准溶液的浓度？为什么？

八、实验记录

1. 盐酸标准溶液的标定

	碳酸钠质量/g	滴定 HCl 的体积/mL		碳酸钠质量/g	滴定 HCl 的体积/mL
1			3		
2					

实验二十三　混合碱液中各组分含量的测定

一、实验目的

① 了解双指示剂法滴定 2 组分溶液的原理。

② 掌握混合碱液中各组分含量测定的方法。

③ 学习溶液定量转移的方法。

④ 训练移液管和容量瓶的使用。

⑤ 巩固其他有关的化学实验操作。

二、实验原理

运用两种不同的指示剂在一次滴定过程中先后确定两个不同的滴定终点，这样的方法称为双指示剂法。

混合碱液特指氢氧化钠、碳酸钠和碳酸氢钠三种组分中两种组分同时存在的碱性溶液。对于氢氧化钠而言，碳酸氢钠是酸。碳酸氢钠可提供一个 H^+ 给氢氧化钠，因此氢氧化钠和碳酸氢钠不能共存于同一溶液中。所以，只有两种可能的情况：

① 氢氧化钠和碳酸钠的混合溶液。

② 碳酸钠和碳酸氢钠的混合溶液。

用盐酸标准溶液滴定组分和浓度都未知的混合碱液，盐酸首先和碱性较强的氢氧化钠或者碳酸钠发生中和反应，选用酚酞（pH 变色范围 8.0 ～ 9.6）作为指示剂。在第一化学计量点前所发生的反应是：

$$NaOH + HCl == NaCl + H_2O$$
$$Na_2CO_3 + HCl == NaCl + NaHCO_3$$

第一个反应的突跃为 pH＝9.7～4.3。第二个反应在化学计量点：

$$[H^+] = [K_{a1}(H_2CO_3)K_{a2}(H_2CO_3)]^{1/2} = 4.2 \times 10^{-7} \times 5.6 \times 10^{-11} = 4.8 \times 10^{-9}$$

pH＝8.3。酚酞变色范围 $\Delta pH = 10.0 \sim 8.0$。酚酞可作为第一滴定终点的指示剂。溶液由红色变为无色。

再继续用盐酸滴定，将发生以下反应：

$$NaHCO_3 + H^+ == H_2O + CO_2 + Na^+$$

可以甲基橙为指示剂（变色范围 $\Delta pH = 3.1 \sim 4.4$），原理已在实验二十二中阐述过。

根据两个滴定终点消耗的盐酸标准溶液的体积可判断溶液的组成和各组分的浓度。

若滴至第一终点（酚酞变色）时消耗的盐酸标准溶液的体积为 V_1，滴至第二终点（甲基橙变色）时消耗的盐酸标准溶液的总体积为 V_2：

$V_1 > (V_2 - V_1)$：混合碱溶液由 NaOH 和 Na_2CO_3 组成。

$V_1 < (V_2 - V_1)$：混合碱溶液由 Na_2CO_3 和 $NaHCO_3$ 组成。

$V_1 = (V_2 - V_1)$：混合碱溶液由 Na_2CO_3 组成。

三、器材与试剂

1. 器材

仪器或器材	数　量	仪器或器材	数　量
100mL 烧杯	1个	$\phi(3\sim4)$mm×$(150\sim180)$mm 细玻璃棒	2 根
50mL 酸式滴定管	1支	250mL 锥形瓶	2个
500mL 洗瓶	1个	250mL 容量瓶	1个
25mL 移液管	1支		

2. 试剂

试　　剂	规　　格	试　　剂	规　　格
盐酸标准溶液	已标定	甲基橙	0.1%水溶液
酚酞	0.2%乙醇溶液		

四、实验内容

① 用移液管移取 25.00mL 混合碱试液于 250mL 容量瓶中，加水稀释至刻度摇匀（定容）。此溶液称为"被测液"。

② 用移液管移取被测液 25.00mL 于锥形瓶中，加入 1～2 滴酚酞，以盐酸标准溶液滴定至溶液由红色变为无色，且 30s 内不变色，记下盐酸标准溶液的体积第一次读数 V_1。

再加入 1～2 滴甲基橙指示剂，继续用盐酸标准溶液滴定至溶液为橙色，再记下盐酸标准溶液体积的第二次读数 V_2。

③ 平行测定 3 次，以 (V_2-V_0) 相对平均偏差小于 0.3% 为精密度要求。V_0 为滴定前盐酸标准溶液的体积读数。

最后根据达到要求的三组数据，判断溶液的组分，并计算混合碱试样液中各组分的含量（mol·L^{-1}）和总碱度（以 Na$_2$O 计算，g·L^{-1}）。

五、计算

1. 若 $(V_1-V_0) > (V_2-V_1)$

混合碱试样液中的 NaOH 含量：

$$c(NaOH) = \frac{(2V_1-V_0-V_2)c(HCl)}{25.00mL^* \times (25.00mL/250.00mL)} \quad (mol·L^{-1})$$

混合碱试样液中的 Na$_2$CO$_3$ 含量：

$$c(Na_2CO_3) = \frac{(V_2-V_1)c(HCl)}{25.00mL^* \times (25.00mL/250.00mL)} \quad (mol·L^{-1})$$

2. 若 $(V_1-V_0) < (V_2-V_1)$

混合碱试样液中的 Na$_2$CO$_3$ 含量：

$$c(Na_2CO_3) = \frac{(V_1-V_0)c(HCl)}{25.00mL^* \times (25.00mL/250.00mL)} \quad (mol·L^{-1})$$

混合碱试样液中的 NaHCO$_3$ 含量：

$$c(Na_2CO_3) = \frac{[V_2-2(V_1-V_0)]c(HCl)}{25.00mL^* \times (25.00mL/250.00mL)} \quad (mol·L^{-1})$$

3. 混合碱试样液的总碱度

$$c(Na_2O) = \frac{[V_2-V_0]c(HCl)M(Na_2O)}{2 \times 25.00mL^* \times (25.00mL/250.00mL)} \quad (g·L^{-1})$$

式中，V_2 为甲基橙变色时（第二终点），盐酸标准溶液的体积读数，mL；V_1 为酚酞变色时（第一终点），盐酸标准溶液的体积读数，mL；V_0 为滴定前盐酸标准溶液的体积读数，mL；$c(HCl)$ 为盐酸标准溶液的浓度，mol·L^{-1}；25.00mL* 为移取被测液的体积；25.00mL 为移取混合碱试样液的体积；250.00mL 为稀释混合碱试样液时的容量瓶的体积；$M(Na_2O)$ 为 Na$_2$O 的摩尔质量，g·mol^{-1}。

六、注意事项

① 在第一终点前，溶液是由 Na$_2$CO$_3$ 与 NaHCO$_3$ 组成的缓冲溶液。第二终点前，溶液是由 NaHCO$_3$ 与 H$_2$CO$_3$ 组成的缓冲溶液。所以在终点附近的滴定突跃范围小，指示剂变色

不敏锐。滴定速度一定要慢且要充分振荡。

② 达到第一终点后，不能在滴定管中再加盐酸标准溶液，应连续滴定。

③ 若滴到第一终点后再加甲基橙，溶液已呈橙色或只滴一滴盐酸标准溶液后溶液便呈橙色。可以认为，混合碱试样液是 NaOH 溶液。

④ 若被测液加入酚酞后已呈无色或只滴一滴盐酸标准溶液后溶液便变为无色。可以认为，混合碱试样液是 $NaHCO_3$ 溶液。

七、思考题

① 若有混合碱测试液测定后放置一天，然后再次测定，第一终点和第二终点消耗的同浓度的 HCl 体积有无变化？为什么？

② 试设计一个用盐酸标准溶液测定试样中磷酸钠和磷酸氢二钠含量的分析方案。

③ 用 HCl 滴定混合碱的第二终点，能否用甲基红为指示剂？若必须用第二终点，按上述实验步骤能否用甲基红为指示剂？若非要用甲基红为指示剂不可，应采用什么措施才可保证第二终点准确？

④ $Na_2C_2O_4$ 和 $NaHC_2O_4$ 混合液，能否用双指示剂法用 HCl 连续滴定测定 $Na_2C_2O_4$ 和 $NaHC_2O_4$ 的含量？为什么？

八、实验记录

	HCl 体积/mL（酚酞变色时）	HCl 体积/mL（甲基橙变色时）		HCl 体积/mL（酚酞变色时）	HCl 体积/mL（甲基橙变色时）
1			3		
2					

实验二十四　食用醋中总酸度的测定

一、实验目的

① 了解强碱滴定弱酸过程中的 pH 值变化，指示剂的选择。

② 学习食用醋中总酸度的测定方法。

③ 学习、了解测试工业产品时需考虑的问题。

二、实验原理

食用醋的主要成分是醋酸（HAc），此外还含有少量其他弱酸，如乳酸等。醋酸的电离常数 $K_a = 1.8 \times 10^{-5}$，Ac^- 的 $K_b = 10^{-14}/K_a = 5.6 \times 10^{-10}$。用 NaOH 标准溶液滴定醋酸，其反应式是：

$$NaOH + HAc \Longrightarrow NaAc + H_2O$$

化学计量点的 $[H^+]$：

$$[OH^-] = (K_b[Ac^-])^{1/2} \approx (0.01 \times 5.6 \times 10^{-10})^{1/2} = 7.4 \times 10^{-6} \, mol \cdot L^{-1}$$

$$[H^+] = 1.4 \times 10^{-9} \, mol \cdot L^{-1}$$

$$pH \approx 8.7$$

可选用酚酞作指示剂。滴定终点时溶液由无色变为微红色，且 30s 内不褪色。滴定时，不仅 HAc 与 NaOH 反应，食用醋中可能存在其他各种形式的酸也与 NaOH 反应，故滴定所得为总酸度，以 $c(HAc)(g \cdot L^{-1})$ 表示。

三、器材与试剂

1. 器材

仪器或器材	数 量	仪器或器材	数 量
电子天平	1台	$\phi(3\sim4)$mm×$(150\sim180)$mm 细玻璃棒	2根
50mL 碱式滴定管	1支	250mL 锥形瓶	3个
500mL 洗瓶	1个	25mL 移液管	1支
250mL 容量瓶	1个		

2. 试剂

试 剂	规 格	试 剂	规 格
NaOH 溶液	0.1mol·L^{-1}	邻苯二甲酸氢钾($KHC_8H_4O_4$,G.R.)	固体
酚酞	0.2%乙醇溶液	食用醋试液	

四、实验内容

1. 0.1mol·L^{-1} NaOH 溶液的标定

用减量法准确称取基准物质邻苯二甲酸氢钾（$KHC_8H_4O_4$, G.R.）0.5g 左右于 250mL 锥形瓶中，加 50mL 不含二氧化碳的热水使之溶解，冷却。加入 1～2 滴酚酞指示剂，用待标定的 NaOH 溶液滴至溶液呈微红色，保持 30s 不褪色，即为终点。所用 NaOH 溶液体积为 V_1，平行测定 3 次，计算 NaOH 溶液的浓度和相对偏差。其各次相对偏差应小于或等于 0.2%。否则需重新标定。

2. 食用醋总酸度的测定

用移液管吸取食用醋试样液 25.00mL 于 250mL 容量瓶中，用新煮沸并冷却的蒸馏水稀释至刻度，摇匀。此为被测液。用移液管移取 25.00mL 被测液于 250mL 锥形瓶中，加入 50mL 蒸馏水，1～2 滴酚酞指示剂。用 NaOH 标准溶液滴至溶液呈微红色且 30s 内不褪色，即为终点。NaOH 溶液体积为 V_2，平行测定 3 次，根据所有消耗的 NaOH 标准溶液的用量，计算食用醋总酸度 c(HAc)，以（g·L^{-1}）表示。

五、计算

NaOH 标准溶液浓度：

$$c(\text{NaOH}) = \frac{m/M(\text{KHC}_8\text{H}_4\text{O}_4)}{10^{-3}V_1}$$

食用醋总酸度：

$$c(\text{HAc}) = \frac{c(\text{NaOH})V_2M(\text{HAc})}{[25.00\text{mL}^* \times (25.00\text{mL}/250.00\text{mL})]}$$

式中，V_1 为标定 NaOH 溶液时，消耗的 NaOH 溶液的体积，mL；V_2 为测定 HAc 被测液时，消耗的 NaOH 标准溶液的体积，mL；m 为称取邻苯二甲酸氢钾的质量，g；c(NaOH) 为 NaOH 标准溶液的浓度，mol·L^{-1}；25.00mL* 为移取被测液的体积；25.00mL 为移取食用醋试样液的体积；250.00mL 为稀释食用醋试样液时的容量瓶的体积；M(HAc) 为 HAc 的摩尔质量，g·mol^{-1}。

六、注意事项

① 大多数食醋颜色较深，应稀释后测定。稀释倍数应视食用醋试样液的颜色深浅而定。

② 食用醋的总酸度也因品牌、品种的不同而有差别，若滴定时消耗的 NaOH 标准溶液的体积 $V_2<10$mL，可将 NaOH 标准溶液稀释适当倍数后再滴定。但稀释倍数不要大于 10 倍。

③ 若被测液的颜色不能全部消除，滴定终点的颜色可能是橙色。

七、思考题

① 以 NaOH 溶液滴定 HAc 溶液，属于哪类滴定？怎样选择指示剂？

② 测定总酸度含量时，所用的蒸馏水不能含二氧化碳，为什么？

③ 检测工业品（包括食品、药品等）时，除了考虑测试原理以外，对测试条件还应考虑哪些因素？

④ 可否用 $H_2C_2O_4$ （G.R.）作为基准物质标定 NaOH？为什么？若可以，写出计算 NaOH 浓度的公式。

⑤ 如不使用不含 CO_2 的蒸馏水，采取什么方法可准确测定总酸度含量？

八、实验记录

1. NaOH 标准溶液的标定

	邻苯二甲酸氢钾质量/g	滴定 NaOH 的体积/mL		邻苯二甲酸氢钾质量/g	滴定 NaOH 的体积/mL
1			3		
2					

2. 食用醋总酸度的测定

	被测液体积/mL	NaOH 的体积/mL		被测液体积/mL	NaOH 的体积/mL
1			3		
2					

实验二十五　EDTA 标准溶液的配制和标定

一、实验目的

① 学习 EDTA 标准溶液的配制方法。

② 了解 EDTA 标准溶液的标定原理，掌握标定 EDTA 标准溶液基准物质的选择。

③ 掌握分别用碳酸钙或氧化锌作基准物质标定 EDTA 标准溶液浓度的方法。

二、实验原理

乙二胺四乙酸简称 EDTA 或 EDTA 酸，以 H_4Y 表示。由于 EDTA 酸难溶于水，故分析实验中采用它的二钠盐（也称 EDTA，以 $Na_2H_2Y \cdot 2H_2O$ 表示）来配制标准溶液。22℃时 EDTA 的溶解度为 $111g \cdot L^{-1}$，此饱和溶液的浓度约为 $0.3mol \cdot L^{-1}$，pH 约 4.4。目前市售的 EDTA 试剂常因含有约 0.3% 的水分和少量杂质而不能直接配制成准确浓度的标准溶液。通常是先配成大致浓度的溶液，再用适当的基准物质进行标定，确定其准确浓度。

标定 EDTA 标准溶液的基准物质很多，常用的有含量不低于 99.95% 的某些金属单质，如 Cu、Zn、Ni、Pb 等以及它们的金属氧化物或盐类，如 $CaCO_3$、$ZnSO_4 \cdot 7H_2O$、$MgSO_4 \cdot 7H_2O$ 等。选用基准物质的基本原则是让标定和测定的实验条件尽可能一致或相近，以减少误差。如测定石灰石或白云石中 CaO、MgO 的含量以及测定水的硬度时，最好选用 $CaCO_3$ 作基准物质标定。测定 Bi^{3+}、Pb^{2+} 含量是在酸性溶液中进行的，则可用 ZnO 或金属锌作基准物质、二甲酚橙为指示剂，在六亚甲基四胺缓冲溶液（pH＝5～6）中进行标定。而最好

不选择 $CaCO_3$ 为基准物质（实验条件为 pH≥10）或 ZnO、金属锌作基准物质、铬黑 T 为指示剂，在氨-氯化铵缓冲溶液（pH≥9）中进行标定。

用 $CaCO_3$ 作基准物质，以钙黄绿素-百里酚酞为指示剂：当溶液 pH>12 时，EDTA 能与溶液中的 Ca^{2+} 定量配合。未滴入 EDTA 前，Ca^{2+} 溶液中加入钙黄绿素-百里酚酞指示剂，钙黄绿素与 Ca^{2+} 可形成绿色荧光配合物，它遮盖了此条件下百里酚酞所显示的紫色。由于 CaY^{2-} 配合物比钙黄绿素-Ca^{2+} 配合物更稳定，当 EDTA 标准溶液滴至终点时，钙黄绿素-Ca^{2+} 绿色荧光配合物全部转化为无色的 CaY^{2-} 配合物，溶液中绿色荧光消失而呈现此条件下百里酚酞所显示的紫色。

用 ZnO 作基准，以二甲酚橙为指示剂，加六亚甲基四胺调节溶液 pH 为 5～6，此时 EDTA 能与 Zn^{2+} 定量配合。滴定前，加入二甲酚橙，它与 Zn^{2+} 形成紫红色配合物。由于在此条件下 ZnY^{2-} 配合物更稳定，用 EDTA 标准溶液滴至终点时，紫红色的二甲酚橙-Zn^{2+} 配合物全部转化为无色的 ZnY^{2-} 配合物，溶液即由紫红色转变为此条件下游离的二甲酚橙的亮黄色。

三、器材与试剂

1. 器材

仪器或器材	数 量	仪器或器材	数 量
电子天平（天平室）	1 台	ϕ(3～4)mm×(150～180)mm 细玻璃棒	4 根
50mL 酸式滴定管	1 支	100mL（匹配表面皿）烧杯	1 个
500mL 洗瓶	1 个	电炉（带石棉网）	1 个
1000mL 塑料试剂瓶	1 个	10mL 量筒	1 个
400mL 烧杯	2 个	台秤	1 台
250mL 容量瓶	1 个	25mL 移液管	1 支

2. 试剂

试 剂	规 格	试 剂	规 格
EDTA 二钠盐（A.R.）	固体	碳酸钙（固体,G.R.）	(110±2)℃干燥至恒重
氧化锌（G.R.）	800～900℃灼烧 2h	盐酸	(1+1)
$NH_3 \cdot H_2O$	(1+1)	氢氧化钾	20%(m/V)
氢氧化钠（A.R.）	固体	六亚甲基四胺	20%(m/V)
钙黄绿素-百里酚酞	配制法见附录11	二甲酚橙指示剂	配制法见附录11

四、实验内容

1. 浓度约为 $0.015mol \cdot L^{-1}$ 的 EDTA 标准溶液的配制

称取 5.6g 左右的 EDTA 于 300mL 水中、加两小片氢氧化钠固体、加热至全部溶解。冷却后，存至试剂瓶中，用水稀释至 1L，摇匀。如溶液浑浊，应过滤。长期放置时，应贮存于聚乙烯瓶中。

2. 以 $CaCO_3$ 为基准物质标定 EDTA 溶液

① Ca^{2+} 标准溶液的配制 准确称取（准确至 0.0001g）基准纯（A.R.）$CaCO_3$ 约 0.3g 于 100mL 烧杯中，加水 5mL，盖上表面皿，沿杯嘴逐滴加入 5mL（1+1）盐酸。将烧杯置于电炉上加热，待 $CaCO_3$ 完全溶解后，继续加热微沸至不冒气泡为止。冷却后，淋洗表面皿和烧杯内壁，将此溶液全部定量转移至 250mL 容量瓶中，并用水稀释至刻度，摇匀。此

溶液即为 Ca^{2+} 标准溶液。

② EDTA 标准溶液的标定　用移液管移取 25.00mL Ca^{2+} 标准溶液于 400mL 烧杯中，首先加水 50mL。用玻璃棒不断搅拌下加入 20% 的 KOH 溶液 10mL 和适量的（约 0.3mg，以肉眼能看到绿色为准）钙黄绿素-百里酚酞混合指示剂，此时溶液应呈现绿色荧光。立即用待标定的 EDTA 溶液滴定至溶液的绿色荧光消失，突变成紫色即为终点。

平行测定 3 次，记下消耗的 EDTA 溶液的体积。计算 EDTA 溶液的浓度 （mol·L^{-1}）及其相对平均偏差。

3. 以 ZnO 为基准物质标定 EDTA 溶液

① Zn^{2+} 标准溶液的配制　准确称取基准纯 ZnO 约 0.35～0.5g 于 100mL 烧杯中，加水 5mL，沿杯壁加入 5mL （1＋1）盐酸。边加边轻轻搅拌至完全溶解为止。将此溶液全部定量转移至 250mL 容量瓶中，稀释至刻度，摇匀。此溶液即为 Zn^{2+} 标准溶液。

② EDTA 标准溶液的标定　用移液管移取 25.00mL Zn^{2+} 标准溶液于 400mL 烧杯中，加水 20mL，加 3～4 滴二甲酚橙指示剂，滴加（1＋1）氨水至溶液由黄色刚变为橙色，然后滴加 20% 六亚甲基四胺溶液至溶液呈现稳定的紫红色，再过量 3mL （约 60～70 滴，或用量筒加入，溶液 pH 为 5～6）。用待标定的 EDTA 溶液滴定至溶液由紫红色突变成亮黄色即为终点。

平行测定 3 次，记下消耗的 EDTA 溶液的体积。计算 EDTA 溶液的浓度 （mol·L^{-1}）及其相对平均偏差。

五、计算

EDTA 标准溶液的浓度

$$c(\text{EDTA}) = \frac{\dfrac{m}{M} \times \dfrac{V_1}{V_0}}{V \times 10^{-3}} \quad (\text{mol·L}^{-1})$$

式中，m 为称取基准物质（CaCO$_3$ 或 ZnO）的质量，g；M 为基准物质（CaCO$_3$ 或 ZnO）的摩尔质量，g·mol^{-1}；V_0 为容量瓶的体积（本实验中为 250mL），mL；V_1 为取基准物质样液的体积（即移液管的体积，本实验为 25.00mL），mL；V 为滴定终点时消耗的 EDTA 标准溶液的体积，mL；10^{-3} 为体积换算系数。

六、注意事项

① 配制 EDTA 溶液时，可加少量 NaOH 使溶液 pH 提高到 5～5.5，以促使试剂溶解。

② EDTA 溶液比较稳定。若长期贮存于普通玻璃瓶中，EDTA 可能与玻璃中的 Ca^{2+}、Mg^{2+} 等配合，影响它的浓度。因此，EDTA 溶液隔一段时间后必须重新标定。如果溶液需长期保存，应贮存于聚乙烯塑料瓶中。

③ 配合反应的速度较慢，不像酸碱反应能在瞬间完成，故滴加 EDTA 溶液的速度不能太快，特别是临近终点时，应逐滴加入并充分搅拌。

④ 配制 Ca^{2+} 标准溶液时，要盖上表面皿且沿杯嘴逐滴加盐酸，目的是为了防止反应过于激烈而产生 CO_2 气泡，使 CaCO$_3$ 飞溅损失。

⑤ 配制 Ca^{2+} 标准溶液时要煮沸除去 CO_2 以及 Ca^{2+} 标准溶液加入 20% KOH 后应立即滴定，其目的是避免溶液碱性时空气中 CO_2 的溶入可能导致 CaCO$_3$ 沉淀析出，使终点拖后，变色不敏锐，甚至反复。

⑥ 以 ZnO 为基准物质标定 EDTA 溶液时，先加入氨水调节酸度是为了节约六亚甲

基四胺。

⑦ 以 ZnO 为基准物质标定 EDTA 溶液时，二甲酚橙指示剂的浓度不能太稀，否则终点变化不明显。滴定至亮黄色后，放置一会，如溶液又出现红色，需继续滴加至出现稳定的亮黄色才为终点。

七、思考题

① 配制 EDTA 溶液时应注意哪些事项？

② 以盐酸溶液溶解 $CaCO_3$ 基准物时，操作中应注意些什么？

③ 以 $CaCO_3$ 为基准物质，以钙黄绿素-百里酚酞为指示剂标定 EDTA 溶液时，应控制溶液的酸度为多少？为什么？怎样控制？

④ 以 ZnO 为基准物质，以二甲酚橙为指示剂标定 EDTA 溶液时，溶液的酸度如何控制？指示剂的作用原理是怎样的？

⑤ 如果 EDTA 溶液在长期贮存中因侵蚀玻璃而含有少量的 CaY^{2-}、MgY^{2-}，那么在 pH>12 的碱性溶液中用 Ca^{2+} 标准溶液标定或在 pH=5～6 的酸性溶液中用 Zn^{2+} 标准溶液标定，所得结果是否一致？为什么？

⑥ 为什么要先配制 Ca^{2+} 等标准溶液，再用此标准溶液标定 EDTA？能像 Na_2CO_3 标定盐酸那样，直接称取 $CaCO_3$ 溶解后标定吗？为什么？

八、实验记录

基准物	基准物质量/g	EDTA 体积/mL	基准物	基准物质量/g	EDTA 体积/mL

实验二十六　铋-铅混合液中铋、铅含量的连续测定

一、实验目的

① 了解控制酸度对提高 EDTA 选择性的原理。

② 掌握通过调节酸度用 EDTA 连续滴定的方法。

③ 熟悉二甲酚橙指示剂的使用及终点颜色变化的观察。

二、实验原理

Bi^{3+}、Pb^{2+} 均能与 EDTA 形成稳定的 1:1 配合物，但稳定常数相差很大。

$$\lg K(\text{BiY}) = 27.94$$

$$\lg K(\text{PbY}) = 18.04$$

$$\lg K(\text{BiY}) - \lg K(\text{PbY}) = 9.94 > 5$$

因此可采取控制溶液酸度的方法对 Bi^{3+}、Pb^{2+} 进行连续滴定，以测定各自的含量。

$$K_{sp}(\text{BiOCl}) = 1.8 \times 10^{-31}$$

$$K_{sp}[\text{Bi(OH)}_3] = 4.0 \times 10^{-31}$$

即　　　　　　　　　$$\text{Bi(OH)}_2\text{Cl} = \text{BiOCl} \downarrow + H_2O$$

$$K_{sp}(\text{BiOCl}) = [Bi^{3+}][Cl^-][OH^-]^2$$

被滴定液稀释后　　　$$[Bi^{3+}] \approx 0.01/3 = 0.003 \, \text{mol} \cdot \text{L}^{-1}$$

$$[Cl^-] \approx 0.01 mol \cdot L^{-1}$$

所以 $\qquad [OH^-] < [1.8 \times 10^{-31}/(0.003 \times 0.01)]^{1/2} \approx 1.0 \times 10^{-13} mol \cdot L^{-1}$

$$[H^+] \geqslant 0.1 mol \cdot L^{-1}$$

即 pH≤1 时，不会产生 BiOCl 沉淀。

此条件下，$[Bi^{3+}][OH^-]^3 = 0.003 \times [10^{-13}]^3 < K_{sp}[Bi(OH)_3]$ 也不会产生 $Bi(OH)_3$ 沉淀。而且

$$\lg K'(PbY) = 18.04 - \lg \alpha_{Y(H)} \approx 18.04 - 18.01 = 0.03$$

Pb^{2+} 不再被滴定，因此不会干扰 EDTA 对 Bi^{3+} 的滴定，所以选择 pH=1.0 时滴定 Bi^{3+}。

再调节溶液 pH 5~6 时滴定 Pb^{2+}。此条件下

$$\lg K'(PbY) = 18.04 - \lg \alpha_{Y(H)} \approx 18.04 - 6.45 = 11.6 > 8$$

Pb^{2+} 可被准确滴定。

二甲酚橙的水溶液在 pH>6.3 时呈红色，pH<6.3 时呈黄色；在 pH≈1 和 pH≈5~6 时分别与 Bi^{3+}、Pb^{2+} 形成紫红色的配合物。用 EDTA 滴定 Bi^{3+}、Pb^{2+} 至终点时，溶液都是由紫红色突变为亮黄色。

Bi^{3+}（或 Pb^{2+}）-二甲酚橙（紫红色）+ EDTA === Bi^{3+}（或 Pb^{2+}）-EDTA + 二甲酚橙（黄色）

三、器材与试剂

1. 仪器

仪器或器材	数　量	仪器或器材	数　量
250mL 容量瓶	1个	$\phi(3\sim4)mm \times (150\sim180)mm$ 细玻璃棒	4根
50mL 酸式滴定管	1支	400mL 烧杯	2个
500mL 洗瓶	1个	25mL 移液管	1支

2. 试剂

试　剂	规　格	试　剂	规　格
Bi^{3+}、Pb^{2+} 混合液	Bi^{3+}、Pb^{2+} 各约为 0.1mol·L⁻¹。HNO_3 约为 3mol·L⁻¹	EDTA 标准溶液	已标定的
六亚甲基四胺	20%(m/V)	二甲酚橙	0.2%(m/V)水溶液

四、实验内容

1. 稀释试样

用移液管移取 Bi^{3+}、Pb^{2+} 混合液 25.00mL 于 250mL 容量瓶中，用水稀释至刻度，摇匀备用，此液称为测试液。

2. Bi^{3+} 的测定

用移液管移取测试液 25.00mL 于 400mL 烧杯中，加水约 50mL，此时溶液的 pH 约为 1。加入 2 滴二甲酚橙指示剂，用 EDTA 标准溶液滴定至溶液由紫红色突变为亮黄色即为终点。记下消耗的 EDTA 溶液的体积读数 V_1。保留测定过 Bi^{3+} 的溶液。滴定管中不要添加 EDTA 标准溶液。

3. Pb^{2+} 的测定

在已滴定了 Bi^{3+} 后的溶液中，补加 3~4 滴二甲酚橙指示剂，然后滴加 20% 六亚甲基四胺溶液至呈稳定的紫红色（或橙红色）后，再过量 5mL，此时溶液的 pH 为 5~6。再以

EDTA 标准溶液继续滴定至溶液由紫红色突变为亮黄色即为终点。记下消耗的 EDTA 溶液的体积读数 V_2。

平行测定 3 次。

分别计算原混合液中 Bi^{3+}、Pb^{2+} 的浓度（以 $g \cdot L^{-1}$ 表示）和混合离子的总浓度（以 $mol \cdot L^{-1}$ 表示）及相对平均偏差。

五、计算

原混合液中 Bi^{3+} 的含量 $= (V_1 - V_0)c(EDTA) \times 10 \times M(Bi^{3+})/25.00mL \quad (g \cdot L^{-1})$

原混合液中 Pb^{2+} 的含量 $= (V_2 - V_1)c(EDTA) \times 10 \times M(Pb^{2+})/25.00mL \quad (g \cdot L^{-1})$

原混合液总浓度 $= (V_2 - V_0)c(EDTA) \times 10/25.00mL \quad (mol \cdot L^{-1})$

式中，V_0 为滴定 Bi^{3+} 前，EDTA 液面读数，mL；V_1 为滴定 Bi^{3+} 终点时，EDTA 液面读数，mL；V_2 为滴定 Pb^{2+} 终点时，EDTA 液面读数，mL；$c(EDTA)$ 为 EDTA 标准溶液浓度，$mol \cdot L^{-1}$；10 为原混合液稀释成测试液的倍数，250.00mL/25.00mL$=10$；$M(Bi^{3+})$ 为 Bi^{3+} 摩尔质量，$g \cdot mol^{-1}$；$M(Pb^{2+})$ 为 Pb^{2+} 摩尔质量，$g \cdot mol^{-1}$；25.00mL 为测试液的体积。

六、注意事项

① 在 $pH \approx 1$ 时，$Bi(OH)_3$ 沉淀不会析出，二甲酚橙也不与 Pb^{2+} 形成紫红色配合物。在酸度更高的情况下，二甲酚橙不与 Bi^{3+} 配合，溶液呈黄色。

② 溶液中原先已加入的二甲酚橙指示剂，由于滴定中加入 EDTA 标准溶液后使体积增大等原因，指示剂的量显得不足，溶液的颜色很浅，滴定终点变色不敏锐，所以继续滴定 Pb^{2+} 时，需要补加二甲酚橙指示剂。

③ 滴定至近终点时，滴定速度要慢，并充分搅拌溶液，以免滴过终点。尤其是在滴定 Bi^{3+} 时，因为三价离子与 EDTA 配合反应的速度普遍较慢。

七、思考题

① 测定 Bi^{3+}、Pb^{2+} 含量时，用何种基准物质标定 EDTA 溶液更为合理？为什么？

② 能否在同一份溶液中先滴定 Pb^{2+} 的含量，然后测定 Bi^{3+}？

③ 若原始的 Bi^{3+}、Pb^{2+} 混合液中 c_{H^+} 为 $3mol \cdot L^{-1}$，计算一下测定 Bi^{3+} 时溶液的 pH 为多少？需不需要再调节溶液的 pH？

④ 若滴定至 Bi^{3+} 终点时，滴定过量，会对测定结果产生什么影响？

八、实验记录

	EDTA 的体积/mL (pH=1)	EDTA 的体积/mL (pH=4~5)		EDTA 的体积/mL (pH=1)	EDTA 的体积/mL (pH=4~5)
1			3		
2					

实验二十七 水的硬度测定

一、实验目的

① 了解测定水硬度的意义和硬度的表示方法。

② 掌握配合滴定法测定水硬度的原理和方法。

③ 熟悉铬黑 T、钙黄绿素指示剂的使用及终点颜色变化的观察。

二、实验原理

水的硬度主要是由水中含有的钙盐和镁盐产生的。其他金属离子如铁、铝、锰、锌等也形成硬度，但一般含量甚少，测定水的硬度时可忽略不计。

水的硬度分为暂时硬度和永久硬度。暂时硬度是指水中含有的钙、镁的酸式碳酸盐，遇热即成碳酸盐沉淀而失去硬度；永久硬度是指水中含有钙、镁的硫酸盐、氯化物、硝酸盐，在加热时也不生成沉淀，不会失去硬度。

暂时硬度和永久硬度的总和称为"总硬度"，由镁离子形成的硬度称为"镁硬"，由钙离子形成的硬度称为"钙硬"。

水的硬度是饮用水、工业用水的重要指标之一。测定水硬度的标准方法是配合滴定法（$\lg CaY = 8.69$，$\lg MgY = 10.69$）。钙硬测定原理与碳酸钙标定 EDTA 浓度相同。总硬度则以铬黑 T 为指示剂，以氨-氯化铵缓冲溶液控制 pH 约为 10，以 EDTA 溶液滴定之（主要滴定的是 Ca^{2+} 与 Mg^{2+} 之和）。由 EDTA 溶液的浓度和用量可计算出水的总硬，由总硬减去钙硬即为镁硬。此法适用于生活饮用水、锅炉用水、冷却水、地下水及没有被严重污染的地表水。

滴定时用三乙醇胺可掩蔽水中少量 Fe^{3+}、Al^{3+}、Ti^{4+}，以 Na_2S 或巯基乙酸掩蔽 Cu^{2+}、Pb^{2+}、Zn^{2+}、Cd^{2+}、Mn^{2+} 等干扰离子，消除对铬黑 T 指示剂的封闭作用。

铬黑 T 与 Ca^{2+} 配合较弱，所呈颜色不深，终点变化不明显。当水样中的 Mg^{2+} 含量较低时（一般要求相对于 Ca^{2+} 来说须有 5% Mg^{2+} 存在），用铬黑 T 指示剂往往得不到敏锐的终点。这时，可在加铬黑 T 前于被滴定液中加入适量 Mg^{2+}-EDTA，利用置换滴定法的原理来提高终点变色的敏锐性。

如果水样中 HCO_3^-、H_2CO_3 含量较高，也会使终点变色不敏锐，这时可先将水样酸化、煮沸，赶走由 HCO_3^-、H_2CO_3 转变成的 CO_2。冷却后再测定。

水的硬度有多种表示方法。我国采用 $mmol \cdot L^{-1}$ 或 $mg \cdot L^{-1}$（以 $CaCO_3$ 计）为单位表示水的硬度。$1 mmol \cdot L^{-1}$ 相当于 $100.1 mg \cdot L^{-1}$ 以 $CaCO_3$ 表示的硬度。我国"生活饮用水卫生标准"中规定，总硬度不得超过 $450 mg \cdot L^{-1}$。

三、器材与试剂

1. 器材

仪器或器材	数　量	仪器或器材	数　量
100mL 移液管	1个	$\phi(3\sim4)mm \times (150\sim180)mm$ 细玻璃棒	2根
50mL 酸式滴定管	1支	400mL 烧杯	2个
500mL 洗瓶	1个		

2. 试剂

试　剂	规　格	试　剂	规　格
氨-氯化铵缓冲溶液	pH≈10；配制见附录7	EDTA 标准溶液	已标定
氢氧化钾	20%(m/V)	三乙醇胺	20%(m/V)
铬黑 T 指示剂	配制方法见附录11	钙黄绿素-百里酚酞	配制方法见附录11

四、实验内容

1. 自来水水样的采集

打开自来水龙头，先放水几分钟，使积留在水管中的杂质及陈旧水排出。接着用水样洗涤干净取样瓶。最后将取样瓶装满水样，可采集一大瓶水样供一个实验组使用，以便比较结果。

2. 总硬的测定

用量筒或 100mL 移液管吸取水样 100mL 置于 250mL 烧杯中，加入 5mL 氨-氯化铵缓冲溶液，搅拌均匀，加入 5mL 三乙醇胺溶液，再加入 1~2 滴铬黑 T 指示剂，搅拌均匀，此时溶液呈酒红色，立即用 0.015mol·L^{-1} 左右的 EDTA 标准溶液滴定至纯蓝色即为终点。

平行测定 3 次，记下消耗的 EDTA 溶液的体积。计算水的总硬度（mmol·L^{-1}）及其相对平均偏差。

3. 钙硬的测定

用 100mL 移液管取水样于 250mL 烧杯中，加入 20% 的 KOH 溶液 4mL 和适量钙黄绿素-百里酚酞指示剂（约 0.3mg，以肉眼能看到绿色为准），搅拌均匀，此时溶液应呈现出绿色荧光，立即用 0.015mol·L^{-1} EDTA 标准溶液滴定至溶液的绿色荧光消失并突变为紫红色即为终点。

平行测定 3 次，记下消耗的 EDTA 溶液的体积。计算水的钙硬（mmol·L^{-1}）及其相对平均偏差。

镁硬：由总硬减去钙硬即为镁硬。

五、计算

自来水的总硬度

$$c(Ca^{2+} + Mg^{2+}) = \frac{c(EDTA)V(EDTA) \times 10^3}{V} \qquad (mmol \cdot L^{-1})$$

式中，$c(EDTA)$ 为 EDTA 标准溶液的浓度，mol·L^{-1}；$V(EDTA)$ 为滴定终点时消耗的 EDTA 标准溶液的体积，mL；V 为水样的体积（本实验中为 100mL），mL；10^3 为 mol 与 mmol 的换算系数。

六、注意事项

① 自来水样一般杂质较少，故可省去将水样酸化、煮沸的步骤。

② 为防止碱性溶液中析出碳酸钙及氢氧化镁沉淀，滴定时所取的 100mL 水样中，总硬不可超过 3.6mmol·L^{-1}；加入缓冲溶液后，必须立即滴定。开始滴定时速度宜稍快，接近终点时宜稍慢，每加 1 滴 EDTA 溶液后，都充分搅拌均匀。

③ 硬度较大的水样，在加缓冲溶液后有时会析出碳酸钙、碱式碳酸镁微粒，使滴定终点不稳定。遇此情况，可于水样中加适量稀盐酸溶液，摇匀后再调至近中性，然后加缓冲溶液，则终点稳定。

④ 测定水的总硬时，如果终点变色缓慢，可能是缺乏 Mg^{2+}，这时应滴加适量 Mg^{2+}-EDTA 溶液。

⑤ Mg^{2+}-EDTA 溶液的配制：称取 0.75g 的 MgCl$_2$·6H$_2$O 于 50mL 烧杯中，加少量水溶解后转移至 250mL 容量瓶中，用水稀释至刻度，用移液管移取 25mL 溶液，加 pH=10 的氨-氯化铵缓冲溶液 5mL 和 3~4 滴铬黑 T 指示剂，用 0.015mol·L^{-1} EDTA 标准溶液滴定至溶液由紫红色突变为蓝色即为终点。取此同量的 EDTA 溶液加入到 25.00mL 的镁溶液中即成为 Mg^{2+}-EDTA 溶液。

七、思考题

① 如果对硬度测定中的数据要求保留两位有效数字，可如何量取 100mL 水样？

② 测定水的硬度时，移取 3 份水样，同时加入氨—氯化铵缓冲溶液，然后逐份滴定，这样好不好？为什么？

③ 测定水硬时，哪些离子的存在有干扰？如何消除？

④ 配制 Mg^{2+}-EDTA 溶液时，为什么两者的比例一定要恰好 1：1？若不正好是 1：1，对实验结果有什么影响？

八、实验记录

	EDTA 的体积/mL（测总量）	EDTA 的体积/mL（测钙）		EDTA 的体积/mL（测总量）	EDTA 的体积/mL（测钙）
1			3		
2					

实验二十八　置换滴定法测定铝的含量

一、实验目的

① 了解配合滴定法测定铝的原理。

② 了解返滴定与置换滴定在用法上的区别。

③ 掌握置换滴定法测定铝的方法。

④ 学习铝盐或铝合金试样的溶样方法。

二、实验原理

由于 Al^{3+} 易形成多核羟基配合物，且与 EDTA 反应的速度慢，又无合适的指示剂，故常用返滴定法测定 Al^{3+} 的含量。Al^{3+} 与 EDTA 完全反应的酸度 pH>4。加入过量的 EDTA 标准溶液，控制溶液的 pH≈4.3，加热至沸使 Al^{3+} 与 EDTA 完全配合。再以 PAN 为指示剂，用硫酸铜标准溶液滴定剩余的 EDTA。由加入的 EDTA 和返滴定消耗的硫酸铜的物质的量计算溶液中 Al^{3+} 的含量。

但是，在 pH≈4.3 采用返滴定法测定铝含量，此条件下能与 EDTA 形成稳定配合物的离子都产生干扰，降低了该法的选择性。因此，对于复杂物质中的铝，一般采用选择性较好的置换滴定法。

调节溶液的 pH≈4.3，加入过量的 EDTA 标准溶液，煮沸，使 Al^{3+} 与 EDTA 完全配合，以 PAN 为指示剂，用硫酸铜标准溶液滴定过量的 EDTA（不计体积）至终点，溶液由黄色→绿色→紫色。然后，加入过量的 NH_4F，加热至沸，使 Al-EDTA 与 F^- 之间发生置换反应，并释放出与 Al^{3+} 等物质的量的 EDTA（方程式省略 EDTA 所带的电荷）：

$$Al\text{-}EDTA + 6F^- \longrightarrow AlF_6^{3-} + EDTA$$
$$Cu\text{-}PAN(红色) + EDTA \longrightarrow Cu\text{-}EDTA(蓝色) + PAN(黄色)$$

溶液又从紫色变为绿色。释放出来的 EDTA 再用硫酸铜标准溶液滴定至溶液由绿色突变为紫色即为终点。

铝盐药物试样一般用 HCl 溶解；铝合金中杂质元素较多，通常用 HNO_3-HCl 混合酸溶解，亦可在银坩埚或塑料烧杯中以 $NaOH$-H_2O_2 分解后再用 HNO_3 酸化。

三、器材与试剂

1. 器材

仪器或器材	数 量	仪器或器材	数 量
托盘天平	1台	50mL酸式滴定管	2支
250mL容量瓶	1个	电子天平	
400mL烧杯	2个	电炉	1个
20mL量筒	1个	$\phi(3\sim4)mm\times(150\sim180)mm$ 细玻璃棒	2根
100mL烧杯(表面皿)	2个	石棉网	1个
500mL试剂瓶	1个	25mL移液管	1支

2. 试剂

试 剂	规 格	试 剂	规 格
$CuSO_4\cdot5H_2O$（A.R.）	固体	EDTA标准溶液	$0.02mol\cdot L^{-1}$（已标定）
混合酸	$HNO_3:HCl:H_2O=1:1:2$（体积比）	醋酸-醋酸钠缓冲液	$pH=4.3$，见附录7
PAN指示剂	配制法见附录11	NH_4F	20%
硫酸	$2mol\cdot L^{-1}$	氨水	(1+1)
盐酸	(1+1)	pH试纸	广泛

四、实验内容

1. $0.015mol\cdot L^{-1}$硫酸铜标准溶液的配制

称取分析纯 $CuSO_4\cdot5H_2O$ 固体 1.5g 置于 100mL 烧杯中，加 10 滴 $2mol\cdot L^{-1}$ 硫酸，加水溶解，转入试剂瓶，用水稀释至 400mL，即为硫酸铜标准溶液。

2. 硫酸铜标准溶液的标定

从滴定管中缓慢放出约 25mL 准确体积（或用移液管移取）的 $0.015mol\cdot L^{-1}$ EDTA 标准溶液于 400mL 烧杯中，用水稀释至约 200mL，加 15mL $pH=4.3$ 的醋酸-醋酸钠缓冲溶液，加热至沸，取下稍冷，加 $4\sim5$ 滴 0.2%PAN 指示剂，以硫酸铜标准溶液滴定至溶液由黄色突变为紫色，即为终点。记下消耗的 $CuSO_4$ 标准溶液的体积。

3. 铝合金中铝的测定

准确称取 $0.10\sim0.11g$ 铝合金试样于 100mL 烧杯中，加入 10mL 混合酸，立即盖上表面皿，小心加热至溶解。冷却后，淋洗表面皿和烧杯内壁，将此溶液全部定量转移至 250mL 容量瓶中，并用水稀释至刻度，摇匀。此溶液为 Al^{3+} 试液。

用移液管移取 25.00mL 试液于 400mL 烧杯中，以水稀释至约 100mL，在不断搅拌下逐滴滴加 (1+1) 氨水至刚出现白色沉淀时（若沉淀不明显，应改用 pH 试纸调节 pH 为 3），立即滴加 (1+1) 盐酸至沉淀完全溶解，此时溶液的 pH 约为 3。加入 30mL $0.015mol\cdot L^{-1}$ EDTA 标准溶液，摇匀。加热至近沸时，再加入 15mL $pH=4.3$ 的醋酸-醋酸钠缓冲溶液。煮沸 $1\sim2min$，取下稍冷，加入 4 滴 0.2%PAN 指示剂，以 $0.015mol\cdot L^{-1}$ 硫酸铜标准溶液滴定至紫色，不计读数（滴定管内再加入硫酸铜标准溶液至"0"刻度线）。

于滴定后的溶液中加入 20% NH_4F 溶液 $5\sim10mL$，加热煮沸 $2\sim3min$，取下稍冷，补加 2 滴 0.2%PAN 指示剂，再以 $0.015mol\cdot L^{-1}$ 硫酸铜标准溶液滴定至紫色即为终点。记下消耗的 $CuSO_4$ 标准溶液的体积。由 Cu^{2+} 标准溶液的用量计算试样中的铝含量。

$$K=\frac{c(CuSO_4)}{c(EDTA)}=\frac{V(EDTA)}{V(CuSO_4)}$$

五、计算

硫酸铜标准溶液的浓度：

$$c(CuSO_4) = c(EDTA) \times V(EDTA)/V(CuSO_4) \quad (mol \cdot L^{-1})$$

式中，$c(EDTA)$ 为 EDTA 标准溶液的浓度（已标定），$mol \cdot L^{-1}$；$V(CuSO_4)$ 为滴定终点时消耗的 EDTA 标准溶液的体积，mL；$V(EDTA)$ 为滴定时加入的 EDTA 标准溶液的准确体积，mL。

铝合金试样中：

$$Al\ 含量 = \frac{c(CuSO_4)V \times 10^{-3} \times M(Al)}{m \times (25.00mL/250.00mL)} \times 100\%$$

式中，m 为铝合金试样的质量，g；$c(CuSO_4)$ 为 $CuSO_4$ 标准溶液的浓度，$mol \cdot L^{-1}$；V 为测定铝时消耗的 $CuSO_4$ 标准溶液的体积，mL；$M(Al)$ 为 Al 的摩尔质量，$g \cdot mol^{-1}$；250.00mL 为试样溶解后的总体积；25.00mL 为测定铝时吸取的试液的体积。

六、注意事项

① 溶解试样时，若时间允许，可盖上表面皿后放置过夜，待其自然溶解。

② 由于 EDTA 和 Cu 的配合物 CuY 为蓝绿色，因此用 Cu^{2+} 标准溶液滴定 EDTA 时终点颜色不是单纯的 Cu-PAN 的紫红色，而是蓝绿色和紫红色的混合色。CuY 的浓度不同、PAN 的用量不同，使得终点的颜色不一样，会有紫偏红或紫偏蓝的变化。

③ 由于 NH_4F 会腐蚀玻璃，含 NH_4F 废液应尽快倒掉，及时清洗仪器。

④ 如果试样含 Fe 较多，NH_4F 用量必须适当，如果过多，则 FeY 中的 Fe 也被置换出来，使结果偏高，为此，可加入 H_3BO_3 使过量的 F^- 生成 BF_4^-。

七、思考题

① 配位滴定法测定 Al^{3+} 时为何不直接滴定？

② 测定铝试样时使用的 EDTA 需不需要标定？加入 EDTA 体积是否要非常准确？为什么第一终点时硫酸铜的体积不计？

③ 试述返滴定和置换滴定各适用哪些含铝试样。

④ 对于复杂的铝试样，不用置换滴定法而用返滴定法，结果偏高还是偏低？为什么？

⑤ Al 与 EDTA 完全配合的最低 pH 是多少？本实验第一步为什么调控 pH=3？

八、实验记录

1. 硫酸铜标准溶液的标定

	EDTA 体积/mL	硫酸铜体积/mL		EDTA 体积/mL	硫酸铜体积/mL
1			3		
2					

2. 铝合金中铝的测定

	铝合金质量/g	硫酸铜体积/mL		铝合金质量/g	硫酸铜体积/mL
1			3		
2					

实验二十九　高锰酸钾法测定硫酸亚铁铵中Fe(Ⅱ)的含量

一、实验目的

① 掌握用草酸钠作基准物质标定高锰酸钾溶液浓度的原理、方法和滴定条件。

② 掌握高锰酸钾法测定亚铁离子的方法。

③ 了解硫酸亚铁铵与其他亚铁盐性质的不同之处。

④ 了解自催化原理，体会自催化现象。

二、实验原理

高锰酸钾在酸性介质中具有强氧化性，因此常用来测定还原性物质的含量，高锰酸钾溶液呈紫红色，被还原后呈无色。所以不用外加指示剂，称为自身指示剂。

高锰酸钾不稳定，常含有 MnO_2 等杂质，没有基准纯的试剂，其标准溶液不能直接配制，需用基准物质标定。由于蒸馏水或空气中微量的还原性物质也会与高锰酸钾反应，可使高锰酸钾溶液浓度在贮存过程中发生变化，因此，高锰酸钾标准溶液在使用时才标定。将来再使用同一个高锰酸钾标准溶液，必须在使用前再一次标定。可标定高锰酸钾的基准物质有：纯铁丝、As_2S_3、$(NH_4)_2Fe(SO_4)_2 \cdot 6H_2O$、$H_2C_2O_4 \cdot 2H_2O$、$Na_2C_2O_4$ 等。实验室常用 $H_2C_2O_4 \cdot 2H_2O$ 为基准物。反应方程式为：

$$5C_2O_4^{2-} + 2MnO_4^- + 16H^+ = 2Mn^{2+} + 10CO_2 \uparrow + 8H_2O$$

常用的酸性介质是硫酸。该反应一开始速度较慢，随着滴定的进行，生成 Mn^{2+} 后，反应速度明显加快，所以在滴定前加入一定量的硫酸锰起催化剂作用，并加热至 $75 \sim 85℃$。一开始滴定速度不能快，否则高锰酸钾来不及与草酸作用，会在酸溶液中分解。

硫酸亚铁铵 $(NH_4)_2Fe(SO_4)_2 \cdot 6H_2O$，又称"莫尔盐"。其中的 Fe^{2+} 具有还原性，在酸性介质中可被高锰酸钾所氧化：

$$5Fe^{2+} + MnO_4^- + 8H^+ = Mn^{2+} + 5Fe^{3+} + 4H_2O$$

若酸度不够，在滴定过程中会生成棕色二氧化锰水合物，使溶液浑浊。

三、器材与试剂

1. 器材

仪器或器材	数　量	仪器或器材	数　量
电子天平(天平室)	1 台	$\phi(3\sim4) \times (150\sim180)$mm 细玻璃棒	2 根
50mL 酸式滴定管	1 支	250mL 锥形瓶	3 个
500mL 洗瓶	1 个	电炉或电热板	1 个
附加玻璃纤维的漏斗	1 个	玛瑙研钵	1 套
漏斗架	1 个	400mL 烧杯	1 个
50mL 量筒	1 个		

2. 试剂

试　剂	规　格	试　剂	规　格
高锰酸钾	约 0.1mol/L^{-1}	草酸钠(G.R.)	经 130℃ 干燥 1h
$MnSO_4 \cdot H_2O$	3g·L^{-1}	硫酸	2mol·L^{-1}
$(NH_4)_2Fe(SO_4)_2 \cdot 6H_2O$	用玛瑙研钵研细		

四、实验内容

1. 高锰酸钾标准溶液的配制与标定

量取约 0.1mol·L^{-1} 高锰酸钾溶液 50mL，经过以玻璃纤维为滤料的漏斗过滤，用 400mL 烧杯接受滤液，加水稀释至 250mL，得到约 0.02mol·L^{-1} 的高锰酸钾标准溶液。

用减量法准确称取草酸钠（$Na_2C_2O_4$）或草酸（$H_2C_2O_4 \cdot 2H_2O$）约 0.2g（m_1）于 250mL 锥形瓶中。加水 20mL 溶解，用量筒再加 2mol·L^{-1} 硫酸 15mL、1g·L^{-1} 的硫酸锰溶液 10mL 并加热至 75～85℃。趁热用高锰酸钾标准溶液滴定至溶液由无色变为微红色，且 30s 不褪色为滴定终点。消耗高锰酸钾标准溶液 V_1(mL)。

平行做 2 次。要求两组数据相对差值小于 0.4%，否则再称取草酸钠重做。根据达到要求的两组数据，计算高锰酸钾溶液的平均浓度，即为所配高锰酸钾标准溶液的浓度 $c(KMnO_4)$。

2. 莫尔盐中亚铁离子含量的测定

准确称取莫尔盐试样 1g 左右（m_2）于 250mL 锥形瓶中。加 1mol·L^{-1} 硫酸 30mL、1g·L^{-1} 的硫酸锰溶液 10mL 并加热至 75～85℃。趁热用高锰酸钾标准溶液滴定至溶液由无色变为微红色，且 30s 不褪去为滴定终点。消耗高锰酸钾标准溶液 V_2(mL)。

平行测定至少三次，要求相对平均偏差小于 0.2%。最后根据达到要求的三组数据，计算莫尔盐试样中 $(NH_4)_2Fe(SO_4)_2 \cdot 6H_2O$ 的质量分数。

五、计算

1. 计算高锰酸钾标准溶液的浓度 $c(KMnO_4)$

$$c(KMnO_4) = \frac{\dfrac{m_1}{M(Na_2C_2O_4)} \times \dfrac{2}{5}}{V_1 \times 10^{-3}}$$

式中，$c(KMnO_4)$ 为高锰酸钾标准溶液的浓度，mol·L^{-1}；m_1 为称取基准物 $Na_2C_2O_4$ 的质量，g；$M(Na_2C_2O_4)$ 为 $Na_2C_2O_4$ 的摩尔质量，g·mol^{-1}；2/5 为 $Na_2C_2O_4$ 与高锰酸钾反应的换算系数；V_1 为标定高锰酸钾标准溶液时，消耗高锰酸钾标准溶液的体积，mL；10^{-3} 为体积单位 mL 与 L 的换算系数。

2. 计算莫尔盐试样中 $(NH_4)_2Fe(SO_4)_2 \cdot 6H_2O$ 的百分含量

$$x = \frac{5c(KMnO_4)V_2 \times 10^{-3} \times M[(NH_4)_2Fe(SO_4)_2 \cdot 6H_2O]}{m_2} \times 100\%$$

式中，$M[(NH_4)_2Fe(SO_4)_2 \cdot 6H_2O]$ 为 $(NH_4)_2Fe(SO_4)_2 \cdot 6H_2O$ 的摩尔质量，g·mol^{-1}；V_2 为测定莫尔盐含量时，消耗高锰酸钾标准溶液的体积，mL；m_2 为称取莫尔盐试样的质量，g；10^{-3} 为体积单位 mL 与 L 的换算系数。

六、注意事项

① 滴定过程中，若溶液发生浑浊，这是因为产生了 MnO_2 沉淀；

$$MnO_4^- + 3e^- + 4H^+ == MnO_2 \downarrow + 2H_2O$$

造成这种现象的原因是溶液的酸度偏小，可加入硫酸溶液，使 MnO_2 歧化，沉淀消失。

$$5MnO_2 + 4H^+ == 2MnO_4^- + 3Mn^{2+} + 2H_2O$$

② 标定高锰酸钾标准溶液时，加热温度不可达到沸腾。温度过高，基准物 $Na_2C_2O_4$ 是有机酸盐，有可能发生分解：

$$Na_2C_2O_4 \xrightarrow{\triangle} Na_2CO_3 + CO\uparrow$$

测定时，温度过高，也会使空气中的氧气氧化 Fe^{2+}。

③ 如果只加催化剂硫酸锰溶液而不加热，标定反应的速度仍然很慢，甚至无法观察到反应与否。因此加热是高锰酸钾法的必要条件，不可或缺。

④ 用本法确定 $(NH_4)_2Fe(SO_4)_2 \cdot 6H_2O$ 的含量是有条件的，即产品中不含有其他形式的二价亚铁盐，如 $FeSO_4$ 等；否则，会使含量的测定值偏高。实际工作中，还要结合其他指标综合考虑。

七、思考题

① 本实验中控制酸度使用的是 H_2SO_4。下列各种酸中，哪些可用？哪些不能用？原因何在？若使用，会使测试结果产生什么影响？

A. HAc   B. HCl   C. HNO_3 D. H_3PO_4

② 过滤高锰酸钾溶液时，为什么使用玻璃纤维而不用滤纸？

③ 请设计一个碱性条件下测定草酸盐含量的实验方案。

八、实验记录

1. 高锰酸钾标准溶液的配制与标定

	$Na_2C_2O_4$ 质量 /g	滴定 $KMnO_4$ 的体积 /mL		$Na_2C_2O_4$ 质量 /g	滴定 $KMnO_4$ 的体积 /mL
1			3		
2					

2. 摩尔盐中亚铁离子含量的测定

	摩尔盐质量 /g	滴定 $KMnO_4$ 的体积 /mL		摩尔盐质量 /g	滴定 $KMnO_4$ 的体积 /mL
1			3		
2					

实验三十 高锰酸钾法测定过氧化氢的含量

一、实验目的

① 了解分析过氧化氢含量的实际意义。

② 掌握高锰酸钾溶液的配制及其浓度标定的方法。

③ 学会用高锰酸钾法测定过氧化氢含量的方法。

二、实验原理

过氧化氢俗称双氧水，它是一种无色透明的液体，熔点 $-0.41℃$，沸点 $150.2℃$。

过氧化氢在化学工业、电镀工业、电子工业、纺织工业、食品工业、生物工程、医药工业等方面应用很广泛。利用其氧化性可漂白毛丝织物、消毒、杀菌等，过氧化氢还是火箭燃料的氧化剂。工业上利用其还原性除氯气。植物体内的过氧化氢酶能催化过氧化氢的分解，可通过测定分解产物氧来测量过氧化氢酶的活性。

工业上采用蒽醌法生产双氧水。

过氧化氢的标准电极电位：

$$O_2 + 2H^+ + 2e^- = H_2O_2 \qquad \varphi^{\ominus}(O_2/H_2O_2) = 0.69V$$

$$H_2O_2 + 2H^+ + 2e^- = 2H_2O \qquad \varphi^{\ominus}(H_2O_2/H_2O) = 1.77V$$

所以过氧化氢既可作氧化剂，也可以作还原剂。

作为还原剂时，高锰酸钾可将过氧化氢定量地氧化成 O_2，利用这个原理可测定工业过氧化氢中的过氧化氢含量。在稀硫酸介质中：

$$5H_2O_2 + 2MnO_4^- + 6H^+ = 2Mn^{2+} + 5O_2\uparrow + 8H_2O$$

滴定时利用 MnO_4^- 本身紫红色的消失指示滴定终点。

过氧化氢在中性或碱性条件下不稳定，温度是造成其不稳定的重要因素。测定过氧化氢稳定性时，将试样在沸水浴上加热一定时间，冷却后再测定过氧化氢的含量。

三、器材与试剂

1. 器材

仪器或器材	数　量	仪器或器材	数　量
50mL 棕色酸式滴定管	1 支	100mL 量筒	1 个
500mL 洗瓶	1 个	$\phi(3\sim4)$mm×$(150\sim180)$mm 玻璃棒	2 根
250mL 锥形瓶	2 个		

2. 试剂

试　剂	规　格	试　剂	规　格
高锰酸钾溶液	约 0.1mol·L^{-1}	MnSO$_4$·H$_2$O 溶液	3g·L^{-1}
硫酸	2mol·L^{-1}	双氧水试样	约 2%

四、实验内容

① 0.02mol·L^{-1}高锰酸钾标准溶液的配制与标定见实验二十九。

② 试样中过氧化氢含量的测定。将双氧水试样稀释十倍后，每次移取 25mL 加入 250mL 锥形瓶中，加水 60mL、2mol·L^{-1}的硫酸 15mL、1g·L^{-1}硫酸锰溶液 10mL。

用高锰酸钾标准溶液滴定至试样溶液由无色变为微红色，且 30s 不褪色为滴定终点。

平行测定至少三次，要求滴定体积数相对平均偏差小于 0.2 %。最后根据达到要求的三组数据，计算试样中过氧化氢的质量分数。

五、计算

试样过氧化氢中过氧化氢的浓度

$$c = \frac{\left[c(\text{KMnO}_4)V(\text{KMnO}_4) \times 10^{-3} \times \frac{5}{2}\right]}{25 \times 10^{-3}} \times 10$$

式中，$c(\text{KMnO}_4)$ 为高锰酸钾标准溶液的浓度，$\text{mol} \cdot \text{L}^{-1}$；$V(\text{KMnO}_4)$ 为滴定过氧化氢试样时，消耗的高锰酸钾标准溶液的体积，mL；5/2 为反应系数。

六、思考题

① 用高锰酸钾法测定过氧化氢含量时，能否用 HNO_3 或 HCl 来控制酸度？

② 测定过氧化氢的原理是什么？

③ 在测定之前为什么要加 10mL 硫酸锰溶液？它起什么作用？

七、实验记录

1. 高锰酸钾标准溶液的配制与标定

	$\text{Na}_2\text{C}_2\text{O}_4$ 质量/g	KMnO_4 滴定体积/mL		$\text{Na}_2\text{C}_2\text{O}_4$ 质量/g	KMnO_4 滴定体积/mL
1			3		
2					

2. 过氧化氢样品中过氧化氢的含量的测定

	H_2O_2 试样体积 /mL	KMnO_4 滴定体积 /mL		H_2O_2 试样体积 /mL	KMnO_4 滴定体积 /mL
1			3		
2					

实验三十一　硫代硫酸钠标准溶液的配制和标定

一、实验目的

① 掌握硫代硫酸钠标准溶液的配制方法和保存条件。

② 学习间接碘量法标定硫代硫酸钠标准溶液的原理。

③ 掌握碘量瓶的使用。

④ 掌握淀粉指示剂的正确使用和滴定终点的判断。

二、实验原理

试剂硫代硫酸钠（$\text{Na}_2\text{S}_2\text{O}_3 \cdot 5\text{H}_2\text{O}$）中常含有少量的 S、$\text{Na}_2\text{SO}_3$、$\text{Na}_2\text{SO}_4$、$\text{Na}_2\text{CO}_3$ 及 NaCl 等杂质，在空气中易风化和潮解，因此硫代硫酸钠试剂不能直接配制成标准溶液。

硫代硫酸钠溶液不稳定，能被酸分解，即使水中溶解的二氧化碳也能使它歧化成硫和亚硫酸氢钠。

$$\text{Na}_2\text{S}_2\text{O}_3 + \text{CO}_2 + \text{H}_2\text{O} =\!=\!= \text{NaHSO}_3 + \text{NaHCO}_3 + \text{S} \downarrow$$

水中存在的微生物也会消解硫代硫酸钠，使其转化为 Na_2SO_4 和 S。

空气中的氧会使硫代硫酸钠氧化：

$$2\text{Na}_2\text{S}_2\text{O}_3 + \text{O}_2 =\!=\!= 2\text{Na}_2\text{SO}_4 + 2\text{S}$$

这是硫代硫酸钠溶液的浓度在刚配制时容易变化的原因。因此配制硫代硫酸钠溶液时，应当用新煮沸并冷却的蒸馏水，并加入少量碳酸钠，使溶液呈弱碱性，并抑制细菌生长。溶液贮存于棕色瓶并置于暗处，防止光照分解。硫代硫酸钠标准溶液放置1～2周后，浓度趋于稳定。所以，硫代硫酸钠标准溶液应放置1～2周后再进行标定。

标定硫代硫酸钠标准溶液可用重铬酸钾、溴酸钾、碘酸钾、电解铜等作基准物质，用间接碘量法标定。例如：

① 溴酸钾（碘酸钾）在酸性溶液中与碘化钾作用，定量地生成 I_2：

$$BrO_3^- + 6I^- + 6H^+ \Longrightarrow Br^- + 3I_2 + 3H_2O$$

② 电解铜可完全溶于盐酸和 H_2O_2 混合溶液中：

$$Cu + 2H^+ + H_2O_2 \Longrightarrow Cu^{2+} + 2H_2O$$

在 Cu^{2+} 溶液加入碘化钾，可定量地生成 I_2：

$$2Cu^{2+} + 4I^- \Longrightarrow 2CuI\downarrow + I_2$$

③ 重铬酸钾与碘化钾作用，定量地生成 I_2：

$$Cr_2O_7^{2-} + 6I^- + 14H^+ \Longrightarrow 2Cr^{3+} + 3I_2 + 7H_2O$$

通过上述途径定量生成的碘与硫代硫酸钠反应：

$$I_2 + 2S_2O_3^{2-} \Longrightarrow 2I^- + S_4O_6^{2-}$$

滴定时必须快速摇动碘量瓶，使 I_2 迅速与 $S_2O_3^{2-}$ 完全反应，以免滴入的硫代硫酸钠局部过浓而被酸分解。

在用电解铜作基准物质时，生成的碘化亚铜沉淀会吸附的少量碘，常使滴定终点有所提前或终点有拖尾现象。所以，用电解铜作基准物标定硫代硫酸钠标准溶液时，在接近滴定终点处应加入一定量的硫氰酸钾（KSCN）溶液，使碘化亚铜转化为溶解度更小的硫氰酸铜沉淀。由于硫氰酸铜沉淀基本上不吸附碘，被碘化亚铜吸附的少量碘将被释放，因此终点变色敏锐。

三、器材与试剂

1. 器材

仪器或器材	数量	仪器或器材	数量
电子天平(天平室)	1台	$\phi(3\sim4)$mm×$(150\sim180)$mm 细玻璃棒	2根
50mL酸式滴定管	1支	100mL烧杯	1个
500mL洗瓶	1个	250mL容量瓶	1个
25mL移液管	1支	250mL碘量瓶	2个
500mL试剂瓶	1个		

2. 试剂

试剂	规格	试剂	规格
溴酸钾(A.R.或G.R.)	180℃±2℃干燥至恒重	淀粉	0.2%(m/V)
硫代硫酸钠	固体	盐酸	(1+1)
醋酸溶液	(1+1)	电解铜	
碘化钾(A.R.)	固体	溴化钾(A.R.)	固体
氢氧化钠	6mol·L^{-1}	过氧化氢	30%
硫氰酸钾	10%(m/V)水溶液	碳酸钠(A.R.)	固体

四、实验内容

1. 0.1mol·L^{-1} 硫代硫酸钠标准溶液的配制

称取硫代硫酸钠（Na$_2$S$_2$O$_3$·5H$_2$O）固体 12.5g 溶于 500mL 煮沸冷却后的水中，加碳酸钠 0.1～0.2g，摇匀，放置 1～2 周后标定。

2. 以溴酸钾为基准物质标定硫代硫酸钠溶液

① 溴酸钾标准溶液的配制　准确称取溴酸钾基准物 0.6～0.7g 于 100mL 烧杯中，加入少量水和 3.5g 溴化钾，搅拌使之溶解，定量转移至 250mL 容量瓶中，定容，摇匀。

② 硫代硫酸钠标准溶液的标定　用移液管移取 25.00mL 溴酸钾标准溶液于 250mL 碘量瓶中，加碘化钾 1.5g，沿瓶壁加入（1＋1）盐酸溶液 5mL，立即盖上瓶塞，摇匀。用水吹洗瓶塞和瓶壁，然后稀释至约 100mL。用硫代硫酸钠标准溶液滴定至淡黄色，再加 0.2％淀粉溶液 2mL，继续滴定至蓝色消失即为终点。

平行测定 3 次。计算硫代硫酸钠标准溶液的浓度（mol·L^{-1}）及其相对平均偏差。

3. 以电解铜为基准物质标定硫代硫酸钠标准溶液

准确称取 0.2～0.25g 电解铜，置于 250mL 碘量瓶中，加 30％过氧化氢 3～5mL、（1＋1）盐酸溶液 8mL，静置待溶解完全后煮沸溶液，分解剩余的 H$_2$O$_2$（不冒气泡为止）。冷却后加水稀释至约 100mL，滴加 6mol·L^{-1} 氢氧化钠溶液至刚有沉淀生成。然后加入 8mL（1＋1）醋酸溶液及 1.5g 碘化钾，立即盖上瓶塞，摇匀。用硫代硫酸钠标准溶液滴定至淡黄色，再加 0.2％淀粉溶液 2mL，继续滴定至浅蓝色，再加 10％硫氰酸钾 15mL 溶液。摇匀后溶液蓝色变深，再继续滴定至蓝色消失即为终点。

平行测定 3 次。计算硫代硫酸钠标准溶液的浓度（mol·L^{-1}）及其相对平均偏差。

五、计算

硫代硫酸钠标准溶液的浓度

$$c(\mathrm{S_2O_3^{2-}}) = \frac{\dfrac{m}{(M/n)} \times \dfrac{V_1}{V_0} \times 10^3}{V(\mathrm{S_2O_3^{2-}})} \quad (\mathrm{mol·L^{-1}})$$

式中，m 为称取基准物质（KBrO$_3$、Cu、K$_2$Cr$_2$O$_7$ 等）的质量，g；M 为基准物质（KBrO$_3$、Cu、K$_2$Cr$_2$O$_7$ 等）的摩尔质量，g·mol^{-1}；n 为在此氧化还原反应中，1mol 基准物质（KBrO$_3$、Cu、K$_2$Cr$_2$O$_7$ 等）得失电子的计量系数，本基准物质为 KBrO$_3$（KIO$_3$）时 $n=6$，基准物质为 Cu 时 $n=1$，基准物质为 K$_2$Cr$_2$O$_7$ 时 $n=6$ 等；V_0 为基准物质为 KBrO$_3$ 时，容量瓶的体积（本实验中为 250.00mL），mL；V_1 为基准物质为 KBrO$_3$ 时，吸取基准物质样液的体积（即移液管的体积，本实验中为 25.00mL），mL；$V(\mathrm{S_2O_3^{2-}})$ 为滴定终点时消耗的 Na$_2$S$_2$O$_3$ 标准溶液的体积，mL；10^3 为体积换算系数。

基准物质为 Cu 时，$V_1/V_0=1$，因为称量的 Cu 全被消耗，相当于溶液全部使用。

六、注意事项

① 碘化钾溶液在空气中易被氧化，故一般使用固体。

② 淀粉必须在接近终点时加入，否则大量的 I$_2$ 与淀粉结合生成蓝色加合物，加合物中的碘不易与硫代硫酸钠溶液迅速反应，将造成蓝色消失或复显的反复，终点判断困难。

③ 在终点附近加入硫氰酸钾后要剧烈摇动，有利于沉淀的转化和释放吸附的碘。

④ 碘是易挥发的物质。为防止其挥发，加入的 KI 一定要过量。除保证定量生成 I_2 外，还将使 I_2 生成 I_3^-，不易挥发。

⑤ 以溴酸钾为基准物质标定硫代硫酸钠溶液时，由于 $KBrO_3$ 加热易分解、碘易挥发，一般不使用加热手段来加速溶解和提高反应速度。

七、思考题

① 配制和保存硫代硫酸钠溶液时应注意哪些事项？

② 为什么不能直接用溴酸钾标定硫代硫酸钠溶液的浓度？

③ 淀粉指示剂应什么时候加入？为什么？

④ 说明碘在反应中的作用。

八、实验记录

1. 以溴酸钾为基准物质标定硫代硫酸钠溶液

	溴酸钾质量/g	$Na_2S_2O_3$ 体积/mL		溴酸钾质量/g	$Na_2S_2O_3$ 体积/mL
1			3		
2					

2. 以电解铜为基准物质标定硫代硫酸钠标准溶液

	电解铜质量/g	$Na_2S_2O_3$ 体积/mL		电解铜质量/g	$Na_2S_2O_3$ 体积/mL
1			3		
2					

实验三十二　直接碘量法测定维生素C的含量

一、实验目的

① 掌握碘标准溶液的配制和标定方法。

② 了解直接碘量法测定维生素 C 的原理。

③ 掌握直接碘量法的实验操作。

二、实验原理

维生素 C 又称抗坏血酸，属水溶性维生素，其分子式为 $C_6H_8O_6$，相对分子质量为 176.12。维生素 C 除药用外，还是分析化学中常用的还原剂，例如它可把 Fe^{3+} 还原为 Fe^{2+}、Cu^{2+} 还原为 Cu^+ 等。

维生素 C 分子中的烯二醇基团具有还原性，能被 I_2 定量氧化成二酮基：

利用此反应可测定维生素 C 药片、维生素 C 注射液和蔬菜、水果中维生素 C 的含量。

由于维生素 C 的还原性很强，在空气中极易被氧化，特别是在碱性溶液中更易被氧化；而 I^- 在强酸性溶液中易被氧化。因此测定时加入醋酸（pH＝3～4），使溶液保持弱酸性，以减少副反应的发生。

碘标准溶液可以用纯碘直接配制，也可以先配成大致浓度的溶液后再标定。常用 $Na_2S_2O_3$ 标准溶液标定其浓度。碘易挥发且不易溶于水，故配制时应加适量的碘化钾，使 I_2 以 I_3^- 的形式溶于水中：

$$I_2 + I^- \rightleftharpoons I_3^-$$

碘溶液应贮于棕色瓶中，在冷、暗处保存，避免与橡胶等有机物接触。

三、器材与试剂

1. 器材

仪器或器材	数量	仪器或器材	数量
电子天平	1台	$\phi(3\sim4)$mm×$(150\sim180)$mm 细玻璃棒	2根
50mL 酸式滴定管	2支	25mL 移液管	1支
500mL 洗瓶	1个	250mL 锥形瓶	2个
500mL 棕色试剂瓶	1个		

2. 试剂

试 剂	规 格	试 剂	规 格
维生素C片剂	固体	碘(A.R.)	固体
硫代硫酸钠标准溶液	已标定	KI(A.R.)	固体
盐酸	(1+1)	淀粉指示剂溶液	0.2%(m/V)

四、实验内容

1. 碘标准溶液的配制和标定

将 3.3g 碘和 5g 碘化钾置于研钵中，在通风橱中加少量水后研磨，待碘全部溶解后，将溶液转移至棕色试剂瓶中，加水稀释到 250mL，摇匀备用。

准确移取 $Na_2S_2O_3$ 标准溶液 25.00mL 于 250mL 锥形瓶中，加 50mL 水，2mL 淀粉指示剂溶液，用碘标准溶液滴定至稳定的蓝色出现并 0.5min 内不褪即为终点。消耗碘标准溶液体积为 V_1。计算碘标准溶液的浓度 $c(I_2)$。

2. 维生素C含量的测定

本实验以维生素C药片为试样。将药片研细后准确称取约 0.2g 试样于 250mL 锥形瓶中，加 100mL 新煮沸过的冷蒸馏水，10mL 醋酸溶液，2mL 淀粉指示剂溶液，立即用碘标准溶液滴定至稳定蓝色即为终点。消耗碘标准溶液体积为 V_2。

平行测定 3 次。计算试样中维生素C的质量分数及其相对平均偏差。

五、计算

碘标准溶液的浓度：$c(I_2) = \dfrac{c(Na_2S_2O_3) \times 25.00\text{mL}}{2V_1}$ （mol·L^{-1}）

式中，$c(Na_2S_2O_3)$ 为已标定的 $Na_2S_2O_3$ 标准溶液的浓度，mol·L^{-1}；25.00mL 为标定碘标准溶液的浓度时，移取 $Na_2S_2O_3$ 标准溶液的体积；V_1 为标定碘标准溶液的浓度时，消耗碘标准溶液的体积，mL；2 为 1mol 的 I_2 在反应中得到电子的计量系数。

$$\text{试样中维生素C的含量} = \frac{c(I_2)V_2 \times 10^{-3} \times M(\text{维生素C})}{m} \times 100\%$$

式中，V_2 为测定维生素C时，消耗碘标准溶液的体积，mL；$M(\text{维生素C})$ 为维生素C

的摩尔质量，g·mol^{-1}；m 为称取维生素 C 试样的质量，g；10^{-3} 为体积单位 mg 与 g 的换算系数。

六、思考题

① 简述直接碘量法测定维生素 C 的原理。

② 为什么溶样须用新煮沸过的冷蒸馏水？溶样后为什么要立即测定？

③ 溶解碘时为什么要加过量碘化钾？

④ 维生素 C 本身是酸为什么还要加醋酸？

⑤ 碘量法的误差来源有哪些？应采取哪些措施减小误差？

七、实验记录

1. 碘标准溶液的配制和标定

	Na$_2$S$_2$O$_3$ 体积/mL	碘标准溶液体积/mL		Na$_2$S$_2$O$_3$ 体积/mL	碘标准溶液体积/mL
1			3		
2					

2. 维生素 C 含量的测定

	维生素 C 药片质量/g	碘标准溶液体积/mL		维生素 C 药片质量/g	碘标准溶液体积/mL
1			3		
2					

实验三十三　碘量法测定溶液中甲醛含量

一、实验目的

① 熟悉碘量法的测定原理。

② 掌握碘标准溶液的配制及其标定方法。

③ 掌握碘量法测定溶液中甲醛含量的原理和方法。

二、实验原理

甲醛是一种无色、有强烈刺激气味的气体，易溶于水、醇和醚。各种人造板材往往大量使用了含有甲醛的黏合剂，会造成甲醛的挥发并摄入人体产生毒害，是装修装潢中重要的污染来源之一。

甲醛测定的方法有分光光度法、色谱法、电化学法、化学滴定法等。这里介绍的是利用甲醛的还原性，采用碘量法来进行测定，其原理如下。

碘在碱性溶液中，歧化生成次碘酸钠：

$$I_2 + 2NaOH \longrightarrow NaIO + NaI + H_2O$$

溶液中甲醛被次碘酸钠氧化后，生成稳定的甲酸钠：

$$HCHO + NaIO + NaOH \longrightarrow HCOONa + NaI + H_2O$$

在酸性条件下，溶液中剩余的次碘酸钠又发生"汇中反应"生成了碘单质，可用硫代硫酸钠标准溶液滴定：

$$2Na_2S_2O_3 + I_2 \longrightarrow Na_2S_4O_6 + 2NaI$$

　　根据硫代硫酸钠的用量和加入的总碘量，可求出与甲醛反应的碘量，进而求得甲醛的含量。

三、器材与试剂

1. 器材

仪器或器材	数量	仪器或器材	数量
台秤	1台	$\phi(3\sim4)\text{mm}\times(150\sim180)\text{mm}$ 细玻璃棒	1根
50mL酸式滴定管	1支	1L棕色试剂瓶	1个
50mL量筒	1个	250mL锥形瓶	2个
25mL移液管	2支	250mL碘量瓶	2个
250mL容量瓶	1个	500mL洗瓶	1个

2. 试剂

试剂	规格	试剂	规格
甲醛试样		硫代硫酸钠标准溶液	已标定(约 $0.1\text{mol}\cdot\text{L}^{-1}$)
单质碘（A.R.）	固体	碘化钾（A.R.）	固体
氢氧化钠	$2\text{mol}\cdot\text{L}^{-1}$	硫酸	$2\text{mol}\cdot\text{L}^{-1}$
淀粉溶液	0.2%（m/V）		

四、实验内容

1. $0.05\text{mol}\cdot\text{L}^{-1}$碘溶液的配制

　　将3.3g碘和5g碘化钾置于研钵中，在通风橱中加少量水后研磨，待碘全部溶解后，将溶液转移至棕色试剂瓶中，加水稀释到250mL，摇匀备用。

2. 碘标准溶液的标定

　　移取已标定的硫代硫酸钠标准溶液（约 $0.1\text{mol}\cdot\text{L}^{-1}$）25.00mL于250mL锥形瓶中，加入50mL水和5mL淀粉溶液，用碘溶液滴定至溶液呈现蓝色且30s内不褪色为终点。

　　平行测定两份，根据滴定体积计算相对差值，小于0.3%即达到要求。

3. 甲醛含量的测定

　　移取甲醛试样25.00mL于250mL容量瓶中定容。再移取25.00mL稀释后的试样于250mL碘量瓶中，加入 $2\text{mol}\cdot\text{L}^{-1}$氢氧化钠溶液15mL，然后用移液管准确加入25.00mL碘标准溶液，盖紧瓶塞放暗处静置15min。加入 $1\text{mol}\cdot\text{L}^{-1}$硫酸溶液25mL，用硫代硫酸钠标准溶液进行滴定，当锥形瓶中溶液呈淡黄色时，加入几滴淀粉溶液，继续滴定蓝色褪去至无色即为滴定终点。

　　平行测定两份，根据滴定体积计算相对差值小于0.4%即达到要求。最后根据达到要求的两组数据，计算试样原液中甲醛含量（$\text{g}\cdot\text{L}^{-1}$）。

五、计算

　　试样原液中甲醛含量（$\text{g}\cdot\text{L}^{-1}$）为：

$$x=\dfrac{\left[c(\text{I}_2)\times25\text{mL}-\dfrac{c(\text{Na}_2\text{S}_2\text{O}_3)V(\text{Na}_2\text{S}_2\text{O}_3)}{2}\right]\times10^{-3}\times M(\text{HCHO})}{\dfrac{25\text{mL}}{250\text{mL}}\times25\text{mL}\times10^{-3}}$$

式中，$c(I_2)$ 为碘标准溶液浓度，$mol \cdot L^{-1}$；$c(Na_2S_2O_3)$ 为硫代硫酸钠标准溶液浓度，$mol \cdot L^{-1}$；$V(Na_2S_2O_3)$ 为滴定消耗的硫代硫酸钠标准溶液体积，mL；$M(HCHO)$ 为甲醛的摩尔质量，$30.03\ g \cdot mol^{-1}$；10^{-3} 为体积单位 mL 与 L 的换算系数。

六、思考题

① 碘量法测定甲醛的原理是什么？写出相关反应方程式。

② 配制碘标准溶液时加入碘化钾的目的是什么？

七、实验记录

1. 碘标准溶液的标定

	碘标准溶液体积/mL		碘标准溶液体积/mL
1		3	
2			

2. 甲醛含量的测定

	$Na_2S_2O_3$ 体积/mL		$Na_2S_2O_3$ 体积/mL
1		3	
2			

实验三十四　莫尔法测定水中氯的含量

一、实验目的

① 学习 $AgNO_3$ 标准溶液的配制和标定方法。

② 了解莫尔法沉淀滴定的原理和方法。

③ 掌握莫尔法进行沉淀滴定的实验操作。

二、实验原理

莫尔法是在中性或弱碱性的溶液中，以 K_2CrO_4 为指示剂，用 $AgNO_3$ 标准溶液滴定试样溶液中的氯。由于氯化银的溶解度比铬酸银的溶解度小，在 Cl^- 完全沉淀为氯化银后，过量的 Ag^+ 与 CrO_4^{2-} 反应生成砖红色的铬酸银沉淀以指示终点。反应式如下：

$$Ag^+ + Cl^- \Longrightarrow AgCl \downarrow （白色） \qquad K_{sp} = 1.8 \times 10^{-10}$$

$$2Ag^+ + CrO_4^{2-} \Longrightarrow Ag_2CrO_4 \downarrow （砖红色） \qquad K_{sp} = 2.0 \times 10^{-12}$$

溶液的 pH 控制在 6.5～10.5 之间最适宜。若存在铵盐，溶液的 pH 需控制在 6.5～7.2。因为 pH 过大，NH_4^+ 会生成 NH_3：

$$NH_4^+ + OH^- \Longrightarrow NH_3 + H_2O$$

NH_3 的产生可使部分 AgCl 沉淀溶解，使滴定结果不准确。

$$AgCl + 2NH_3 \Longrightarrow [Ag(NH_3)_2]^+ + Cl^-$$

凡是能与 Ag^+ 生成难溶化合物或配合物的阴离子，能与 CrO_4^{2-} 生成难溶化合物的阳离子都干扰测定。溶液中若大量存在 Cu^{2+}、Ni^{2+}、Co^{2+} 等有色离子，则影响终点的观察。在中性或弱碱性溶液中，若有高价金属离子存在，则易水解产生沉淀，影响试样中氯含量的测定。

指示剂的用量影响终点的准确判断，一般以约 $5\times10^{-3}\,mol\cdot L^{-1}$ 为宜。水样中 Cl^- 含量应大于 $10mg\cdot L^{-1}$。含量低时测定误差较大。

三、器材与试剂

1. 器材

仪器或器材	数 量	仪器或器材	数 量
电子天平	1 台	$\phi(3\sim4)mm\times(150\sim180)mm$ 细玻璃棒	2 根
50mL 酸式滴定管	1 支	100mL 烧杯	1 个
500mL 洗瓶	1 个	250mL 容量瓶	1 个
25mL 移液管	1 支	250mL 锥形瓶	2 个
500mL 试剂瓶	1 个	100mL 移液管	1 支

2. 试剂

试 剂	规 格	试 剂	规 格
硝酸银（A.R.）		氯化钠（G.R.）	在 $500\sim600℃$ 灼烧 40min
硝酸溶液	$0.05mol\cdot L^{-1}$	铬酸钾	5% （m/V）
氢氧化钠	$0.05mol\cdot L^{-1}$	酚酞	0.5%乙醇溶液

四、实验内容

1. $AgNO_3$ 标准溶液的配制

称取 0.85g $AgNO_3$ 溶解于 500mL 不含 Cl^- 的蒸馏水中，贮于棕色瓶内，置于暗处保存。

2. 以 NaCl 为基准物质标定 $AgNO_3$ 溶液

① NaCl 标准溶液的配制　准确称取 NaCl 基准物 $0.15\sim0.2g$ 于 100mL 烧杯中，加水溶解后，将溶液全部转移至 250mL 容量瓶中，稀释至刻度，摇匀备用。

② $AgNO_3$ 标准溶液的标定　用移液管移取 NaCl 标准溶液 25mL 于 250mL 锥形瓶中，加不含 Cl^- 的蒸馏水约 75mL 和 5%铬酸钾溶液 20 滴，在不断搅拌下以硝酸银溶液滴定至淡砖红色沉淀出现即为终点。记下消耗的硝酸银溶液的体积 V，计算 $AgNO_3$ 溶液的浓度（$mol\cdot L^{-1}$）。

③ 空白试验　用移液管移取 100mL 不含 Cl^- 的蒸馏水于 250mL 锥形瓶中，加 5%铬酸钾溶液 20 滴，在不断搅拌下以硝酸银溶液滴定至淡砖红色沉淀出现即为终点。记下消耗的硝酸银溶液的体积 V_0。

3. 水中氯含量的测定

移取 100.0mL 水样于 250mL 锥形瓶中，加 2 滴酚酞指示剂，用 $0.05mol\cdot L^{-1}$氢氧化钠溶液和 $0.05mol\cdot L^{-1}$硝酸溶液调节水样的 pH，使红色溶液刚变为无色。加铬酸钾溶液 20 滴，用硝酸银标准溶液滴定至出现淡红色即为终点。记下消耗的硝酸银溶液的体积 V_1。

平行测定 3 次，计算水样中氯离子的含量（$mg\cdot L^{-1}$）及其相对平均偏差。

五、计算

$$c(AgNO_3)=\frac{[m(NaCl)/M(NaCl)]\times(25.00mL/250.00mL)}{10^{-3}(V-V_0)}\quad(mol\cdot L^{-1})$$

$$水样中氯离子的含量 = \frac{c(AgNO_3)(V_1 - V_0)M(NaCl)}{100.00\,mL \times 10^{-3}} \quad (mg \cdot L^{-1})$$

式中，$m(NaCl)$ 为称取 NaCl 基准物的质量，g；$M(NaCl)$ 为 NaCl 的摩尔质量，g·mol^{-1}；250.00mL 为配制 NaCl 标准溶液总体积；25.00mL 为被滴定的 NaCl 标准溶液取样体积；100.00mL 为被滴定的水样体积；V 为标定 AgNO$_3$ 浓度时消耗的 AgNO$_3$ 体积，mL；V_0 为空白试验中消耗的 AgNO$_3$ 体积，mL；V_1 为测定水样时消耗的 AgNO$_3$ 体积，mL；10^{-3} 为体积单位 mL 与 L 的换算系数。

六、注意事项

① 滴定时要慢，并不断用力摇动。

② 本法亦可用于工业循环水氯的测定，但对本法有干扰的离子和药剂需设法消除干扰。磷酸根浓度低于 200mg·L^{-1} 时，不干扰测定。

③ 沉淀滴定中，为减少沉淀对被测离子的吸附，一般滴定体积以大些为好，故需加水稀释试液。

④ 滴定管用完后，要先用蒸馏水洗涤。因为自来水中含有 Cl$^-$，容易生成氯化银沉淀附于管壁，不易洗涤。

七、思考题

① 用莫尔法测定水中氯时，滴定溶液的 pH 为什么要控制在 6.5～10.5，过高或过低会有什么影响？

② 指示剂铬酸钾的加入量有何要求，对测定有什么影响？

③ 滴定过程中为什么要用力、充分摇动溶液？

④ 硝酸银溶液应装在酸式滴定管还是碱式滴定管中？怎样洗涤装过硝酸银的滴定管？

八、实验记录

1. 以 NaCl 标定 AgNO$_3$ 溶液

	NaCl 质量/g	AgNO$_3$ 体积/mL		NaCl 质量/g	AgNO$_3$ 体积/mL
1					
2					
3			空白试验 1		
			空白试验 2		

2. 水中氯含量的测定

	水样体积/mL	AgNO$_3$ 体积/mL		水样体积/mL	AgNO$_3$ 体积/mL
1			3		
2					

实验三十五　佛尔哈德法测定水中氯的含量

一、实验目的

① 学习 NH$_4$SCN 标准溶液的配制和标定方法。

② 了解佛尔哈德法沉淀滴定的原理和方法。

③ 掌握佛尔哈德法进行沉淀滴定的实验操作。

二、实验原理

在含 Cl^- 的酸性溶液中，加入一定量过量的 Ag^+ 标准溶液，定量生成 $AgCl$ 沉淀后，过量的 Ag^+ 以铁铵矾 $[NH_4Fe(SO_4)_2]$ 为指示剂，用 NH_4SCN 标准溶液回滴，由 $[Fe(SCN)]^{2+}$ 配离子的红色来指示滴定终点。主要反应如下：

$$Ag^+ + Cl^- \Longrightarrow AgCl\downarrow(白色) \qquad K_{sp} = 1.8\times10^{-10}$$
$$Ag^+ + SCN^- \Longrightarrow AgSCN\downarrow(白色) \qquad K_{sp} = 1.8\times10^{-12}$$
$$Fe^{3+} + nSCN^- \Longrightarrow [Fe(SCN)_n]^{3-n}(红色) \qquad K = 138(n\leqslant6)$$

由于生成的 $AgCl$ 的溶解度比 $AgSCN$ 大，在滴定终点后，过量的 SCN^- 将会与 $AgCl$ 反应，使第 3 个反应向左移动：

$$nAgCl + [Fe(SCN)_n]^{3-n} \Longrightarrow nAgSCN + Fe^{3+} + nCl^-$$

红色会逐渐消失，这样就必须继续加入 NH_4SCN，从而引起较大的误差。因此常加入硝基苯或石油醚保护 $AgCl$ 沉淀，使其与溶液中的 SCN^- 隔开，防止 $AgCl$ 与 SCN^- 发生交换反应而消耗滴定剂。

滴定时控制 H^+ 的浓度为 $0.1\sim1mol\cdot L^{-1}$，剧烈摇动溶液。测定时，能与 SCN^- 生成沉淀、配合物或能氧化 SCN^- 的物质均有干扰。PO_4^{3-}、AsO_4^{3-}、CrO_4^{2-} 等离子，由于酸效应的作用而不影响测定。

NH_4SCN 试剂一般含有杂质，且易潮解，故 NH_4SCN 标准溶液必须进行标定。

三、器材与试剂

1. 器材

仪器或器材	数　量	仪器或器材	数　量
电子天平	1台	$\phi(3\sim4)mm\times(150\sim180)mm$ 细玻璃棒	2根
50mL 酸式滴定管	2支	25mL 移液管	1支
500mL 洗瓶	1个	250mL 锥形瓶	2个
500mL 棕色试剂瓶	1个	托盘天平	
100mL 烧杯	1个	10mL 移液管	1支
100mL 移液管	1支	1mL 移液管	1支

2. 试剂

试　剂	规　格	试　剂	规　格
NaCl(G. R.)	固体	硝酸	(1+1)
硝酸银标准溶液	已标定	NH_4SCN(A. R.)	固体
硝基苯		铁铵矾指示剂	$40\%(m/V)$

四、实验内容

1. NH_4SCN 标准溶液的配制（$0.01mol\cdot L^{-1}$）

称取 0.38g NH_4SCN 于 100mL 烧杯中，用水溶解后，稀释至 500mL，于试剂瓶中待用。

2. NH_4SCN 标准溶液的标定

用移液管移取 $AgNO_3$ 标准溶液 25.00mL 于 250mL 锥形瓶中，加入（1+1）的 HNO_3 5mL，加铁铵矾指示剂 1.00mL。然后用 NH_4SCN 溶液滴定，在此过程中剧烈振荡溶液，当滴至溶液颜色变为淡红色并稳定不变时，即为终点。消耗 $AgNO_3$ 标准溶液 V_1。

3. 水中氯含量的测定

移取 100.0mL 水样于 250mL 碘量瓶中，加（1＋1）的 HNO_3 5mL，用 10mL 移液管加入 $AgNO_3$ 标准溶液 10.00mL 和硝基苯 5mL。塞住瓶口，剧烈振荡 30～60s。此时 AgCl 沉淀被硝基苯包裹起来。再加入铁铵矾指示剂 1.00mL。最后用 NH_4SCN 溶液滴定至出现淡红色并稳定不变时即为终点。消耗 NH_4SCN 标准溶液 V_2。

平行测定 3 次，计算试样中氯离子的含量（$mg \cdot L^{-1}$）及其相对平均偏差。

五、计算

1. NH_4SCN 标准溶液的浓度

$$c(NH_4SCN) = \frac{c(AgNO_3) \times 25.00mL}{V_1}$$

式中，$c(NH_4SCN)$ 为 NH_4SCN 标准溶液的浓度，$mol \cdot L^{-1}$；$c(AgNO_3)$ 为 $AgNO_3$ 标准溶液的浓度，$mol \cdot L^{-1}$；25.00mL 为标定 NH_4SCN 标准溶液时，加入的 $AgNO_3$ 标准溶液的体积；V_1 为标定 NH_4SCN 标准溶液时，消耗 NH_4SCN 的体积，mL。

2. 水样中氯离子的含量

$$x = \frac{[c(AgNO_3) \times 10.00mL - c(NH_4SCN) \times V_2] \times M(Cl)}{100.0mL \times 10^{-3}} \quad (mg \cdot L^{-1})$$

式中，10.00mL 为测定水样时，加入的 $AgNO_3$ 标准溶液的体积；$M(Cl)$ 为 Cl 的摩尔质量，$g \cdot mol^{-1}$；V_2 为测定水样时，消耗 NH_4SCN 的体积，mL；100.0mL 为被滴定的水样体积。

六、注意事项

① 滴定时要不断剧烈摇动溶液。

② 测定水样加入 $AgNO_3$ 标准溶液时，生成白色 AgCl 沉淀，接近计量点时氯化银要凝聚，振荡溶液，再让其静置片刻，使沉淀沉降，然后加入几滴 $AgNO_3$ 到清液层，如不产生沉淀，说明 $AgNO_3$ 已过量，这时，再适当过量 5～10mL 溶液即可。

七、思考题

① 本实验溶液为什么要用 HNO_3 酸化？可否用 HCl 或 H_2SO_4 酸化？为什么？

② 试讨论酸度对佛尔哈德法测定卤素离子含量的影响。

③ 佛尔哈德法测定氯时，为什么要加入硝基苯或石油醚？当用此法测定 Br^-、I^- 时，还需加入硝基苯或石油醚吗？

④ 简述佛尔哈德法直接测定银合金中银的含量以及用返滴定法测定卤素离子时的方法原理。

八、实验记录

1. NH_4SCN 标准溶液的标定

	$AgNO_3$ 体积/mL	NH_4SCN 体积/mL		$AgNO_3$ 体积/mL	NH_4SCN 体积/mL
1			3		
2					

2. 水中氯含量的测定

	水样体积/mL	AgNO$_3$ 体积/mL	NH$_4$SCN 体积/mL
1			
2			
3			

第 6 章

无机化合物制备与检测综合实验

实验三十六　硫酸亚铁铵的制备与检测

一、实验目的

① 了解复盐的制备原理、方法和莫尔盐的特性。

② 了解工业产品中检测微量杂质的"限量检查"法原理及操作。

③ 巩固无机制备的有关操作。

二、实验原理

硫酸亚铁铵 $(NH_4)_2Fe(SO_4)_2 \cdot 6H_2O$ 又称为"莫尔盐"，为浅绿色单斜晶体，易溶于水。它和硫酸铁铵 $NH_4Fe(SO_4)_2$、$KAl(SO_4)_2$ 一样，是一种复盐而不是配合物。因为在它的水溶液中可检出大量的 NH_4^+、Fe^{2+}、SO_4^{2-}，但莫尔盐的水溶液在空气中比亚铁盐稳定得多，甚至还可以作为基准物质使用。

工业上生产 $(NH_4)_2Fe(SO_4)_2 \cdot 6H_2O$ 的原料是废铁屑、稀硫酸和硫酸铵：

$$Fe + H_2SO_4 \Longrightarrow FeSO_4 + H_2 \uparrow$$

$$FeO + H_2SO_4 \Longrightarrow FeSO_4 + H_2O$$

$$Fe_2O_3 + 3H_2SO_4 \Longrightarrow Fe_2(SO_4)_3 + 3H_2O$$

$$Fe_2(SO_4)_3 + Fe \Longrightarrow 3FeSO_4$$

$$FeSO_4 + (NH_4)_2SO_4 + 6H_2O \Longrightarrow (NH_4)_2Fe(SO_4)_2 \cdot 6H_2O$$

一般讲，复盐的溶解度都比较小。在反应完成后，加热蒸发、浓缩溶液至莫尔盐饱和时，冷却溶液，使含量大、溶解度小的 $(NH_4)_2Fe(SO_4)_2 \cdot 6H_2O$ 结晶出来，而含量小、溶解度大的单盐 $FeSO_4$、$(NH_4)_2SO_4$ 和其他硫酸盐均留在溶液中。通过过滤、洗涤，便可获得较纯的 $(NH_4)_2Fe(SO_4)_2 \cdot 6H_2O$ 晶体。

$(NH_4)_2Fe(SO_4)_2 \cdot 6H_2O$ 中最重要、也是最容易产生的杂质是三价铁盐 $Fe_2(SO_4)_3$、$NH_4Fe(SO_4)_2$ 等。因为 $(NH_4)_2Fe(SO_4)_2 \cdot 6H_2O$ 很容易吸附性质相近的 Fe^{3+}，或 Fe^{3+} 会混在 $(NH_4)_2Fe(SO_4)_2 \cdot 6H_2O$ 晶体中，是必须严格控制的，也是必须检测的。

检测方法可采取简洁的"限量检查法"。用杂质标准物配制一个产品质量标准允许的杂质最高浓度的溶液，这个溶液称为"标准对照液"。一般用显色的方法，让产品的溶液与"标准对照液"用同样的方法显色。若产品溶液的颜色浅，则该项指标合格；否则不合格。该法常用于产品的杂质分析。大多数情况下，只要知道杂质是否小于国家标准，而无须知道它的准确含量。

$(NH_4)_2Fe(SO_4)_2 \cdot 6H_2O$ 中的 Fe^{3+}，可用 NH_4SCN 显红色，比较其与"标准对照液"颜色的深浅，判断 $(NH_4)_2Fe(SO_4)_2 \cdot 6H_2O$ 的质量。

产品质量标准规定：Fe^{3+} 含量 $< 0.05 \text{mg} \cdot \text{g}^{-1}$ 为一级品；$0.05 \text{mg} \cdot \text{g}^{-1} < Fe^{3+}$ 含量

$<0.10\text{mg}\cdot\text{g}^{-1}$为二级品；$0.10\text{mg}\cdot\text{g}^{-1}<\text{Fe}^{3+}$含量$<0.20\text{mg}\cdot\text{g}^{-1}$为三级品；$\text{Fe}^{3+}$含量$>0.20\text{mg}\cdot\text{g}^{-1}$为不合格品。

可配制三个"标准对照液"与产品溶液对照。

三、器材与试剂

1. 器材

仪器或器材	数　量	仪器或器材	数　量
托盘天平	1台	150mL 锥形瓶	1个
电炉	1台	50mL 量筒	1个
500mL 洗瓶	1个	$\phi(3\sim4)\text{mm}\times(150\sim180)\text{mm}$ 细玻璃棒	2根
水浴	1套	布氏漏斗	1个
500mL 抽滤瓶	1个	100mL 蒸发皿	1个
25mL(带塞)比色管	1支	中速定性滤纸	
短颈漏斗	1个	普通玻璃试管	3支
广泛 pH 试纸		石蕊试纸	

2. 试剂

试　剂	规　格	试　剂	规　格
铁粉	固体	铁钉	
H_2SO_4	$3\text{mol}\cdot\text{L}^{-1}$	Na_2CO_3	10%
$(NH_4)_2SO_4$(C. P.)	固体	酚酞	0.2%乙醇溶液
$BaCl_2$	$1\text{mol}\cdot\text{L}^{-1}$	Fe^{3+}标准溶液	$0.0100\text{mg}\cdot\text{mL}^{-1}$
$K_3[Fe(CN)_6]$	$0.1\text{mol}\cdot\text{L}^{-1}$	KSCN	$1\text{mol}\cdot\text{L}^{-1}$

3. "标准对照液"的配制

用移液管分别移取 $0.0100\text{mg}\cdot\text{mL}^{-1}$ 的 Fe^{3+} 标准溶液 5mL、10mL、20mL 于三支 25mL 比色管中，各加 $2\text{mol}\cdot\text{L}^{-1}$ 的 HCl 溶液 1mL、$1\text{mol}\cdot\text{L}^{-1}$ 的 KSCN 溶液 1mL。用水稀释至刻线，摇匀。它们分别对应于一级品、二级品和三级品。

四、实验内容

1. $(NH_4)_2Fe(SO_4)_2\cdot6H_2O$ 的制备

（1）原料表面清洗

用托盘天平称取 1.8g 铁粉后再加上一根铁钉，再称量。置于 150mL 锥形瓶中，加入 10% 的 Na_2CO_3 溶液 20mL，在电炉上煮沸 10min。将溶液倾出，并用水反复洗涤至滴入酚酞不变红为止。

（2）$FeSO_4$ 的生成

用量筒向锥形瓶中加入 $3\text{mol}\cdot\text{L}^{-1}$ 的 H_2SO_4 溶液 12mL。在锥形瓶口放 1 个短颈漏斗，在通风橱内，在水浴上或低温电热板上加热直至不再有气泡产生（铁粉接近全部溶解）。若溶液体积过少，可补水至约 25mL。反应完成后，称量未反应的铁钉的质量。

（3）$(NH_4)_2Fe(SO_4)_2\cdot6H_2O$ 的制备

在 100mL 蒸发皿中，将一定量的 $(NH_4)_2SO_4$ 固体（根据未反应完的铁钉的质量，学生自己计算）溶于 10mL 水中，滴加 $3\text{mol}\cdot\text{L}^{-1}$ 的 H_2SO_4 溶液，用 pH 试纸检验，使其 pH=1~2。

将锥形瓶中的溶液用中速定性滤纸趁热过滤于该蒸发皿中。将蒸发皿在水浴上或低温电热板上加热、浓缩。当溶液表面有一层结晶膜或溶液有微晶粒出现时，停止加热。

静置、冷却至室温，蒸发皿中会有大量浅绿色的晶体结晶析出。在布氏漏斗上抽滤，并用少量（5mL）乙醇淋洗固体，弃去滤液。用玻璃棒取出滤纸及其上的 $(NH_4)_2Fe(SO_4)_2 \cdot 6H_2O$ 晶体。将所得晶体夹于两张干滤纸中，尽量吸干其表面的水分、称重。还要称未反应完的铁钉的质量，由此计算产率。

2. 产品组分的鉴定

① Fe^{2+} 的鉴定　在试管中加蒸馏水 2mL 和少许产物，振荡溶解。滴加 $K_3[Fe(CN)_6]$ 溶液 2 滴。观察现象，写出反应方程式，得出结论。

② NH_4^+ 的鉴定　在试管中加 $2mol \cdot L^{-1}$ 的 NaOH 溶液 2mL 和少许产物，振荡溶解、加热。用湿润的石蕊试纸盖在试管口。观察现象，得出结论。

③ SO_4^{2-} 的鉴定　在试管中加蒸馏水 2mL 和少许产物，振荡溶解。滴加 $1mol \cdot L^{-1}$ 的 $BaCl_2$ 溶液 2 滴。观察现象。再加入 $2mol \cdot L^{-1}$ 的 HCl 溶液 1mL，观察现象，写出反应方程式，得出结论。

3. 杂质 Fe^{3+} 的检测

称取 1g 产物于 25mL 比色管中，加水 10～15mL 振荡溶解。再加 $2mol \cdot L^{-1}$ 的 HCl 溶液 1mL、$1mol \cdot L^{-1}$ 的 KSCN 溶液 1mL。用水稀释至刻线，摇匀。将比色管中的颜色与实验室提供的三个"标准对照液"对比，确定所得产物的级别。

五、计算

$(NH_4)_2Fe(SO_4)_2 \cdot 6H_2O$ 的产率：

$$x = \frac{m_3 / M[(NH_4)_2Fe(SO_4)_2 \cdot 6H_2O]}{(m_1 - m_2) / M(Fe)} \times 100\%$$

式中，m_1 为铁粉与铁钉的总质量，g；m_2 为未反应完的铁钉的质量，g；m_3 为产物 $(NH_4)_2Fe(SO_4)_2 \cdot 6H_2O$ 的质量，g；$M(Fe)$ 为 Fe 的摩尔质量，$g \cdot mol^{-1}$；$M[(NH_4)_2Fe(SO_4)_2 \cdot 6H_2O]$ 为 $(NH_4)_2Fe(SO_4)_2 \cdot 6H_2O$ 的摩尔质量，$g \cdot mol^{-1}$。

六、注意事项

① $FeSO_4$ 的生成实验一定要在通风橱内进行，否则酸雾太大。

② 用此法获得的产率不是真的产率，因为 $(NH_4)_2Fe(SO_4)_2 \cdot 6H_2O$ 的结晶中还有很多表面游离的水存在。若实验时间允许，应将产物在 105℃ 下烘干 45～60min 后再称量。由于实验时间所限，不能按正规的方法操作。

③ 蒸发和浓缩时，不要接近蒸干。蒸干后有可能使 $(NH_4)_2Fe(SO_4)_2 \cdot 6H_2O$ 的部分结晶水丢失，与本实验要求的产物不符。且接近蒸干时，H_2SO_4 成为浓硫酸，会使 Fe^{2+} 氧化为 Fe^{3+}，产物质量下降。这也不利于去除其他可溶性杂质。

④ 未反应完的少量铁粉粘在滤纸上，很难剥离称量。生产中可根据工艺过程的确定而加入原料，无须再称量未反应完的铁。

七、思考题

① 在此实验中，应保证铁过量还是硫酸过量？为什么？

② 为什么要将生成的 $FeSO_4$ 溶液过滤的滤液直接进入 $(NH_4)_2SO_4$ 溶液？

③ 若铁粉反应掉很少就进行后面步骤，最后蒸发皿中只有黏稠的液体而无结晶，解释这一现象。

④ 为什么要在 $(NH_4)_2SO_4$ 溶液中滴加 H_2SO_4？

八、实验记录

1. $(NH_4)_2Fe(SO_4)_2·6H_2O$ 的制备

铁粉＋铁钉质量/g	未反应完的铁钉的质量/g	$(NH_4)_2Fe(SO_4)_2·6H_2O$ 质量/g

2. 产品组分的鉴定

	鉴定试剂	反应现象
Fe^{2+} 的鉴定	$K_3[Fe(CN)_6]$	
NH_4^+ 的鉴定	NaOH	石蕊试纸：
SO_4^{2-} 的鉴定	$BaCl_2$	

实验三十七 硝酸钾的制备与纯度检测

一、实验目的

① 学习利用不同温度下溶解度的差别及复分解反应制备无机盐类的一般原理和步骤。

② 掌握根据物质的溶解度进行的有关计算。

③ 掌握重结晶提纯法的原理和操作。

二、实验原理

氯化钾与硝酸钠在溶液中，可发生下列复分解反应：

$$KCl + NaNO_3 \rightleftharpoons KNO_3 + NaCl$$

反应物及其产物都可溶于水而并存。但它们在水中溶解度随温度的变化有很大差别（图1）。可利用这一特点使之分离。工业上常用此法制备硝酸钾、氯化钾和其他无机盐。

从图1中可以看出：KNO_3 的溶解度随温度的变化率最大（即曲线最陡峭）。KCl、NaCl 溶解度很小，会首先析出。NaCl 会析出更多，它使大量的 Na^+、Cl^- 析出除去。KCl 又析出一部分 Cl^-，此时溶液中 Cl^- 浓度很小，溶质以 KNO_3 为主。冷却后析出的就主要是 KNO_3。

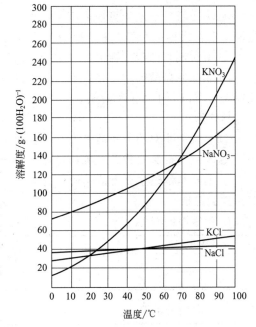

图1 某些无机盐的溶解度

三、器材与试剂

1. 器材

仪器或器材	数量	仪器或器材	数量
托盘天平	1台	$\phi(3\sim4)mm×(150\sim180)mm$ 细玻璃棒	2根
50mL 量筒	1个	50mL 烧杯	2个
电炉或酒精灯	1个	带漏斗架的漏斗	1个
布氏漏斗(附抽滤瓶)	1个	9cm 定性滤纸	
烘箱	1台	普通玻璃试管	4支

2. 试剂

试　剂	规　格	试　剂	规　格
$NaNO_3$	固体	KCl	固体
硝酸钾（A.R.）	固体	$AgNO_3$	$0.1mol \cdot L^{-1}$

四、实验内容

1. 硝酸钾的制备

用托盘天平称取硝酸钠 8.5g，氯化钾 7.5g，放在 50mL 烧杯内加水 15mL，在烧杯外壁做一液面记号。用电炉或酒精灯小火加热使其中的盐全部溶解，再继续加热，这时烧杯内有晶体析出；蒸发至原有液体体积的三分之二时；趁热过滤，用 50mL 烧杯接收滤液，冷却后即有晶体析出。抽滤分离母液，得到晶体，在 120℃烘箱中干燥 45min 后称重，计算产率。

2. 产品纯度的检验

取粗产品和硝酸钾（A.R.）各 0.5g 分别放在两支试管中，用同体积蒸馏水溶解，各加 2 滴 $0.1mol \cdot L^{-1}$ $AgNO_3$ 溶液，观察有无氯化银白色沉淀生成。比较二者的纯度。

3. 计算

计算理论产率，再计算得率。

五、注意事项

① 为了较精确地计算理论产率，可将加热溶解前的烧杯与溶液在托盘天平上称重，在过滤之前再次称重。若称重过程中沉淀增加，可再次加热后再冷却，析出晶体。

② 本法制得的硝酸钾中还有钠盐，所以还应做焰色反应，检验 Na^+ 的含量。

③ 本法制硝酸钾时，其纯度与加入的 $NaNO_3$、KCl 的摩尔比有关，也与加热浓缩的倍数有关。所以，不可浓缩过头。

六、思考题

① 本实验中影响产率的因素有哪些？

② 如所用的氯化钾或硝酸钠超过化学计算量，结果怎样？

③ 总结从溶液中分离晶体的操作方法共有几种，它们各适合在什么条件下使用？

七、实验记录

1. 硝酸钾的制备

硝酸钠质量/g	氯化钾质量/g	硝酸钾质量/g

2. 产品组分的鉴定

	鉴定试剂	反应现象
硝酸钾（A.R.）	$AgNO_3$	
硝酸钾产物	$AgNO_3$	

实验三十八　软锰矿制备高锰酸钾

一、实验目的

① 了解由软锰矿制备高锰酸钾的原理和方法。

② 掌握碱熔融、浸取、结晶等操作技能。

③ 初步认识工业生产的流程。

④ 了解锰的一些价态化合物的部分性质。

二、实验原理

高锰酸钾是一种紫色的针状晶体，MnO_4^-/Mn^{2+} 电对的标准电极电位 $\varphi^{\ominus}_{MnO_4^-/Mn^{2+}}=$ 1.51V，是最重要和最常用的氧化剂之一。

工业上用软锰矿生产高锰酸钾的工艺流程示意如图1所示。

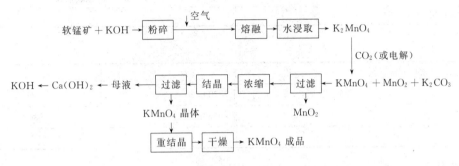

图 1　工业上用软锰矿生产高锰酸钾的工艺流程

本实验简化选取工业工艺流程的主要部分，以软锰矿（主成分为 MnO_2）为原料制备高锰酸钾。若实验室采集不到软锰矿，可用工业纯或化学纯 MnO_2 代替软锰矿作原料。

工业上氧化软锰矿的氧化剂是空气，但速度较慢，不符合学生实验的要求。本实验将氧化剂改为 $KClO_3$。

将软锰矿、KOH、$KClO_3$ 混合后共熔，得到绿色的锰酸钾 K_2MnO_4：

$$3MnO_2+6KOH+KClO_3 === 3K_2MnO_4+KCl+3H_2O\uparrow$$

锰酸钾 K_2MnO_4 在中性或酸性溶液中会发生歧化反应，溶液由绿色变为紫色：

$$3K_2MnO_4+4H^+ === 2KMnO_4+MnO_2\downarrow+2H_2O+4K^+$$

此反应的平衡常数 $K=10^{57}$，因而只需加入极少量的弱酸，就可使歧化反应完全。

工业上常通入 CO_2 增加溶液酸度，使歧化反应完全：

$$3K_2MnO_4+2CO_2 === 2KMnO_4+MnO_2\downarrow+2K_2CO_3$$

过滤除去 MnO_2。滤液浓缩、结晶，便可得到 $KMnO_4$ 晶体。

工业上也有采用电解法的工艺。K_2MnO_4 稀溶液于铁制电解槽中，以表面光滑的镀镍铁（或镍片）为阳极、圆铁棒为阴极，在 60℃ 下，槽电压控制约 2.5V，阳极电流密度约 $30mA\cdot cm^{-2}$，阴极电流密度约 $300mA\cdot cm^{-2}$，进行电解：

$$2K_2MnO_4+2H_2O \xrightarrow{\text{电解}} 2KMnO_4+2KOH+H_2\uparrow（阴极）$$

电解液浓缩、结晶，便可得到 $KMnO_4$ 晶体。

当然，在锰酸钾 K_2MnO_4 溶液中直接加氧化剂，也可转变为 $KMnO_4$：

$$2K_2MnO_4+Cl_2 === 2KMnO_4+2KCl$$

三、仪器与试剂

1. 仪器

仪器或器材	数　量	仪器或器材	数　量
托盘天平	1 台	泥三角	1 个
电炉	1 台	60mL 铁坩埚	1 个
铁搅拌棒	1 根	坩埚钳	1 个
250mL 烧杯	2 个	布氏漏斗	1 个
500mL 抽滤瓶	1 个	气体发生器	1 个
尼龙布	数块	广泛 pH 试纸	
100mL 蒸发皿	1 个	$\phi(3\sim4)mm\times(150\sim180)mm$ 细玻璃棒	2 根
漏斗（带漏斗架）	1 个		

2. 试剂

试　剂	规　格	试　剂	规　格
软锰矿粉（或 MnO_2）	固体,工业用,研磨成粉	$KClO_3$	固体
KOH	固体	$CaCO_3$	固体
HCl	(1+1)		

四、实验内容

1. 锰酸钾 K_2MnO_4 的制备

用托盘天平称取 15g 固体 KOH、8g 氯酸钾 $KClO_3$ 固体于 60mL 铁坩埚内，混匀。将铁坩埚置于泥三角上，在电炉上加热至 $550\sim600℃$，并用铁搅拌棒搅拌。待混合物完全熔融后，边搅拌边加入软锰矿粉（或 MnO_2 粉）10g。继续加热反应，熔融物黏度增大，颜色由无色变为深绿色。须用力搅拌至反应物干涸、固化，再加热 5min。

2. 锰酸钾 K_2MnO_4 浸取液的制备

将绿色锰酸钾 K_2MnO_4 固体从铁坩埚内全部取出，置于 250mL 烧杯中，加 80mL 去离子水，在电炉上加热并用铁搅拌棒不断搅拌，直到溶解为止。

3. 过滤浸取液

以尼龙布为滤膜用漏斗过滤浸取液于 250mL 烧杯中，用 10mL 冲洗烧杯和滤布，弃去滤渣，得到深绿色的锰酸钾 K_2MnO_4 溶液。

4. 高锰酸钾 $KMnO_4$ 母液的制备

搭好气体发生器（启普气体发生器），用 $CaCO_3$ 与（1+1）HCl 反应，生成 CO_2 气体。将 CO_2 气体通入热的锰酸钾 K_2MnO_4 溶液至溶液完全变为紫色为止。可用 pH 试纸检验，溶液的 pH＜7 即可。

5. 过滤高锰酸钾 $KMnO_4$ 母液

以尼龙布为滤膜用漏斗过滤高锰酸钾 $KMnO_4$ 母液于 100mL 蒸发皿中，滤渣可保留循环使用。

6. 浓缩、结晶、抽滤

将蒸发皿置于电炉上加热浓缩至液面上有一薄层结晶膜，静置、冷却至室温。以尼龙布为滤膜用布氏漏斗抽滤，可得紫色、针状的高锰酸钾 $KMnO_4$ 晶体。将所得晶体夹于两张干滤纸中，尽量吸干其表面的水分、称重。以软锰矿为准，计算得率。

五、计算

高锰酸钾 $KMnO_4$ 的得率

$$x = \dfrac{\dfrac{m_1}{M(\mathrm{KMnO_4})}}{\dfrac{m_0}{M(\mathrm{MnO_2})}}$$

式中，m_0 为软锰矿的质量，g；m_1 为高锰酸钾的质量，g；$M(\mathrm{MnO_2})$ 为 $\mathrm{MnO_2}$ 的摩尔质量，$\mathrm{g \cdot mol^{-1}}$；$M(\mathrm{KMnO_4})$ 为 $\mathrm{KMnO_4}$ 的摩尔质量，$\mathrm{g \cdot mol^{-1}}$。

六、注意事项

① KOH、$\mathrm{KClO_3}$ 熔融软锰矿时，要注意安全。防止固体飞溅在皮肤上，尤其是眼睛里，以免造成强腐蚀。若发生此情况，应立即用大量自来水冲洗。最好将此步实验在通风橱内进行或戴上防风眼镜。

② 气体发生器产生 $\mathrm{CO_2}$ 也可用 $\mathrm{CO_2}$ 饱和水溶液代替。若实验室条件所限，也可向锰酸钾 $\mathrm{K_2MnO_4}$ 的滤液中逐滴滴加 $0.01 \mathrm{mol \cdot L^{-1}}$ 的 $\mathrm{HNO_3}$ 溶液，每加一滴，混匀，用 pH 试纸检验溶液的 pH < 7，至溶液完全变为紫色即可。但此法不规范，带来的硝酸盐杂质使回收出现少许问题。

七、思考题

① 软锰矿熔融时，为什么不使用瓷坩埚和玻璃搅棒？

② 过滤时为什么不用滤纸？

③ 碳化法（通入 $\mathrm{CO_2}$）和电解法相比，哪种方法的理论得率高？

④ 假设加酸的办法可行，加 HAc、HCl、$\mathrm{H_2SO_4}$ 各会产生哪些影响？

⑤ 采用电解法时，阳极是否有气态、固态物质产生？

⑥ 在锰酸钾 $\mathrm{K_2MnO_4}$ 溶液中滴加 $\mathrm{H_2O_2}$，看看效果如何？为什么？滴加 $\mathrm{H_2O_2}$，再通 $\mathrm{CO_2}$ 效果又如何？为什么？

八、实验记录

固体 KOH 质量/g	$\mathrm{KClO_3}$ 质量/g	$\mathrm{MnO_2}$ 粉质量/g	反 应 现 象	产物质量/g

实验三十九　联碱法制备碳酸钠和氯化铵

一、目的要求

① 了解工业制碱法的反应原理。

② 学习利用各种盐类溶解度的差异制备某些无机化合物的方法。

③ 掌握无机制备中常用的某些基本操作。

④ 练习台秤、天平的使用，了解滴定操作。

⑤ 了解盐析原理及在回收 $\mathrm{NH_4Cl}$ 中的应用。

二、实验原理

碳酸钠俗称苏打，工业上称为纯碱，分子式为 $\mathrm{Na_2CO_3}$，是用途很广的化工原料。工业上常采用联合制碱法生产纯碱，即将 $\mathrm{CO_2}$ 和 $\mathrm{NH_3}$ 通入 NaCl 溶液中反应生成 $\mathrm{NaHCO_3}$，再将 $\mathrm{NaHCO_3}$ 在高温下进行煅烧，使其转化为 $\mathrm{Na_2CO_3}$，反应方程式如下：

$$\mathrm{CO_2 + NH_3 + NaCl + H_2O == NaHCO_3 + NH_4Cl}$$

$$2NaHCO_3 \xrightarrow{\triangle} Na_2CO_3 + CO_2\uparrow + H_2O\uparrow$$

第一反应实质上是 NH_4HCO_3 和 $NaCl$ 在水溶液中的复分解反应。但为了使 $NaHCO_3$ 能够存在，必须保证溶液的 pH 在 8~9，可外加氨水调节。一般应保持 $n(NH_3)$（包括 NH_4^+）：$n(NaCl)=1.04~1.12$。为简化操作，本实验则直接用 NH_4HCO_3、氨水与 $NaCl$ 作用来制取 $NaHCO_3$，反应方程式为：

$$NH_4HCO_3 + NaCl \Longrightarrow NaHCO_3 + NH_4Cl$$

NH_4HCO_3、$NaCl$、$NaHCO_3$ 和 NH_4Cl 同时存在于水溶液中，反应体系是一个复杂的四元体系。这些盐在水溶液中的溶解度互相发生影响。但是，根据各种盐在水中不同温度下溶解度的比较，可以判断出从反应体系中分离出几种盐的最佳条件，从而采取适当的操作步骤将所需的盐产物从反应体系中分离出来。四种盐在不同温度下的溶解度如表 1 所示。

表 1　四种盐在不同温度下的溶解度　　　　　　　　　　g/100g 水

溶解度　盐 \ 温度	0℃	10℃	20℃	30℃	40℃	50℃	60℃	70℃	80℃	90℃	100℃
NaCl	35.7	35.8	36.0	36.3	36.6	37.0	37.3	37.8	38.4	39.0	39.8
NH_4HCO_3	11.9	15.3	21.0	27.0	—	—	—	—	—	—	—
$NaHCO_3$	6.9	8.15	9.6	11.1	12.7	14.5	16.4	—	—	—	—
NH_4Cl	29.4	33.3	37.2	41.4	45.8	50.4	55.2	60.2	65.6	71.3	77.3

当温度过高时，$NaHCO_3$ 有可能部分分解为 Na_2CO_3，Na_2CO_3 溶解度远远大于 $NaHCO_3$ 的溶解度，将给分离带来困难。所以一般控制反应温度不超过 35℃。但温度太低 NH_4HCO_3 也比较容易析出，从而影响 $NaHCO_3$ 的生成，故反应温度又不宜低于 30℃。从溶解度表看出，在 30~35℃ 范围内（工业上控制 32~38℃），$NaHCO_3$ 的溶解度在四种盐中是最低的。因此，选择在该温度范围内将研细的 NH_4HCO_3 粉末溶于浓的 $NaCl$ 溶液中，在充分搅拌下，就可析出 $NaHCO_3$ 的晶体，将 $NaHCO_3$ 的晶体进行热分解反应，即可得 Na_2CO_3 产品。

NH_4Cl 和 $NaCl$ 在水中和混合液中的溶解度如表 2 所示。

表 2　NH_4Cl 和 $NaCl$ 的溶解度　　　　　　　　　　g/100g 水

温度/℃	在水中的溶解度		在 NH_4Cl 和 $NaCl$ 混合液中的溶解度	
	NH_4Cl	NaCl	NH_4Cl	NaCl
0	29.7	35.6	14.6	28.6
15	35.5	35.8	19.9	26.7
30	41.6	36.0	25.5	24.9
45	48.4	36.5	32.2	23.4

从表 2 可以看出，NH_4Cl 和 $NaCl$ 在混合液中的溶解度小于在水中的溶解度，这是因为同离子效应（共有 Cl^-）所致。所以，在 NH_4Cl 饱和溶液中加入 $NaCl$，NH_4Cl 可析出。这种作用叫作"盐析"。$NaCl$ 的溶解度随温度降低而上升。在温度较高的 NH_4Cl 溶液中加 $NaCl$ 至 $NaCl$ 成饱和溶液，降低温度，NH_4Cl 可能析出，而 $NaCl$ 还未达饱和。

三、器材与试剂

1. 器材

仪器或器材	数 量	仪器或器材	数 量
布氏漏斗		吸滤瓶	
9cm 蒸发皿	1个	100mL 烧杯	2个
定性中速 9cm 滤纸	5张	马福炉(微波炉)	1台
水浴	1套	$\phi(3\sim4)mm\times(150\sim180)mm$ 细玻璃棒	2根
点滴板	1套	酒精灯或电炉	1台
玛瑙研钵	1套	托盘天平	1台
50mL 量筒	1个	pH 试纸	
电子天平	1台	500mL 洗瓶	1个
50mL 碱式滴定管	1支	250mL 锥形瓶	2个

2. 试剂

试 剂	规 格	试 剂	规 格
NaCl	固体	NH_4HCO_3	固体
NaOH	标准溶液(已标定)	$NH_3 \cdot H_2O$	$6 mol \cdot L^{-1}$
甲醛(HCHO)	40%	NaCl	饱和溶液
酚酞	配制法见附录 8		

四、实验内容

1. 制备碳酸钠

① 称取氯化钠 6.2g(m_0),置入 100mL 烧杯中,用量筒加蒸馏水 30mL 溶解成 NaCl 溶液并滴加 6 mol·L^{-1} 的 $NH_3 \cdot H_2O$,用 pH 试纸检测其 pH=8～9。在托盘天平上称重为 m_1。在水浴上加热,在搅拌的情况下分次加入 9.0g(m_3) 研细的碳酸氢铵。加完后继续加热,并不时搅拌反应物,使反应充分进行 0.5h,并浓缩至溶液体积为 20mL 左右。取下烧杯,擦干烧杯外壁,称重为 m_2。使 (m_2-m_1)≈10g,静置。在布氏漏斗吸滤瓶上抽滤得碳酸氢钠沉淀,并用少量水洗涤 2 次。滤液留待回收氯化铵。

② 将抽干的碳酸氢钠置入蒸发皿中,在马福炉内控制温度为 300℃ 煅烧 1h,取出后,冷却至室温,称重 m_4,计算 Na_2CO_3 的得率(以 6.25g NaCl 为基准)。

或将抽干的碳酸氢钠置入蒸发皿中,放在 850W 微波炉内,将火力选择旋钮调至最高挡,加热 20min 取出后,冷却至室温,称重为 m_4,计算 Na_2CO_3 的得率(以 6.25g NaCl 为基准)。

③ 自行设计产品含量的测定。

2. 制备氯化铵

在滤液中滴加 6mol·L^{-1} 的 $NH_3 \cdot H_2O$ 至溶液呈弱碱性,并加热至沸。继续加热蒸发,当液面出现晶膜时,冷却溶液并不断搅拌,最后使溶液冷却至 10℃,使氯化铵充分结晶,抽滤。抽滤后的滤液加入饱和的 NaCl 溶液 15～20mL,又有氯化铵沉淀析出,再抽滤。固体转移到洁净干燥的烧杯中,置于干燥器中干燥,称重为 m_5,计算氯化铵的得率(以 9.0g 的碳酸氢铵为基准)。

3. 氯化铵含量测定

在分析天平上,用减量法准确称取约 0.2g 已干燥的氯化铵两份,分别置于锥形瓶中,加水 30mL,40% 的甲醛 2mL,酚酞 3～4 滴,以 0.1000mol·L^{-1} 的 NaOH 标准溶液滴定至溶液变红,半分钟内不褪色为终点,计算氯化铵的质量分数。

五、计算

1. Na₂CO₃ 的产率

$$x_1 = \frac{m_4 / [M(\mathrm{Na_2CO_3})/2]}{m_0 / M(\mathrm{NaCl})}$$

式中，m_4 为产物 $\mathrm{Na_2CO_3}$ 的质量，g；$M(\mathrm{Na_2CO_3})$ 为 $\mathrm{Na_2CO_3}$ 的摩尔质量，g·mol⁻¹；2 为一个 $\mathrm{Na_2CO_3}$ 分子中所含 Na 的个数；m_0 为加入的 NaCl 质量，g；$M(\mathrm{NaCl})$ 为 NaCl 的摩尔质量，g·mol⁻¹。

2. NH₄Cl 的产率

$$x_2 = \frac{m_5 / M(\mathrm{NH_4Cl})}{m_3 / M(\mathrm{NH_4HCO_3})}$$

式中，m_5 为产物 $\mathrm{NH_4Cl}$ 的质量，g；$M(\mathrm{NH_4Cl})$ 为 $\mathrm{NH_4Cl}$ 的摩尔质量，g·mol⁻¹；m_3 为加入的 $\mathrm{NH_4HCO_3}$ 质量，g；$M(\mathrm{NH_4HCO_3})$ 为 $\mathrm{NH_4HCO_3}$ 的摩尔质量，g·mol⁻¹。

3. 氯化铵的质量分数

$$x_3 = \frac{c(\mathrm{NaOH}) V(\mathrm{NaOH}) \times 10^{-3} \times M(\mathrm{NH_4Cl})}{m} \times 100\%$$

式中，$c(\mathrm{NaOH})$ 为 NaOH 标准溶液的浓度，mol·L⁻¹；$V(\mathrm{NaOH})$ 为滴定时消耗的 NaOH 标准溶液的体积，mL；10^{-3} 为体积单位 mL 与 L 的换算系数；$M(\mathrm{NH_4Cl})$ 为 $\mathrm{NH_4Cl}$ 的摩尔质量，g·mol⁻¹；m 为 $\mathrm{NH_4Cl}$ 含量测定时，称取 $\mathrm{NH_4Cl}$ 试样的质量，g。

六、注意事项

① 注意 NaCl 与 $\mathrm{NH_4HCO_3}$ 加入量要匹配。否则，产率会降低或得到的产物纯度不高。

② 溶液在蒸发时，一定要保留 20mL 左右的溶液体积。否则，产率虽高，但产物的纯度不高。

③ 加氨水时，溶液的 pH 最好控制在 8.4 左右。否则，$\mathrm{Na_2CO_3}$ 提前产生，其溶解度大，在结晶过程中会留在溶液中而损失，使产率不高。

④ 盐析时，NaCl 也不能加得太多。

七、思考题

① 氯化钠不预先提纯对产品有无影响？

② 为什么计算碳酸钠产率时，要根据氯化钠的用量？对碳酸钠产率的影响因素有哪些？

③ 从母液中回收氯化铵时，为什么要加氨水？

④ 回收氯化铵的母液结晶出氯化铵后，加入 NaCl 后，为什么又有氯化铵析出？

八、实验记录

1. 制备碳酸钠和氯化铵

	NaCl 质量/g	NH₄HCO₃ 质量/g	Na₂CO₃ 质量/g	NH₄Cl 质量/g
1				
2				

3. 氯化铵含量测定。

	NH₄Cl 质量/g	NaOH 浓度/mol·L⁻¹	NaOH 体积/mL
1			
2			

实验四十 铁氧体法处理含铬废水

一、实验目的

① 学习废水样中铬的处理方法。

② 综合学习加热、溶液配制、滴定、固液分离及分光光度测定六价铬的方法。

③ 了解废水处理的原则，培养学生环保的意识。

二、实验原理

含铬的工业废水中，铬的存在形式多为 $Cr(Ⅵ)$ 及 Cr^{3+}。$Cr(Ⅵ)$ 的毒性比 Cr^{3+} 大几百倍，它能诱发皮肤溃疡、贫血、肾炎及神经炎等。工业废水排放时，要求 $Cr(Ⅵ)$ 的含量不超过 $0.3mg \cdot L^{-1}$。而生活饮用水和地表水，则要求 $Cr(Ⅵ)$ 的含量不超过 $0.05mg \cdot L^{-1}$。$Cr(Ⅵ)$ 的除去方法很多，本实验采用铁氧体法。

在含铬废水中，$Cr(Ⅵ)$ 以 $Cr_2O_7^{2-}$ 形式存在。加入过量的硫酸亚铁溶液，使其中的 $Cr(Ⅵ)$ 和亚铁离子发生氧化还原反应。$Cr(Ⅵ)$ 被还原为 Cr^{3+}，而亚铁离子则被氧化为 Fe^{3+}。调节溶液的 pH 值，使 Cr^{3+}、Fe^{3+} 和 Fe^{2+} 转化为氢氧化物沉淀。然后加入 H_2O_2，再使部分 +2 价铁氧化为 +3 价铁，组成类似 $Fe_3O_4 \cdot xH_2O$ 的磁性氧化物。这种氧化物称为铁氧体，其组成也可写作 $Fe^{3+}[Fe^{2+}Fe_{1-x}^{3+}Cr_x^{3+}]O_4$，其中部分 +3 价铁可被 +3 价铬代替，因此可使铬成为铁氧体的组成而沉淀。其反应方程式为：

$$Cr_2O_7^{2-} + 6Fe^{2+} + 14H^+ \Longrightarrow 2Cr^{3+} + 6Fe^{3+} + 7H_2O$$

$$Fe^{2+} + (2-x)Fe^{3+} + xCr^{3+} + 8OH^- \Longrightarrow Fe^{3+}[Fe^{2+}Fe_{1-x}^{3+}Cr_x^{3+}]O_4(铁氧体) + 4H_2O$$

式中，x 在 $0 \sim 1$ 之间。

含铬的铁氧体是一种磁性材料，可以用在电子工业上。采用该法处理废水既环保又利用了废物。

处理后的废水中 $Cr(Ⅵ)$ 可与二苯酰二肼(二苯碳酰二肼)(DPCI)在酸性条件下作用产生红紫色配合物，可用分光光度法检测。该配合物的最大吸收波长为 540nm，摩尔吸光系数为 $2.6 \times 10^4 \sim 4.17 \times 10^4 L \cdot mol^{-1} \cdot cm^{-1}$。显色温度以 15℃ 为宜，温度过低显色速度慢，温度过高配合物稳定性差。显色时间 $2 \sim 3min$，配合物可在 1.5h 内稳定，根据颜色深浅进行比色，即可测定废水中残留的 $Cr(Ⅵ)$ 含量。

三、器材与试剂

1. 器材

仪器或器材	数 量	仪器或器材	数 量
三角玻璃漏斗	1个	磁铁	1根
分光光度计	1台	100mL 烧杯	1个
250mL 容量瓶	1个	500mL 容量瓶	1个
50mL 容量瓶	7个	$\phi(3 \sim 4)mm \times (150 \sim 180)mm$ 细玻璃棒	2根
25mL 移液管	1支	10mL 移液管	1支
5mL 移液管	1支	100mL 量筒	1个
250mL 锥形瓶	2个	50mL 酸式滴定管	1支
250mL 棕色试剂瓶	1个	酒精灯	1个
比色皿		电子天平	1台
托盘天平	1台	500mL 洗瓶	1个
中速 9cm 定性滤纸		广泛 pH 试纸	

2. 试剂

试　　剂	规　　格	试　　剂	规　　格
$K_2Cr_2O_7$ 标准溶液	$1.00\mu g\ Cr(Ⅵ)\cdot mL^{-1}$	H_2SO_4	$3mol\cdot L^{-1}$
硫酸-磷酸-H_2O 混合液	15：15：70（体积比）	氢氧化钠	$6mol\cdot L^{-1}$
硫酸亚铁铵标准溶液	$0.05mol\cdot L^{-1}$（已标定）	过氧化氢 H_2O_2	3%
$FeSO_4\cdot 7H_2O$	固体	二苯碳酰二肼	2%乙醇（95%）溶液
二苯胺磺酸钠	1%水溶液	含铬废水	约 $1.4g\ Cr\cdot L^{-1}$

四、实验内容

1. 含铬废水中 Cr(Ⅵ)的测定

用移液管量取 25.00mL 含铬废水置于 250mL 锥形瓶中，依次加入 10mL 混合酸，30mL 去离子水和 4 滴二苯胺磺酸钠（$C_6H_5NHC_6H_4SO_3Na$）指示剂，摇匀。用 $(NH_4)_2Fe(SO_4)_2$ 标准溶液滴定至溶液由红色变到绿色时为至，即为终点。平行三次。求出废水中 Cr(Ⅵ)的浓度。

2. 含铬废水的处理

用量筒量取 100mL 含铬废水，置于 250mL 烧杯中。根据上面测定的铬量，按 Cr(Ⅵ)：$FeSO_4\cdot 7H_2O \leqslant 1$：6（摩尔比）计量，用托盘天平称出所需的 $FeSO_4\cdot 7H_2O$，加到含铬废水中，不断搅拌。待晶体溶解后，逐滴加入 $3mol\cdot L^{-1}$ 的 H_2SO_4，用 pH 试纸检测溶液。直至溶液的 pH 值约为 1。此时溶液显亮绿色。

再逐滴加入 $6mol\cdot L^{-1}$ 的 NaOH 溶液，调节溶液的 pH 值到约为 8。然后将溶液加热至 70℃左右，在不断搅拌下滴加 3% H_2O_2 溶液 5mL。冷却静置，使所形成的氢氧化物沉淀沉降。

采用倾泻法对上面的溶液进行过滤。滤液进入干净干燥的烧杯中，沉淀用去离子水洗涤数次，然后将沉淀物转移到蒸发皿中，用小火加热，蒸发至干。待冷却后，将沉淀均匀地摊在干净的白纸上。另用纸将磁铁紧紧裹住，然后与沉淀物接触，检验沉淀物的磁性。

3. 处理后水质的检验

（1）$K_2Cr_2O_4$ 标准曲线的绘制　用 10mL 移液管分别移取 $K_2Cr_2O_7$ 标准溶液 0.00mL、1.00mL、2.00mL、4.00mL、7.00mL、10.00mL 于 6 支 50mL 容量瓶中，然后每一只容量瓶中加入约 30mL 去离子水和 2.5mL 二苯碳酰二肼溶液（用 5mL 移液管加），最后用去离子水稀释到刻度，摇匀，静置 10min。以试剂空白为参比溶液，在 540nm 波长处测量溶液的吸光度 A，绘制曲线。

（2）处理后水样中 Cr(Ⅵ)的含量测定　往 50mL 容量瓶中加入 2.5mL 二苯碳酰二肼溶液，并用处理后的水样稀释至刻度、摇匀，静置 10min。然后用同样的方法在 540nm 处测出其吸光度。

（3）计算　根据测定的吸光度，在标准曲线上查出相对应的 Cr(Ⅵ)的浓度 c，再用下面的公式算出每升废水试样中的含量。

$$Cr(Ⅵ)含量 = 1000c/47.5mL\quad (mg\cdot L^{-1})$$

式中，c 为在标准曲线上查到的 Cr(Ⅵ)的浓度，$mg\cdot L^{-1}$；47.5mL 为取处理后的水样的体积。

五、思考题

① 处理废水中，为什么加 $FeSO_4\cdot 7H_2O$ 前要加酸调节 pH 到 1？加完 $FeSO_4\cdot 7H_2O$ 后

为什么又要加碱调整 pH＝8 左右？如果 pH 控制不好，会有什么不良影响？

② 如果加入 $FeSO_4 \cdot 7H_2O$ 量不足，会产生什么效果？

六、实验记录

1. 含铬废水中 Cr(Ⅵ) 的测定。

	废水体积/mL	$(NH_4)_2Fe(SO_4)_2$ 体积/mL
1		
2		
3		

3. 处理后水质的检验

$K_2Cr_2O_7$ 加入量 mL	标样浓度/$\mu g \cdot mL^{-1}$	吸光度 A
1＃:0.00		
2＃:1.00		
3＃:2.00		
4＃:4.00		
5＃:7.00		
6＃:10.00		
处理后的水样		

第 7 章

定量分析实际应用综合实验

实验四十一　氟硅酸钾法测定水泥熟料中二氧化硅的含量

一、实验目的
① 学习氟硅酸钾法测定 SiO_2 的原理。
② 掌握沉淀过滤、洗涤的操作技术。

二、实验原理
SiO_2 的含量是水泥、陶瓷、玻璃、耐火材料等硅酸盐材料测定分析中的重要指标，经典的测定方法是重量分析法。重量分析法虽准确但耗时，故生产上的快速分析通常采用氟硅酸钾滴定分析法。它是基于可溶于酸的硅酸盐在过量硝酸、氟化钾和氯化钾的存在下，能定量地生成氟硅酸钾（K_2SiF_6）沉淀。

$$2K^+ + SiO_3^{2-} + 6F^- + 6H^+ \Longrightarrow K_2SiF_6 \downarrow + 3H_2O$$

将生成的氟硅酸钾沉淀滤出后，再加沸水使之水解。

$$K_2SiF_6 + 3H_2O \Longrightarrow 2KF + H_2SiO_3 + 4HF$$

水解生成的氟化氢，可用酚酞作指示剂，用氢氧化钠标准溶液滴定。

因硅酸（H_2SiO_3）是极弱酸（$K_1 = 1.7 \times 10^{-10}$，$K_2 = 1.6 \times 10^{-12}$），故此时不被滴定。

为了除去硝酸，在水解前要迅速用 5% 氯化钾溶液洗涤沉淀，再用氢氧化钠溶液仔细中和未洗尽的硝酸。

由于生成的氢氟酸对玻璃有腐蚀作用，因此操作时必须使用塑料器皿。

对于酸不溶性硅酸盐，应预先用适当的熔剂熔融，使之转变为可溶于酸的硅酸，然后进行滴定。

三、器材与试剂
1. 器材

仪器或器材	数　量	仪器或器材	数　量
电子天平		50mL 碱式滴定管	2 支
400mL 塑料杯	2 个	250mL 锥形瓶	2 个
快速定性滤纸	1 个	塑料漏斗	1 个
电炉	1 个	$\phi(3\sim4)$mm$\times(150\sim180)$mm 细塑料棒	2 根
小滴管	1 根		

2. 试剂

试　　剂	规　　格	试　　剂	规　　格
氯化钾（A.R.）	固体	酚酞提示剂 氢氧化钠标准溶液	1% 0.2mol·L^{-1}（已标定）
硝酸（A.R.）	$\rho=1.42$ g·mL^{-1}	氟化钾	15%（m/V）
邻苯二甲酸氢钾（G.R.）	105～110℃恒重	酚酞	0.2%（m/V）乙醇溶液
氯化钾	乙醇溶液：5%（m/V）	氢氧化钠	10%（m/V）水溶液

四、实验内容

1. 0.2mol·L^{-1}氢氧化钠标准溶液的配制

用一只干净的烧杯将蒸馏水煮沸约10min，驱走水中溶解的二氧化碳，冷却后用量筒量取990mL水倒进1L干净的塑料瓶中，再加10mL饱和氢氧化钠溶液的上清液，盖上瓶盖，充分摇匀。

2. 氢氧化钠标准溶液的标定

准确称取0.8g邻苯二甲酸氢钾二份，分别置于两个250mL锥形瓶中，用少量水淋洗瓶壁，加入约50mL新煮沸过的冷水，使其溶解，各加1～2滴0.2%酚酞指示剂用待标定氢氧化钠溶液滴定至微红色并在30s内不再褪色即为终点。记下体积，求算氢氧化钠的浓度。

3. 试样溶解

准确称取0.2g水泥熟料试样，置于塑料烧杯中，滴加1～2mL水润湿分散试样，加硝酸10mL，用塑料棒搅拌，使之溶解。

4. K$_2$SiF$_6$的生成

将塑料杯置于冷水中冷却，加入15%的KF溶液10mL，并加氯化钾至饱和（约3g），用塑料棒搅拌后，静置10min。

5. 沉淀过滤和洗涤

在塑料漏斗上，用快速定性滤纸过滤沉淀。塑料杯与沉淀用5%氯化钾乙醇溶液15mL洗涤2～3次，将滤纸连同沉淀取下，放入原塑料杯中。

6. 中和残留酸

沿塑料杯壁加入5%氯化钾-乙醇溶液10mL及10滴1%酚酞指示剂，先用小滴管滴加10%氢氧化钠溶液中和沉淀和滤纸上未洗净的残留硝酸，不时搅动滤纸并擦洗杯壁，当红色消失较慢时，再用0.2mol·L^{-1}氢氧化钠溶液仔细中和至微红色（上述过程中消耗的氢氧化钠体积不计）。

7. 水解及测定

加入200mL经中和的沸水（取蒸馏水，加入1%酚酞指示剂10滴，煮沸，用0.2mol·L^{-1}氢氧化钠标准溶液滴至微红），搅拌，使沉淀充分水解，即用0.2mol·L^{-1}氢氧化钠标准溶液滴定至溶液呈微红色，记下体积，计算水泥熟料中二氧化硅的含量及平行测定的相对差。

五、计算

氢氧化钠标准溶液的浓度：

$$c(\text{NaOH})=\frac{m/M}{V(\text{NaOH})\times 10^{-3}}\quad(\text{mol·L}^{-1})$$

式中，m为称取基准物质邻苯二甲酸氢钾的质量，g；M为基准物质邻苯二甲酸氢钾（KHC$_8$H$_4$O$_4$）的摩尔质量，g·mol^{-1}；$V(\text{NaOH})$为滴定终点时消耗的NaOH标准溶液的体积，mL。

水泥熟料样中：

$$二氧化硅含量=\frac{c(NaOH)V(NaOH)\times10^{-3}\times M(SiO_2)/4}{m}\times100\%$$

式中，m 为称取水泥熟料样的质量，g；$c(NaOH)$ 为 NaOH 标准溶液的浓度，mol·L^{-1}；$V(NaOH)$ 为滴定终点时消耗的 NaOH 标准溶液的体积，mL；$M(SiO_2)$ 为二氧化硅的摩尔质量，g·mol^{-1}。

六、注意事项

① 加硝酸和氟化钾分解试样后，应待溶液充分冷却，再加氯化钾，加氯化钾时要充分搅拌，氯化钾的加入量以充分搅拌静止后杯底仍有少许氯化钾晶体为宜。氯化钾量不足，结果将偏低；过量太多，可能生成氟铝酸钾（K_3AlF_6）沉淀，使结果偏高。

② 过滤、洗涤操作要迅速，洗涤次数不宜过多，以免部分氟硅酸钾沉淀溶解，使结果偏低。

③ 将氟硅酸钾洗涤后，应立即用氢氧化钠标准溶液中和未洗尽的硝酸，以防放置过久，部分氟硅酸钾提前水解。中和时应将滤纸贴在塑料杯内壁上，右手轻轻摇动杯子。待溶液出现红色后再将滤纸浸入溶液中，继续中和至恰呈微红色，切勿将滤纸捣烂。

七、思考题

① 试述氟硅酸钾法测定二氧化硅的原理。

② 氟硅酸钾水解产生硅酸和氢氟酸，用氢氧化钠标准溶液滴定时，为什么硅酸不被滴定？

③ 氟硅酸钾法沉淀的条件是什么？沉淀中剩余的硝酸是怎样除去的？剩余硝酸除不干净对测定结果有什么影响？

④ 水解用的沸水为什么要先用氢氧化钠溶液中和至酚酞呈微红色？

⑤ 标定氢氧化钠标准溶液时只需加 0.2% 酚酞 1～2 滴，为什么氟硅酸钾法中要求加 1% 的酚酞 10 滴？

八、实验内容

2. 氢氧化钠标准溶液的标定

	邻苯二甲酸氢钾质量/g	NaOH 体积/mL		邻苯二甲酸氢钾质量/g	NaOH 体积/mL
1			3		
2					

7. 二氧化硅的测定。

	水泥熟料试样/g	NaOH 体积/mL		水泥熟料试样/g	NaOH 体积/mL
1			3		
2					

实验四十二　氟硅酸盐法测定工业水玻璃的模数

一、实验目的

① 了解水玻璃模数的概念和测量方法。

② 掌握氟硅酸盐法测定硅酸盐的原理和操作。

③ 了解实验器皿材质的选择原则。

二、实验原理

水玻璃的一些品种是价格低廉、来源充足、无色、无味、无毒的黏结剂。在环保要求日益严格的今天，水玻璃黏结剂可以实现绿色铸造生产，很多工厂都在采用水玻璃黏结剂铸造生产线。水玻璃还是纸箱的良好黏结剂。水玻璃应用非常广泛。衡量水玻璃黏结剂性能的技术指标有很多，模数是其中最重要的一个。

水玻璃黏结剂模数（modulus）指水玻璃中 SiO_2 和 Na_2O 的摩尔比值，一般用 m 表示。

$$m = n(SiO_2)/n(Na_2O)$$

式中，$n(SiO_2)$ 为水玻璃中 SiO_2 的物质的量，mol；$n(Na_2O)$ 为水玻璃中 Na_2O 的物质的量，mol。

模数对水玻璃黏结剂的黏度、固化速度和黏结强度都有重大影响。

水玻璃模数测定方法如下：

用盐酸标准溶液滴定总碱度：

$$2HCl + Na_2SiO_3 =\!=\!= 2NaCl + 2H_2SiO_3$$

生成的硅酸（$K_{a1} = 1.70 \times 10^{-10}$）比碳酸 H_2CO_3（$K_{a1} = 4.46 \times 10^{-7}$）还弱。在第二化学计量点：

$$[H^+] \approx [cK_{a1}(H_2SiO_3)]^{1/2} = 4.1 \times 10^{-6},$$

pH≈5.38，正好在甲基红的变色范围内（pH＝4.8～6.2），所以可选甲基红为指示剂。

由消耗的盐酸标准溶液的量计算出 Na_2O 的量。

在已滴定了 Na_2O 含量的溶液中加入 NaF：

$$H_2SiO_3 + H_2O + 6F^- =\!=\!= SiF_6^{2-} + 4OH^-$$

反应所产生的 OH^- 用 HCl 标准溶液滴定或用返滴法测出 NaOH 的量就可知道 H_2SiO_3（SiO_2）的量。由 $n(SiO_2)$ 和 $n(Na_2O)$ 可求得模数。

试验中为消除加入的 NaF 的碱性影响，要做空白试验。

三、器材与试剂

1. 器材

仪器或器材	数 量	仪器或器材	数 量
电子天平	1台	塑料搅拌棒	2根
50mL酸式滴定管	2支	25mL移液管	1支
500mL洗瓶	1个	250mL塑料杯	2个
50mL碱式滴定管	1支		

2. 试剂

试 剂	规 格	试 剂	规 格
氟化钠	固体	盐酸标准溶液	0.5mol·L⁻¹（已标定）
氢氧化钠标准溶液	0.5mol·L⁻¹（已标定）	水玻璃试样	液体
甲基红	0.2%水溶液	盐酸标准溶液	0.2mol·L⁻¹

四、实验内容

1. Na_2O 的测定

用减量法准确称取水玻璃试样（液体）2g 于 250mL 塑料杯中，加 50mL 水、8～10 滴甲基红指示剂，在不停搅拌下，用 0.2mol·L⁻¹ 盐酸标准溶液滴定至溶液由黄色突变成红色为滴定终点，消耗盐酸标准溶液 V_1。

2. SiO_2 的测定

在上述溶液中，加入氟化钠（固体）(3.0±0.1)g，搅拌使其溶解。溶液由红色又变为黄色。立即用 0.5mol·L⁻¹ 的盐酸标准溶液快速滴定至溶液由黄色变为红色，再过量 2～3mL，消耗的 0.5mol·L⁻¹ 的盐酸标准溶液体积为 V_2。

再用 0.5mol·L⁻¹ 的氢氧化钠标准溶液滴定至溶液由红色突变成黄色为滴定终点，消耗的 0.5mol·L⁻¹ 氢氧化钠标准溶液的体积为 V_3。

3. 空白试验

于 250mL 塑料杯中，加水 50mL、8～10 滴甲基红指示剂、氟化钠（固体）(3.0±0.1)g，搅拌使其溶解，溶液为黄色。用 0.5mol·L⁻¹ 的盐酸标准溶液滴定至溶液由黄色变为红色，消耗 0.5mol·L⁻¹ 盐酸标准溶液的体积为 V_0。

五、计算

1. Na_2O 的含量

$$c(Na_2O) = \frac{c_1(HCl)V_1/2}{m_0}$$

式中，$c(Na_2O)$ 为 Na_2O 的含量，mmol·g⁻¹；$c_1(HCl)$ 为 0.2mol·L⁻¹ 的盐酸标准溶液的浓度，mol·L⁻¹；V_1 为消耗 0.2mol·L⁻¹ 的盐酸标准溶液的体积，mL；m_0 为称取的水玻璃试样（液体）的质量，g。

2. SiO_2 的含量

$$c(SiO_2) = \frac{[c_2(HCl)V_2 - c(NaOH)V_3 - c_2(HCl)V_0]/4}{m_0}$$

式中，$c(SiO_2)$ 为 SiO_2 的含量，mmol·g⁻¹；$c_2(HCl)$ 为 0.5mol·L⁻¹ 的盐酸标准溶液的浓度，mol·L⁻¹；V_2 为测 SiO_2 含量时，加入的 0.5mol·L⁻¹ 的盐酸标准溶液的体积，mL；$c(NaOH)$ 为 0.5mol·L⁻¹ 的氢氧化钠标准溶液的浓度，mol·L⁻¹；V_3 为测 SiO_2 含量时，滴定消耗的 0.5mol·L⁻¹ 的氢氧化钠标准溶液的体积，mL；V_0 为空白试验时，滴定消耗的 0.5mol·L⁻¹ 的盐酸标准溶液的体积，mL。

3. 水玻璃的模数

$$m = c(SiO_2)/c(Na_2O)$$

六、注意事项

① 测 SiO_2 含量时，所用的盐酸标准溶液、氢氧化钠标准溶液的浓度一定要大。因为 1mol 的 SiO_2 将产生 4mol 的 OH^-。若用 0.2mol·L⁻¹ 的盐酸标准溶液，消耗体积可能超过 50mL。

② 由于水玻璃试样（液体）的 $Na_2O·mSiO_2$ 浓度不一样，所以其称取质量也不一样。对于波美浓度约 40% 的水玻璃试样（液体）称量不可超过 2g。其他浓度的水玻璃试样（液体）称量不可超过 $2×40/C$(g)。C 为试样的波美浓度。否则各试剂不匹配，造成较大误差或使实验失败。

③ 所加 NaF 的量在测试或空白试验中应一致在 (3.0±0.1)g，否则也会产生较大误

差。也可将 NaF 配制成饱和溶液，用移液管准确加入。

七、思考题

① 为什么不使用甲基橙为指示剂？还可选哪些指示剂？试举两例。

② 如果不做空白试验，水玻璃模数测量偏大还是偏小？

③ 若 Na_2O 的质量分数为 x，SiO_2 的质量分数为 y，则水玻璃模数 m 如何计算？

④ 本实验为什么要用塑料杯？若用玻璃烧杯，会带来什么结果？

八、实验记录

	水玻璃试样/g	HCl 体积 V_1/mL	HCl 体积 V_2/mL	NaOH 体积 V_3/mL
1				
2				
3				
空白试验				

实验四十三　阿司匹林片剂中乙酰水杨酸含量的测定

一、实验目的

① 学习阿司匹林药片中主成分乙酰水杨酸含量的测定方法。

② 学习利用滴定法分析有机物的原理。

二、实验原理

阿司匹林是国内外广泛使用的解热镇痛药，它的主要成分是乙酰水杨酸。乙酰水杨酸分子中的官能团有一个有机弱酸根—COOH（$K_a = 1.0 \times 10^{-3}$）和一个酯基—$OCOCH_3$，结构式如右所示。摩尔质量为 $180.2 \, \text{g} \cdot \text{mol}^{-1}$，微溶于水，易溶于乙醇。

在冷的碱性溶液中，—COOH 与 NaOH 中和，生成盐：

$$C_6H_4(OCOCH_3)COOH + NaOH =\!=\!= C_6H_4(OCOCH_3)COONa + H_2O$$

而在热的碱性溶液中，除了—COOH 与 NaOH 中和生成盐外，酯基—$OCOCH_3$ 还会水解为乙酸盐和羟基。反应式如下：

$$C_6H_4(OCOCH_3)COOH + 2NaOH =\!=\!= C_6H_4(OH)COONa + CH_3COONa + H_2O$$

阿司匹林在制造过程中，由水杨酸 $C_6H_4(OH)COOH$ 与醋酐 $[(CH_3CO)_2O]$ 酰化而成：

$$C_6H_4(OH)COOH + (CH_3CO)_2O =\!=\!= C_6H_4(OCOCH_3)COOH + CH_3COOH$$

因此，产物中会残留少量的未酰化的 $C_6H_4(OH)COOH$ 和提纯过程中未除尽的 CH_3COOH，它们均会和 NaOH 产生中和反应。阿司匹林片剂中还要加入枸橼酸、酒石酸作为稳定剂，它们也会和 NaOH 产生中和反应。

在冷的碱性溶液中，和 NaOH 反应的有：主成分 $C_6H_4(OCOCH_3)COOH$ 中的—COOH、杂质 $C_6H_4(OH)COOH$、CH_3COOH、稳定剂枸橼酸和酒石酸。

在热的碱性溶液中，和 NaOH 反应的除了主成分 $C_6H_4(OCOCH_3)COOH$ 中的—COOH、杂质 $C_6H_4(OH)COOH$、CH_3COOH、稳定剂枸橼酸和酒石酸以外，还有主成分 $C_6H_4(OCOCH_3)COOH$ 中的酯基—$OCOCH_3$。两者消耗的 NaOH 量之差才是真正的有效成分 $C_6H_4(OCOCH_3)COOH$ 中酯基消耗的 NaOH 的量。它与 $C_6H_4(OH)COOH$ 是 1：1

（摩尔比）的关系。

由于阿司匹林片剂还要加入一定量的赋形剂，如硬脂酸镁、淀粉等不溶物，溶解时应加入中性醇。酯基—OCOCH$_3$的水解反应不会立即反应完毕，所以不宜直接滴定，可采用返滴定法进行测定。即加入过量的 NaOH 标准溶液后加热，使水解反应完全。再加入酚酞指示剂，用 HCl 标准溶液回滴过量的 NaOH，滴定至溶液由红色变为接近无色即为终点。

三、器材与试剂

1. 器材

仪器或器材	数　量	仪器或器材	数　量
电子天平	1 台	$\phi(3\sim4)$mm$\times(150\sim180)$mm 细玻璃棒	2 根
50mL 酸式滴定管	1 支	250mL 锥形瓶	3 个
500mL 洗瓶	1 个	25mL 移液管	1 支
50mL 碱式滴定管	1 支	玛瑙研钵	1 套
水浴	1 个		

2. 试剂

试　剂	规　格	试　剂	规　格
NaOH 溶液	0.2mol·L^{-1}	HCl 标准溶液	0.2mol·L^{-1}（已标定）
酚酞	0.2%乙醇溶液	无水碳酸钠（G.R.）	固体
中性乙醇		阿司匹林片剂	固体

四、实验内容

1. 约 0.1 mol·L^{-1} HCl 标准溶液的标定

按照实验二十二的方法标定出 HCl 的准确浓度。

2. NaOH 标准溶液与 HCl 标准溶液体积比的测定

用移液管准确移取约 0.1mol·L^{-1}的 NaOH 溶液 25.00mL 于 250mL 锥形瓶中，加水 50mL，加入 1～2 滴酚酞指示剂，用 HCl 标准溶液滴至红色刚刚消失即为终点，消耗 HCl 标准溶液的体积为 V_1。平行测定 3 份，计算 $V(NaOH)/V(HCl)$ 的值 K。

3. 阿司匹林片剂中乙酰水杨酸的测定

将阿司匹林片剂在玛瑙研钵中研成粉末。准确称取阿司匹林试样粉末约 0.3～0.4g 于 250mL 锥形瓶中，加 20mL 中性乙醇和 50mL 水，充分振荡，使其溶解。加入 2～3 滴酚酞指示剂。用 NaOH 标准溶液迅速滴至粉红色为终点。消耗 NaOH 标准溶液的体积为 V_2。

在上述溶液中用移液管准确加入约 0.1mol·L^{-1}的 NaOH 标准溶液 25.00mL，水浴加热 15min，迅速用流水冷却。用 HCl 标准溶液滴至红色刚刚消失即为终点。消耗 HCl 标准溶液的体积为 V_3。

求阿司匹林片剂中乙酰水杨酸的质量分数。

平行测定 3 份。

五、计算

1. NaOH 标准溶液与 HCl 标准溶液体积比：

$$K = 25.00\text{mL}/V_1$$

式中，V_1 为 NaOH 溶液与 HCl 标准溶液体积比的测定中，消耗 HCl 标准溶液的体积，

mL；K 为 NaOH 标准溶液与 HCl 标准溶液体积比。

2. 阿司匹林片剂中乙酰水杨酸的百分含量

$$w=\frac{[(25.00\text{mL}-KV_3)c(\text{HCl})/K]M(\text{乙酰水杨酸})\times 10^{-3}}{m}\times 100\%$$

式中，V_3 为乙酰水杨酸皂化后消耗的 HCl 标准溶液的体积，mL；$c(\text{HCl})$ 为 HCl 标准溶液的浓度，$\text{mol}\cdot\text{L}^{-1}$；25.00mL 为测体积比或乙酰水杨酸皂化时，加入的 NaOH 标准溶液的体积；$M(\text{乙酰水杨酸})$ 为乙酰水杨酸的摩尔质量，$\text{g}\cdot\text{mol}^{-1}$；$m$ 为称取阿司匹林粉末样品的质量，g。

六、注意事项

① 阿司匹林粉末如果溶解性很差，可微热，使其溶解得更好。但一定要等完全冷却后才能进行滴定。

② 滴定时的温度应保持在 20℃以下，必要时可用水冷却锥形瓶。

③ NaOH 浓度应控制在 $0.1\text{mol}\cdot\text{L}^{-1}$ 左右，不能太浓。否则易引起乙酰水杨酸水解。

④ 用 NaOH 标准溶液滴定时，速度应稍快，滴定过慢可能引起乙酰水杨酸水解。

⑤ 若 $(25.00\text{mL}-KV_3)>V_2$，表明阿司匹林粉末溶解得不好，—COOH 未全部被中和。

七、思考题

① 在测定阿司匹林片剂的实验中，为什么 1mol 乙酰水杨酸消耗 2mol NaOH？

② 用 HCl 回滴后的溶液中，水解产物的存在形式是什么？

③ 滴定乙酰水杨酸中的 —COOH 时，能否用返滴定法？

④ 测定实际的工业产品时，除了了解产品的性质外，为什么还要了解其工艺过程？

⑤ 已知乙酰水杨酸的 $K_a=1.0\times 10^{-3}$，第一个化学计量点的 pH 为多少？中性红的变色范围 pH 为 $6.8\sim 8.0$，酚红为 $6.7\sim 8.4$。能否用它们作指示剂？与酚酞相比，各有什么优缺点？

八、实验记录

1. HCl 标准溶液的标定

	碳酸钠质量/g	滴定 HCl 的体积/mL		碳酸钠质量/g	滴定 HCl 的体积/mL
1			3		
2					

2. NaOH 标准溶液与 HCl 标准溶液体积比的测定。

	NaOH 体积/mL	HCl 体积/mL		NaOH 体积/mL	HCl 体积/mL
1			3		
2					

3. 阿司匹林片剂中乙酰水杨酸的测定

	阿司匹林质量/g	NaOH 的体积/mL	HCl 的体积/mL
1			
2			
3			

实验四十四　铜、锡、镍混合液中铜、锡、镍含量的连续测定

一、实验目的

① 掌握配合滴定中差减法测定金属离子的原理和方法。

② 了解返滴定法与差减法滴定的区别。

③ 学习混合滴定中各种滴定法的综合应用。

二、实验原理

Cu^{2+}、Sn^{2+}、Ni^{2+} 都能与 EDTA 生成稳定的配合物，它们的 $\lg K$ 值分别为 18.20、22.11、18.62。在 Cu^{2+}、Sn^{2+}、Ni^{2+} 混合溶液中加入一定量过量的 EDTA 标准溶液，调节 pH＝5～6，加热煮沸 2～3min，使 Cu^{2+}、Sn^{2+}、Ni^{2+} 与 EDTA 完全配合。以二甲酚橙为指示剂，用锌标准溶液滴定过量的 EDTA，用差减法求出 Cu^{2+}、Sn^{2+}、Ni^{2+} 的物质的量的总和。

然后加入硫脲，使与 Cu^{2+} 配合的 EDTA 释放出来。此时 Sn^{2+}、Ni^{2+} 与 EDTA 的配合不受影响。以二甲酚橙为指示剂，以锌标准溶液滴定释放出来的 EDTA，它与 Cu^{2+} 的物质的量相等。最后加入 NH_4F 使与 Sn^{2+} 配合的 EDTA 释放出来，再用锌标准溶液滴定 EDTA，此时它与 Sn^{2+} 的物质的量相等。

由物质的量的总和减去两次锌标准溶液滴定的 Cu^{2+}、Sn^{2+} 物质的量，便可求得 Ni^{2+} 的量。

三、器材与试剂

1. 器材

仪器或器材	数　量	仪器或器材	数　量
250mL 锥形瓶	2 个	50mL 酸式滴定管	2 支
250mL 容量瓶	1 个	25mL 移液管	1 支
电炉	1 个	石棉网	1 个
20mL 量筒	1 个	$\phi(3\sim4)mm\times(150\sim180)mm$ 细玻璃棒	2 根

2. 试剂

试　剂	规　格	试　剂	规　格
Cu^{2+}、Sn^{2+}、Ni^{2+} 混合液	各约为 0.06 mol·L^{-1}	EDTA 标准溶液	0.015mol·L^{-1}（标定）
六亚甲基四胺溶液	20%（m/V）	二甲酚橙	0.2%（m/V）水溶液
Zn^{2+} 标准溶液	0.015 mol·L^{-1}（已标定）	NH_4F	20%（m/V）
硫脲	饱和溶液	KCl（A.R.）	固体
盐酸	2mol·L^{-1}		

四、实验内容

1. 稀释试样

用移液管移取 Cu^{2+}、Sn^{2+}、Ni^{2+} 混合液 25.00mL 于 250mL 容量瓶中，用水稀释至刻

度，摇匀备用，此液称为"测试液"。

2. Cu^{2+}、Sn^{2+}、Ni^{2+} 的连续测定

用移液管移取测试液 25.00mL 于 250mL 锥形瓶中。加入固体 KCl 0.5g、$2mol \cdot L^{-1}$ 的 HCl 溶液 10mL，加热煮沸 2～3min，趁热分别加入 EDTA 标准溶液 40.00mL（由滴定管缓慢放出），加热至沸，保温 2～3min，流水冷却至室温。

加入水 20mL、六亚甲基四胺 20mL、二甲酚橙 2～3 滴，用锌标准溶液滴至溶液由草绿色变为蓝紫色即为终点，记下消耗的锌标准溶液的体积 V_1。

滴加饱和硫脲溶液至蓝色褪尽，再过量 5～10mL。用锌标准溶液滴至溶液由黄色变为红色即为终点，记下消耗的锌标准溶液的体积 V_2。

继续加入 NH_4F 溶液 10mL，摇匀，放置片刻，试液又变黄色，再用锌标准溶液滴定至溶液由黄色变为红色即为终点，记下消耗锌标准溶液的体积 V_3。

平行测定 3 次。

分别计算原混合液中 Cu^{2+}、Sn^{2+}、Ni^{2+} 的浓度（以 $g \cdot L^{-1}$ 表示）及相对平均偏差。

五、计算

原混合液中：

$$Cu^{2+} \text{的含量} = \frac{c(Zn^{2+})V_2 M(Cu^{2+})}{\frac{25.00mL}{250.00mL} \times 25mL} \quad (g \cdot L^{-1})$$

$$Sn^{2+} \text{的含量} = \frac{c(Zn^{2+})V_3 M(Sn^{2+})}{\frac{25.00mL}{250.00mL} \times 25mL} \quad (g \cdot L^{-1})$$

$$Ni^{2+} \text{的含量} = \frac{[c(EDTA) \times 40.00 - c(Zn^{2+})(V_1 + V_2 + V_3)] \times M(Ni^{2+})}{\frac{25.00mL}{250.00mL} \times 25mL} \quad (g \cdot L^{-1})$$

式中，40.00 为滴定前，加入的 EDTA 标准溶液的体积，mL；V_1 为未加掩蔽剂前，滴定多余的 EDTA 而消耗的 Zn^{2+} 标准溶液的体积，mL；V_2 为加硫脲后，滴定 Cu^{2+}-EDTA 置换出的 EDTA 消耗 Zn^{2+} 标准溶液的体积，mL；V_3 为加 NH_4F 后，滴定 Sn^{2+}-EDTA 置换出的 EDTA 消耗 Zn^{2+} 标准溶液的体积，mL；$c(Zn^{2+})$ 为 Zn^{2+} 标准溶液浓度，$mol \cdot L^{-1}$；$c(EDTA)$ 为 EDTA 标准溶液浓度，$mol \cdot L^{-1}$；$M(Cu^{2+})$、$M(Sn^{2+})$、$M(Ni^{2+})$ 分别为 Cu^{2+}、Sn^{2+}、Ni^{2+} 的摩尔质量，$g \cdot mol^{-1}$；25.00mL 为吸取的测试液的体积；250.00mL 为测试液的总体积。

六、注意事项

① 加入硫脲后，应立即进行滴定，否则在调节 pH 5～6 以后，由于硫的析出，使溶液逐渐浑浊，影响准确度。

② 由于滴定液及掩蔽剂反复加入，使二甲酚橙浓度大大降低，变色不清晰，可适当补加几滴二甲酚橙。

③ 被滴定液中 Sn^{2+} 不稳定，易被氧化成 Sn^{4+}，因此被滴定液贮存时间最好不要超过一星期。即使如此，Sn^{2+} 的测定值也会有较大变化。若试液变浑浊则应重新配制。

也可将 Sn^{2+} 溶于甘油，实验前按要求与 Cu^{2+}、Ni^{2+} 溶液混匀。

七、思考题

① 什么是返滴定法？什么是差减法？本实验中测定金属离子时，采用了哪几种滴定

方法？

② 以本实验为例，说明如何用返滴定法和差减法测定试样中铜离子的含量？

③ 加入硫脲的作用是什么？掩蔽铜离子的条件是什么？

④ 加入 NH_4F 的作用是什么？

⑤ 若平行测定两次，每次加入的 EDTA 必须相等吗？如不相等，铜、锡、镍含量的计算公式该怎么变化？试推导之。

八、实验记录

2. Cu^{2+}、Sn^{2+}、Ni^{2+} 的连续测定

	EDTA 体积/mL	锌溶液体积 V_1/mL	锌溶液体积 V_2/mL	锌溶液体积 V_3/mL
1				
2				
3				

实验四十五　水泥熟料中二氧化硅、氧化钙、氧化镁、氧化铁和氧化铝的测定

一、实验目的

① 学习复杂物质的系统分析方法。

② 掌握重量分析的操作技能。

③ 巩固滴定分析的原理和操作技能。

二、实验原理

水泥熟料是调和水泥生料经 1400℃ 以上的高温煅烧而成的。其主要的化学成分是二氧化硅、氧化钙、氧化镁、氧化铁、氧化铝及少量的氧化钾、氧化钠、二氧化钛等。水泥熟料中碱性氧化物占 60％ 以上，因此易被酸分解。我国目前生产的硅酸盐水泥熟料的主要化学成分的范围是：SiO_2 为 20％～24％、Fe_2O_3 为 2％～6％、Al_2O_3 为 4％～7％、CaO 为 62％～67％。

二氧化硅的测定可采用氟硅酸钾容量法、动物胶凝聚重量法、凝聚重量法、盐酸蒸干重量法等。本实验中以氯化铵凝聚重量法测定 SiO_2 的含量。

水泥熟料经酸处理，硅酸盐（水泥中的二氧化硅组分以硅酸盐形式存在）生成了含水硅胶团 $SiO_2 \cdot xH_2O$，x 是可变的。

$$MSiO_3 + 2HCl + yH_2O \longrightarrow SiO_2 \cdot xH_2O（胶体）+ MCl_2$$

本实验采用的酸为盐酸。采用盐酸为溶剂有以下优点：

① 盐酸受热时，HCl 可与水形成共沸物（HCl 浓度为 20.2％），可不断将 $SiO_2 \cdot xH_2O$ 中的水脱去。

② 盐酸的沸点比硫酸、磷酸都低，一般在水浴上加热即可，操作简单方便，易于控制。

③ 大多数盐酸盐易溶于水，例如水泥熟料酸溶后生成的铁、铝、钙、镁盐，这给后续分析提供了方便；而它们的硫酸盐、磷酸盐溶解性能较差，会给后续分析带来困难。

生成 $SiO_2 \cdot xH_2O$ 胶团后，加入凝聚剂可使 $SiO_2 \cdot xH_2O$ 凝聚而沉析。凝聚剂主要有动物胶、聚环氧乙烷（PEO）、十六烷基三甲基溴化铵、聚乙烯醇、氯化铵等。在酸性条件

下，这些凝聚剂都会产生正电荷离子基团，而 $SiO_2 \cdot xH_2O$ 胶粒带有负电荷，发生相互吸引，使胶体颗粒增大，更易沉析。

本实验采用的凝聚剂为 NH_4Cl。氯化铵的加入，除了产生相互吸引外，还可起到加速 $SiO_2 \cdot xH_2O$ 脱水的作用。氯化铵在溶液中发生水解：

$$NH_4Cl + H_2O \Longrightarrow NH_4OH + HCl$$

NH_4OH 从 $SiO_2 \cdot xH_2O$ 中夺取了大量的水分，使 $SiO_2 \cdot xH_2O$ 沉淀更紧密、体积变小，更易析出。

经过滤，可将 $SiO_2 \cdot xH_2O$ 沉淀与其他可溶性成分分离。而凝聚剂皆为有机物或高温下可分解挥发的氯化铵，不影响重量法对 SiO_2 的测定：

$$NH_4Cl \Longrightarrow NH_3\uparrow + HCl\uparrow$$

$SiO_2 \cdot xH_2O$ 沉淀经过滤、洗涤、烘干、高温灰化后，还需经 $950 \sim 1000\,℃$ 高温灼烧成固态 SiO_2，然后称量至恒重，可计算 SiO_2 的含量。

恒重的定义：在指定相同的条件下，反复用电子天平称量某物品，其称量之差小于电子天平的感量。

滤液收集、定容后供测定 CaO、MgO、Fe_2O_3、Al_2O_3 之用。

此时，水泥熟料中的铁、铝、钙、镁等组分以 Fe^{3+}、Al^{3+}、Ca^{2+}、Mg^{2+} 等离子形式存在于滤液中，它们都能与 EDTA 形成稳定的配合物。但这些配合物的稳定性有较显著的差别。铁、铝、钙（镁）的 lgK_{MY} 之间都相差 5 以上，因此只要控制适当的酸度，就可用 EDTA 分别滴定铁、铝、钙（镁）。它们滴定的适宜条件见表1。

表1　滴定的适宜条件

项　　目	氧化钙	氧化镁	氧化铁	氧化铝
lgK_{MY}	10.69	8.69	25.1	16.3
滴定方法	直接滴定	差减法	直接滴定	返滴定法
pH	>12.5	10	约 1.8	$3.8 \sim 4$
温度/℃	常温	常温	$60 \sim 70$	90
掩蔽剂	三乙醇胺	三乙醇胺		
指示剂	钙黄绿素-百里酚酞	酸性铬蓝 K-萘酚绿 B	磺基水杨酸	PAN

$pH \approx 1.8$ 时，未滴定前，指示剂磺基水杨酸和 Fe^{3+} 生成深红色的配合物：

$$Fe^{3+} + In(磺基水杨酸) \Longrightarrow Fe^{3+}\text{-}In(深红色)$$

EDTA 滴至终点时：

$$Fe^{3+}\text{-}In（深红色）+ EDTA \Longrightarrow Fe^{3+}\text{-}EDTA + In(黄色)$$

将溶液调至 $pH \approx 4$，EDTA 与 Al^{3+} 生成 $Al^{3+}\text{-}EDTA$，煮沸、冷却。指示剂 PAN 为黄色，滴入 Cu^{2+}：

$$Cu^{2+} + EDTA \Longrightarrow Cu^{2+}\text{-}EDTA（蓝色）$$

黄色逐步加入蓝色，溶液由草黄色逐步变为绿色。

EDTA 滴至终点时：

$$Cu^{2+} + In(PAN) \Longrightarrow Cu^{2+}\text{-}In(红色)$$

黄色失去，代之以红色，溶液由绿色突变为红、蓝混合而成的紫色。

$pH \approx 10$ 时，EDTA 可同时滴定 Ca^{2+} 和 Mg^{2+}。而 $pH > 12.5$ 时，Mg^{2+} 会形成 $Mg(OH)_2$ 沉淀而 Ca^{2+} 不沉淀，此条件下可用 EDTA 滴定 Ca^{2+}，两者之差为 Mg^{2+} 的量，

从而将它们分别滴定出来。

三、器材与试剂

1. 器材

仪器或器材	数　量	仪器或器材	数　量
电子天平	1台	$\phi(3\sim4)mm\times(150\sim180)mm$ 细玻璃棒	2根
50mL酸式滴定管	2支	100mL（配表面皿）烧杯	1个
500mL洗瓶	1个	250mL容量瓶	1个
25mL移液管	1支	50mL移液管	1支
400mL烧杯	2个	中速定量滤纸	
（带盖）瓷坩埚	2个	坩埚钳	1个
马福炉	1台	电炉	1台
淀帚		水浴	1套

2. 试剂

试　剂	规　格	试　剂	规　格
氯化铵（A.R.）	固体	EDTA标准溶液	$0.015mol\cdot L^{-1}$已标定
浓硝酸（A.R.）		浓盐酸（A.R.）	
盐酸（A.R.）	（1+1）	盐酸（A.R.）	（3+97）
氨水	（1+1）	硫酸铜	约$0.015mol\cdot L^{-1}$
PAN	配制法见附录11	磺基水杨酸	配制法见附录11
氢氧化钾	20%（m/V）	钙黄绿素-百里酚酞	配制法见附录11
酸性铬蓝 K-萘酚绿 B	配制法见附录11	氨-氯化铵缓冲溶液	pH=10，见附录7
三乙醇胺	（1+2）溶液	醋酸-醋酸钠溶液	pH=4.3，见附录7

四、实验内容

1. 二氧化硅的测定（重量法）

准确称取约0.5g水泥熟料试样置于100mL烧杯中，加1g氯化铵，用玻棒混匀，盖上表面皿，沿杯嘴处加3mL浓盐酸和2滴硝酸，仔细搅匀，使试样充分分解。

将烧杯置于沸水浴上，盖上表面皿。待蒸发至近干时（10～15min）取下，加10mL热的（3+97）的盐酸，搅拌使可溶性盐类溶解。用中速定量滤纸趁热过滤，以250mL容量瓶承接滤液。以热的（3+97）盐酸为洗涤液，用淀帚擦洗烧杯内壁及玻璃棒，小心地将沉淀定量转移至滤纸上。再以热的（3+97）盐酸洗涤沉淀10～12次，冷却后稀释至刻度，摇匀备用。

将滤纸连同沉淀一起移入已恒重的瓷坩埚内，先在电炉上干燥、炭化（即继续在电炉上烘烧瓷坩埚，直到滤纸变黑——炭化）、灰化，滤纸灰化后应该不再呈黑色。灰化后，将坩埚移入马福炉中，斜盖上坩埚盖（稍留有缝隙），将炉温升至950～1000℃，灼烧40min。灼烧后，切断电源，打开炉门，待红热稍褪，将坩埚从炉中取出（所用坩埚钳应预热，防止冷坩埚钳接触坩埚使坩埚炸裂），放在洁净的泥三角或耐火瓷板上，在空气中冷却至红热褪尽，再将坩埚移入干燥器中（开启1～2次干燥器盖）冷却30～60min后称量。再灼烧、冷却、称量，直至恒重为止。计算二氧化硅的百分含量。

2. 氧化钙的测定

移取 25.00mL 滤液于 400mL 烧杯内，用水稀释至约 200mL，在不断搅拌下加（1+2）三乙醇胺 5mL、20% KOH 溶液 10mL、适量钙黄绿素-百里酚酞混合指示剂。立即用EDTA标准溶液滴定至绿色荧光消失，溶液呈紫红色为终点。EDTA 标准溶液消耗的体积为 V_1。计算试样中氧化钙的百分含量。

3. 氧化镁的测定

移取 25.00mL 滤液于 400mL 烧杯内，用水稀释至约 200mL，在不断搅拌下加（1+2）三乙醇胺 5mL，然后加 10mL 氨-氯化铵缓冲溶液（pH＝10）及 K-B 指示剂，以 EDTA 标准溶液滴定（近终点时应缓慢）至溶液由酒红色突变为蓝色即为终点。EDTA 标准溶液消耗的体积为 V_2。计算试样中氧化镁的百分含量。

4. EDTA 标准溶液与 $CuSO_4$ 标准溶液相对浓度的测定

从滴定管中缓慢放出 10～15mL 范围内某一准确体积 $V(EDTA)$ 的 EDTA 标准溶液（记下体积）于 400mL 烧杯中，加水 100mL，加入 pH＝4.3 的醋酸-醋酸钠缓冲溶液 15mL，加热至沸，取下稍冷，加 5～6 滴 0.2% PAN 指示剂，以 $CuSO_4$ 标准溶液滴定至溶液由黄色突变为紫红色即为终点。记下消耗的 $CuSO_4$ 标准溶液的体积 $V(CuSO_4)$。$CuSO_4$ 标准溶液与 EDTA 标准溶液的浓度之比为：

$$K=c(CuSO_4)/c(EDTA)=V(EDTA)/V(CuSO_4)$$

5. 三氧化二铁的测定

用移液管移取 50.00mL 滤液于 400mL 烧杯中，加水 50mL，加 1 滴 10% 磺基水杨酸指示剂，逐滴滴加（1+1）氨水至略有橙黄色浑浊，再一边搅拌、一边逐滴滴加（1+1）盐酸至浑浊刚消失并呈红色，再过量 10 滴（此时溶液的 pH 值约为 2）。加热至 60～70℃（瓶口有热气冒出，手接触瓶颈刚感烫手，切不可煮沸！）。再添加 10% 磺基水杨酸指示剂 8～10 滴，以 EDTA 标准溶液滴定。开始时溶液呈紫红色，滴定速度宜稍快。当溶液呈淡紫红色时，滴定速度应放慢。当呈橙色时，每加一滴要用力摇动，必要时还可加热，至溶液突变为亮黄色即为终点。消耗的 EDTA 溶液的体积 V_3。保留测定过 Fe^{3+} 的溶液。计算试样中三氧化二铁的百分含量。

6. 三氧化二铝的测定

在滴定 Fe^{3+} 后的溶液中，由滴定管加入 20～25mL 范围内某一准确体积 V_4 的EDTA标准溶液。摇匀，将溶液加热至 80～90℃，取下，加入 pH＝4.3 的醋酸-醋酸钠缓冲溶液 15mL。煮沸 2～3min。取下稍冷至溶液温度约80℃，加入 8～10 滴 0.2% PAN 指示剂，以 $CuSO_4$ 标准溶液滴定。开始时溶液为黄色，随着 $CuSO_4$ 标准溶液的加入，颜色逐渐变绿至灰绿，当突变为紫红色即为终点。记下消耗的 $CuSO_4$ 标准溶液的体积 V_5。计算试样中氧化铝的百分含量。

五、计算

水泥熟料样中：

$$w(二氧化硅)=\frac{m_2-m_1}{m}$$

$$w(CaO)=\frac{c(EDTA)V_1\times10^{-3}\times M(CaO)}{m\left(\frac{25.00mL}{250.00mL}\right)}\times100\%$$

$$w(MgO) = \frac{c(EDTA)(V_2 - V_1) \times 10^{-3} \times M(MgO)}{m\left(\dfrac{25.00mL}{250.00mL}\right)} \times 100\%$$

$$w(Fe_2O_3) = \frac{c(EDTA)V_3 \times 10^{-3} \times \dfrac{M(Fe_2O_3)}{2}}{m\left(\dfrac{50.00mL}{250.00mL}\right)} \times 100\%$$

$$w(Al_2O_3) = \frac{c(EDTA)(V_4 - KV_5) \times 10^{-3} \times \dfrac{M(Al_2O_3)}{2}}{m\left(\dfrac{50.00mL}{250.00mL}\right)} \times 100\%$$

式中，m 为称取水泥熟料样的质量，g；m_1 为坩埚的恒重质量，g；m_2 为坩埚与二氧化硅的恒重质量，g；$c(EDTA)$ 为 EDTA 标准溶液的浓度，$mol \cdot L^{-1}$；V_1 为测定氧化钙时消耗的 EDTA 标准溶液的体积，mL；V_2 为测定氧化镁时消耗的 EDTA 标准溶液的体积，mL；V_3 为测定三氧化二铁时消耗的 EDTA 标准溶液的体积，mL；V_4 为测定三氧化二铝时加入的 EDTA 标准溶液的体积，mL；V_5 为测定三氧化二铝时滴定消耗的 $CuSO_4$ 标准溶液的体积，mL；K 为用 $CuSO_4$ 标准溶液滴定 EDTA 标准溶液时，加入的 EDTA 标准溶液体积 $V(EDTA)$ 与消耗的 $CuSO_4$ 的体积 $V(CuSO_4)$ 之比，$K = V(EDTA)/V(CuSO_4)$；$M(CaO)$、$M(MgO)$、$M(Fe_2O_3)$、$M(Al_2O_3)$ 分别为 CaO、MgO、Fe_2O_3、Al_2O_3 的摩尔质量，$g \cdot mol^{-1}$；250.00mL 为滤液总体积（容量瓶的体积）；25.00mL 为测定氧化钙、氧化镁时吸取的滤液的体积；50.00mL 为测定三氧化二铁、三氧化二铝时吸取的滤液的体积。

六、注意事项

① 硅酸脱水的程度受温度、时间的影响，测定过程应控制水浴微沸，蒸发时间以 15min 为宜。洗涤次数以 10~12 次为宜，次数过多，易造成二氧化硅的损失。

② 滴定铁时终点的黄色是否明显，与铁的含量也有关。因为 Fe^{3+}-EDTA 是黄色的，终点的颜色是磺基水杨酸（很浅的黄色）与 Fe^{3+}-EDTA（黄色）的混合色（亮黄）。但 Fe^{3+} 含量很低时，Fe^{3+}-EDTA 的黄色非常浅，终点时紫红色突变为近似"无色"。

③ 滴定 Fe^{3+} 的温度以 60℃ 为宜，低于 50℃ 则因反应慢而易滴过终点；加热时要防止剧沸，否则 Fe^{3+} 会水解形成氢氧化物，使实验失败。

④ 磺基水杨酸与 Al^{3+} 有配合作用，不宜多加，否则会使 Al^{3+} 的测定结果偏低。

⑤ PAN 指示剂的加入量应适当，否则得不到明显的亮紫色终点。由于溶液中蓝色 Cu^{2+}-EDTA 的存在，终点呈紫红色。但终点颜色与 EDTA 和 PAN 指示剂的量有关，如 EDTA 过量多而 PAN 加入量较少时，终点可能是绿色、蓝色、蓝紫色；EDTA 过量少而 PAN 加入量较多时，终点可能是紫色、紫红色。同时，滴定温度一般不低于 80℃，滴定终了时 70℃ 左右为宜，否则终点变化不明显或不稳定。

⑥ 溶解水泥熟料时，可用微波消解。此时，各试剂的用量及消解条件如下：准确称取水泥熟料 0.5g，置于消解罐中，加 0.5g 氯化铵，用玻棒混匀，盖上表面皿，沿消解罐壁加 2~3mL 浓盐酸和 5 滴硝酸。微波消解条件：温度 110℃、压力 10.0atm（1atm＝101.325kPa）、时间 8~10min、功率 800W。

七、思考题

① 测定二氧化硅时为什么要加氯化铵？加硝酸的目的是什么？

② 测定三氧化二铝含量时，为什么不宜用 EDTA 标准溶液直接滴定？

③ 测定三氧化二铝含量时，EDTA 标准溶液过量多少为好？为什么？

④ 测定三氧化二铝含量时，为什么要先加 EDTA 标准溶液，后加缓冲溶液？可否先加缓冲溶液？

⑤ 滴定氧化钙时的误差对氧化镁的测定有何影响？滴定三氧化二铁时的误差对三氧化二铝的测定有何影响？

八、实验记录

1. 二氧化硅的测定（重量法）

	水泥试样质量/g	坩埚质量/g	坩埚＋二氧化硅质量/g
1			
2			

2. 氧化钙的测定

	滤液体积/mL	EDTA 体积 V_1/mL		滤液体积/mL	EDTA 体积 V_1/mL
1					
2					

3. 氧化镁的测定

	滤液体积/mL	EDTA 体积 V_2/mL		滤液体积/mL	EDTA 体积 V_2/mL
1					
2					

4. EDTA 标准溶液与 CuSO4 标准溶液相对浓度的测定

	EDTA 体积/mL	CuSO$_4$ 体积/mL		EDTA 体积/mL	CuSO$_4$ 体积/mL
1			3		
2					

5. 三氧化二铁的测定

	滤液体积/mL	EDTA 体积 V_3/mL		滤液体积/mL	EDTA 体积 V_3/mL
1					
2					

6. 三氧化二铝的测定

	滤液体积/mL	EDTA 体积 V_4/mL	CuSO$_4$ 体积 V_5/mL
1			
2			

实验四十六　重铬酸钾法测定铁矿石中铁的含量

一、实验目的

① 学习重铬酸钾法测定铁的原理和预还原操作方法。

② 掌握重铬酸钾标准溶液的配制方法。

③ 学习矿石的酸溶法。

④ 了解二苯胺磺酸钠指示剂的作用原理。

⑤ 了解空白试验的意义，掌握空白试验的方法。

二、实验原理

铁矿石种类很多，用来炼铁的矿石有磁铁矿（Fe_3O_4）、赤铁矿（Fe_2O_3）和菱铁矿（$FeCO_3$）。常量铁的测定，常用重铬酸钾法。

在测定过程中，用二氯化锡（$SnCl_2$）将三价铁（Fe^{3+}）预还原为二价铁（Fe^{2+}）：

$$2Fe^{3+} + Sn^{2+} = 2Fe^{2+} + Sn^{4+}$$

过量的二氯化锡再用氯化高汞（$HgCl_2$）氧化：

$$Sn^{2+} + 2HgCl_2 = Sn^{4+} + Hg_2Cl_2 \downarrow + 2Cl^-$$

最后用重铬酸钾标准溶液滴定生成的 Fe^{2+}。

该法虽然准确、简便，但由于氯化高汞剧毒，会污染环境，近年来人们已采用无汞定铁法。本实验所用铝还原法就是其中之一。

金属铝在适宜的酸度条件下使 Fe^{3+} 定量地还原为 Fe^{2+}：

$$3Fe^{3+} + Al = 3Fe^{2+} + Al^{3+}$$

过量的金属铝与盐酸作用生成 Al^{3+}，Al^{3+} 不会与重铬酸钾反应，因此不影响 Fe^{2+} 的测定。

上述反应完成后，以二苯胺磺酸钠为指示剂，用重铬酸钾标准溶液滴定至紫色即为终点，反应式如下：

$$6Fe^{2+} + Cr_2O_7^{2-} + 14H^+ = 6Fe^{3+} + 2Cr^{3+} + 7H_2O$$

本实验采用磷酸溶样，其一可使溶样温度提高，其二确保试样分解完全。由于磷酸的存在，还能使滴定过程中生成的黄色 Fe^{3+} 形成无色的 $[Fe(HPO_4)_2]^-$ 配离子，降低了 $Fe(Ⅲ)/Fe(Ⅱ)$ 电对的电位，使滴定曲线突跃向下延伸，终点变色更敏锐。同时又消除 Fe^{3+} 颜色对滴定终点的影响。

金属铝中常含有少量杂质铁，会使测定结果偏高。为了得到准确的结果，应扣除铝箔中带入的铁量。为此必须做空白试验。

重铬酸钾性质稳定，易于提纯，因此重铬酸钾标准溶液可直接配制。

三、器材与试剂

1. 器材

仪器或器材	数　量	仪器或器材	数　量
250mL 锥形瓶	2个	50mL 酸式滴定管	1 支
250mL 容量瓶	1个	电子天平	
250mL 烧杯	1个	电炉	1个
50mL 量筒	1个	$\phi(3\sim4)$mm$\times(150\sim180)$mm 细玻璃棒	2根

2. 试剂

试　剂	规　格	试　剂	规　格
重铬酸钾(G.R.)	(120 ± 2)℃干燥至恒重	纯铝箔(或纯铝丝)	
二苯胺磺酸钠	$0.2\%(m/V)$水溶液	盐酸	(1+1)
磷酸	(1+1)	铁矿粉	含 Fe 约 $20\%\sim30\%$

四、实验内容

1. 重铬酸钾标准溶液的配制 [$c(1/6 K_2Cr_2O_7)$ 约为 $0.05 mol \cdot L^{-1}$]

准确称取重铬酸钾 $0.65 \sim 0.75g$ 于 250mL 烧杯中，以少量水溶解后定量转移至 250mL 容量瓶中，定容，摇匀。计算其浓度，此溶液即为重铬酸钾标准溶液。

2. 试样中铁的测定

准确称取铝箔 4 份，每份重约 0.6g。各份质量相差不大于 10mg。一份份卷好。

准确称取 $0.2 \sim 0.25g$ 已磨细的铁矿试样，置于 250mL 锥形瓶中，加入 (1+1) 磷酸溶液 15mL，摇匀，用少量水淋洗瓶壁。在电炉上加热煮沸，并不时摇动，使矿样溶解（切勿煮干！）。当残渣颜色变得很淡且无棕色颗粒时，溶解即告完成。稍冷后，用蒸馏水淋洗瓶壁，缓慢加入 (1+1) 盐酸溶液 20mL 和 50mL 水，加热至溶液由无色变为黄色。即刻投入事先已卷好的铝箔一份。继续加热，反应剧烈时取下，不断摇动锥形瓶，待铝箔全部反应后溶液应为无色，立即用水冲洗瓶壁。将溶液稀释至 150mL，加二苯胺磺酸钠指示剂 $6 \sim 8$ 滴，以重铬酸钾标准溶液滴定至紫色即为终点。记录重铬酸钾标准溶液消耗的体积 V_1。平行测定 2 次。

3. 空白试验

加 (1+1) 磷酸溶液 15mL 于 250mL 锥形瓶中，加热煮沸，取下稍冷后加入 (1+1) 盐酸溶液 20mL、水 50mL 和事先已卷好的铝箔一份。以下步骤与测定相同。滴定所消耗的重铬酸钾标准溶液的体积为 V_0。平行测定 2 次，计算矿石试样中铁的含量。

五、计算

$K_2Cr_2O_7$ 标准溶液的浓度：

$$c\left(\frac{1}{6}K_2Cr_2O_7\right) = \frac{\left[\dfrac{m_1}{M(K_2Cr_2O_7)}{6}\right]}{(250.00mL \times 10^{-3})} \quad (mol \cdot L^{-1})$$

铁矿样中铁的质量分数：

$$w(Fe) = \frac{c\left(\dfrac{1}{6}K_2Cr_2O_7\right) \times (V_1 - V_0) \times 10^{-3} \times M(Fe)}{m} \times 100\%$$

式中，$c\left(\dfrac{1}{6}K_2Cr_2O_7\right)$ 为以 $\dfrac{1}{6}M(K_2Cr_2O_7)$ 为计量单位的 $K_2Cr_2O_7$ 标准溶液浓度，$mol \cdot L^{-1}$；m_1 为称取基准物 $K_2Cr_2O_7$ 的质量，g；$M(K_2Cr_2O_7)$ 为 $K_2Cr_2O_7$ 的摩尔质量，$g \cdot mol^{-1}$；250.00mL 为配制的 $K_2Cr_2O_7$ 标准溶液总体积；V_1 为测定铁含量时消耗的 $K_2Cr_2O_7$ 标准溶液的体积，mL；V_0 为空白实验时消耗的 $K_2Cr_2O_7$ 标准溶液的体积，mL；$M(Fe)$ 为铁的摩尔质量，$g \cdot mol^{-1}$；m 为称取铁矿样的质量，g。

六、注意事项

① 分解矿样所用溶剂，随矿样性质不同而异。一般易分解的铁矿石可用盐酸分解。对低铁高硅形式存在的铁不溶于盐酸，则需加入 NaF 或 KF，以加快分解，或滴加 $SnCl_2$ 溶液助溶。

② 铁矿石用磷酸溶解时用电炉或电热板加热时，需充分摇动锥形瓶加速分解，否则将在瓶底析出焦磷酸盐或偏磷酸盐，使实验失败。

③ Fe^{3+} 还原完全后，溶液要立即冷却，及时滴定，久置会使 Fe^{2+} 被空气中的氧气氧化。

七、思考题

① 重铬酸钾法测定铁矿石中的铁时，为什么要加入磷酸？

② 写出本实验 Fe_2O_3 质量分数的计算式。

③ 计算 Fe 质量分数时为什么要扣除空白？若不扣除空白值会造成什么影响？

④ 还原成 Fe^{2+} 后为什么要立即滴定？

⑤ 什么叫空白试验？怎样进行？

八、实验记录

1. 重铬酸钾标准溶液的配制

	$K_2Cr_2O_7$ 质量/g	$c(1/6K_2Cr_2O_7)$浓度/ $mol \cdot L^{-1}$
1		
2		

2. 试样中铁的测定

	铁矿试样质量/g	$c(1/6K_2Cr_2O_7)$体积 V_1/ mL
1		
2		
空白试验		

实验四十七　钢铁中锰含量的测定

一、实验目的

① 了解钢铁试样的溶样原理与方法。

② 了解硝酸铵氧化锰的原理、方法和优点。

③ 了解成分复杂的样品测试中排除干扰的原理与方法。

④ 掌握钢铁中锰含量测定法的原理及规程。

二、实验原理

优质碳钢、合金钢、高温合金钢和精密合金中都含有锰。锰的测定可用强氧化剂过硫酸铵 $(NH_4)_2S_2O_8$（Ag^+催化下）、铋酸钠 $NaBiO_3$、二氧化铅 PbO_2、高碘酸钾 KIO_4 等将其氧化成 MnO_4^-：

$$2Mn^{2+} + 5K_2S_2O_8 + 16OH^- \longrightarrow 2MnO_4^- + 5K_2SO_4 + 5SO_4^{2-} + 8H_2O$$

$$2Mn^{2+} + 5BiO_3^- + 14H^+ \longrightarrow 2MnO_4^- + 5Bi^{3+} + 7H_2O$$

生成的 MnO_4^- 可用 $(NH_4)_2Fe(SO_4)_2$ 标准溶液滴定：

$$MnO_4^- + 5Fe^{2+} + 8H^+ \longrightarrow Mn^{2+} + 5Fe^{3+} + 4H_2O$$

但这些强氧化剂也可将钢铁中的铬氧化成 CrO_4^{2-}：

$$2Cr^{3+} + 3K_2S_2O_8 + 16OH^- \longrightarrow 2CrO_4^{2-} + 3K_2SO_4 + 3SO_4^{2-} + 8H_2O$$

$$2Cr^{3+} + 3BiO_3^- + 4H^+ \longrightarrow Cr_2O_7^{2-} + 3Bi^{3+} + 2H_2O$$

生成的 CrO_4^{2-}（$Cr_2O_7^{2-}$）也与 $(NH_4)_2Fe(SO_4)_2$ 反应而干扰对锰的测定。

$$Cr_2O_7^{2-} + 6Fe^{2+} + 14H^+ \longrightarrow 2Cr^{3+} + 6Fe^{3+} + 7H_2O$$

采用 NH_4NO_3 做氧化剂，在 H_3PO_4 存在下，Mn^{2+} 可被定量地氧化成稳定的 Mn(Ⅲ) 配

离子 $[Mn(PO_4)_2]^{3-}$ 或 $[Mn(H_2P_2O_7)_3]^{3-}$。

$$Mn^{2+}+NH_4NO_3+2PO_4^{3-}+2H^+ \Longrightarrow [Mn(PO_4)_2]^{3-}+NO_2\uparrow+NH_4^++H_2O$$

或 $$Mn^{2+}+NH_4NO_3+6PO_4^{3-}+14H^+ \Longrightarrow [Mn(H_2P_2O_7)_3]^{3-}+NO_2\uparrow+NH_4^++4H_2O$$

Cr^{3+} 不会被氧化成 CrO_4^{2-}($Cr_2O_7^{2-}$),排除了铬的干扰。定量生成的 $[Mn(PO_4)_2]^{3-}$ 或 $[Mn(H_2P_2O_7)_3]^{3-}$ 可用 $(NH_4)_2Fe(SO_4)_2$ 标准溶液滴定,可用 N-苯基邻氨基苯甲酸作指示剂。

$$[Mn(PO_4)_2]^{3-}+Fe^{2+} \Longrightarrow Mn^{2+}+Fe^{3+}+2PO_4^{3-}$$

$$[Mn(H_2P_2O_7)_3]^{3-}+Fe^{2+} \Longrightarrow Mn^{2+}+Fe^{3+}+3H_2P_2O_7^{2-}$$

若钢样中含有钒、铈,它们分别氧化成 VO_2^+ 和 Ce^{4+},也会与 $(NH_4)_2Fe(SO_4)_2$ 标准溶液定量反应而干扰测定。

$$VO^{2+}+NH_4NO_3 \Longrightarrow VO_2^++NH_4^++NO_2\uparrow$$

$$Ce^{3+}+NH_4NO_3+2H^+ \Longrightarrow Ce^{4+}+NH_4^++NO_2\uparrow+H_2O$$

$$VO_2^++Fe^{2+}+2H^+ \Longrightarrow VO^{2+}+Fe^{3+}+H_2O$$

$$Ce^{4+}+Fe^{2+} \Longrightarrow Ce^{3+}+Fe^{3+}$$

钒、铈的干扰可用差减法消除,在用 $(NH_4)_2Fe(SO_4)_2$ 标准溶液滴至终点的溶液中加入 $KMnO_4$ 溶液,而 Mn^{2+} 不会被氧化。过量的 $KMnO_4$、NO_2^- 用尿素除去。

$$VO^{2+}+NO_2^- \Longrightarrow VO_2^++NO\uparrow$$

$$5Ce^{3+}+MnO_4^-+8H^+ \Longrightarrow 5Ce^{4+}+Mn^{2+}+4H_2O$$

再用 $(NH_4)_2Fe(SO_4)_2$ 标准溶液滴定,则为(钒+铈)的量。两次滴定消耗的 $(NH_4)_2Fe(SO_4)_2$ 标准溶液之差便对应于钢铁试样中锰的含量。

三、器材与试剂

1. 器材

仪器或器材	数 量	仪器或器材	数 量
电子天平	1台	250mL 锥形瓶	2个
电炉	1个	50mL 酸式滴定管	1支
500mL 洗瓶	1个	$\phi(3\sim4)$mm×$(150\sim180)$mm 细玻璃棒	2根
25mL 移液管	1支	250mL 容量瓶	1个
100mL 烧杯	1个	400mL 烧杯	1个

2. 试剂

试 剂	规 格	试 剂	规 格
硝酸铵	固体	尿素	固体
浓磷酸		浓硝酸	
浓盐酸		硫酸	(1+3)
硫酸	(5+95)	尿素	5%
亚硝酸钠	1%	亚砷酸钠	2%
高锰酸钾	0.16%	N-苯基邻氨基苯甲酸	0.2%水溶液
重铬酸钾(G.R.)	固体	硫酸亚铁铵(A.R.)	固体
钢铁试样	研细,锰含量 $20\sim100$mg·g^{-1}		

四、实验内容

1. 重铬酸钾标准溶液的配制

重铬酸钾（G.R.）是基准物质，可以直接配制成标准溶液而无须标定。

用减量法准确称取 0.18～2g 重铬酸钾（G.R.）于 100mL 烧杯中，用水溶解后，全部转移至 250mL 容量瓶中，稀释至刻线，摇匀。

2. 硫酸亚铁铵标准溶液的配制与标定

用托盘天平称取硫酸亚铁铵（A.R.）约 1.5g，溶于约 250mL 水中。

用移液管吸取重铬酸钾标准溶液 25.00mL 于锥形瓶中，加入（1+3）硫酸 20mL、磷酸 5mL。用硫酸亚铁铵标准溶液滴定。临近终点时，加入 2 滴 N-苯代邻氨基苯甲酸指示剂，继续滴至紫红色消失为终点。消耗硫酸亚铁铵标准溶液 V_1（mL）。

3. 溶解钢铁试样

准确称取钢铁试样约 0.35g（应使锰的量不小于 10mg）于锥形瓶中，加入磷酸 15mL，加热至完全溶解。滴加硝酸破坏炭化物。

继续加热，蒸发至液面出现微烟，取下。立即加硝酸铵 2g。摇动锥形瓶，使硝酸铵溶解。再加尿素 0.5～1g，摇匀，静置 1～2min。

待温度降至 80～100℃时，加入（5+95）硫酸 60mL，摇匀，冷却至室温。

4. 滴定

用硫酸亚铁铵标准溶液滴定上述溶液。临近终点时，加入 2 滴 N-苯代邻氨基苯甲酸指示剂，继续滴至紫红色消失为终点。消耗硫酸亚铁铵标准溶液 V_2（mL）。V_2 为锰、钒、铈消耗的硫酸亚铁铵标准溶液的总量。

5. 钒、铈干扰的排除

将上述滴至终点的溶液加热蒸发至冒白烟 2min。取下冷却至室温，加（5+95）硫酸 60mL，摇匀，流水冷却至室温。滴加高锰酸钾溶液到溶液出现稳定的淡红色并稳定 2～3min 为止。加 5％尿素溶液 10mL。在不断摇动下，滴加 1％亚硝酸钠溶液到红色消失并过量 1～2 滴。再加 2％的亚砷酸钠溶液，放置 5min 后，加 2 滴 N-苯代邻氨基苯甲酸指示剂，用硫酸亚铁铵标准溶液滴定至紫红色消失为终点。消耗硫酸亚铁铵标准溶液 V_3（mL）。

平行做 2 份。

五、计算

1. 重铬酸钾标准溶液的浓度

$$c\left(\frac{1}{6}K_2Cr_2O_7\right)=\frac{\dfrac{m_1}{M(K_2Cr_2O_7)/6}}{250.00\text{mL}\times10^{-3}}$$

式中，$c\left(\frac{1}{6}K_2Cr_2O_7\right)$ 为 $K_2Cr_2O_7$ 标准溶液以 $\frac{1}{6}K_2Cr_2O_7$ 为计量单位的浓度，mol·L^{-1}；m_1 为称取重铬酸钾（G.R.）的质量，g；$M(K_2Cr_2O_7)$ 为 $K_2Cr_2O_7$ 的摩尔质量，g·mol^{-1}；250.00mL 为容量瓶体积；10^{-3} 为体积单位 mL 与 L 的换算系数。

2. 硫酸亚铁铵标准溶液的浓度

$$c\left[(NH_4)_2Fe(SO_4)_2\right]=\frac{c\left(\frac{1}{6}K_2Cr_2O_7\right)\times25.00\text{mL}}{V_1}$$

式中，$c[(NH_4)_2Fe(SO_4)_2]$ 为硫酸亚铁铵标准溶液的浓度，$mol \cdot L^{-1}$；25.00mL 为标定硫酸亚铁铵标准溶液时，被滴定 $K_2Cr_2O_7$ 标准溶液的体积；V_1 为标定硫酸亚铁铵标准溶液时，消耗的硫酸亚铁铵标准溶液的体积，mL。

3. 钢铁试样中锰的含量

$$w=\frac{c[(NH_4)_2Fe(SO_4)_2](V_2-V_3)\times M(Mn)\times 10^{-3}}{m}\times 100\%$$

式中，V_2 为测定锰、钒、铈总量时，消耗的硫酸亚铁铵标准溶液的体积，mL；V_3 为测定（钒+铈）时，消耗的硫酸亚铁铵标准溶液的体积，mL；$M(Mn)$ 为 Mn 的摩尔质量，$g \cdot mol^{-1}$；10^{-3} 为体积单位 mL 与 L 的换算系数；m 为称取钢铁试样的质量，g。

六、注意事项

① 钢铁试样中锰的含量不可过低，否则测定误差会较大。若第1份测定结果较小，第2份可按比例增加钢铁试样的称取质量。

② 对高合金钢、精密合金，仅用磷酸不一定能完全溶解。可先用适合比例的盐酸-硝酸混合酸 15mL 溶解试样后再加磷酸。

③ 第一次滴至终点后的溶液中加入亚硝酸钠是为了将 VO^{2+} 完全氧化为 VO_2^+。

④ 此实验中的溶样和钒、铈干扰的排除必须在通风橱内进行。否则，烟雾太大。

⑤ 本实验中酸的浓度都很大，稀释时强烈放热，注意安全。

⑥ 若钢铁试样中没有钒和铈，滴至第一次终点即可。

七、思考题

① $K_2Cr_2O_7$ 标准溶液浓度为什么以 $\frac{1}{6}K_2Cr_2O_7$ 为计量单位？

② 硝酸铵为什么不能将 Cr^{3+} 氧化成 $K_2Cr_2O_7$？

③ 溶解钢铁试样时，为什么要加热到冒白烟？

八、实验记录

1. 重铬酸钾标准溶液的配制

	$K_2Cr_2O_7$ 质量/g	$c(1/6K_2Cr_2O_7)$浓度/ $mol \cdot L^{-1}$
1		
2		

2. 硫酸亚铁铵标准溶液的配制与标定

	$K_2Cr_2O_7$ 体积/mL	硫酸亚铁铵体积 V_1/mL
1		
2		

3. 锰、钒、铈总量测定及钒、铈干扰的排除

	钢铁样质量/g	硫酸亚铁铵体积 V_2/mL	硫酸亚铁铵体积 V_3/mL
1			
2			

实验四十八　高锰酸钾法测定石灰石中氧化钙的含量

一、实验目的

① 掌握用高锰酸钾法测定石灰石中钙含量的原理和方法。

② 了解间接测定的原理和步骤。

③ 掌握沉淀分离的基本要求，训练沉淀过滤、洗涤、转移、溶解等操作。

二、实验原理

石灰石的主要成分是 $CaCO_3$，此外还含有 SiO_2、Fe_2O_3、Al_2O_3、MgO 等杂质。$CaCO_3$，等可溶于 HCl：

$$CaCO_3 + 2H^+ \Longrightarrow Ca^{2+} + H_2O + CO_2 \uparrow$$

在上述的 Ca^{2+} 溶液中，加入草酸盐，形成草酸钙沉淀：

$$Ca^{2+} + C_2O_4^{2-} \Longrightarrow CaC_2O_4 \downarrow$$

CaC_2O_4 沉淀经过滤、洗涤后，再用稀硫酸使其溶解：

$$CaC_2O_4 + H_2SO_4 \Longrightarrow CaSO_4 + H_2C_2O_4$$

用高锰酸钾标准溶液滴定由 CaC_2O_4 溶解释放出来的 $H_2C_2O_4$：

$$5C_2O_4^{2-} + 2MnO_4^- + 16H^+ \Longrightarrow 2Mn^{2+} + 10CO_2 \uparrow + 8H_2O$$

根据消耗的 $KMnO_4$ 标准溶液的量，计算石灰石中氧化钙（CaO）的含量。

三、器材与试剂

1. 器材

仪器或器材	数　量	仪器或器材	数　量
电子天平	1台	$\phi(3\sim4)mm\times(150\sim180)mm$ 细玻璃棒	2根
50mL 酸式滴定管	1支	400mL(匹配表面皿)烧杯	2个
500mL 洗瓶	1个	电炉或电热板	1个
漏斗(附加玻璃纤维)	1个	中速定性滤纸	
漏斗架	1个	50mL 量筒	1个

2. 试剂

试　剂	规　格	试　剂	规　格
草酸($H_2C_2O_4$)(G.R.)	105~110℃干燥至恒重	$KMnO_4$ 溶液	$0.5mol \cdot L^{-1}$
HCl	$6mol \cdot L^{-1}$	硫酸	$2mol \cdot L^{-1}$
$NH_3 \cdot H_2O$	(1+1)	$(NH_4)_2C_2O_4$	5%
甲基橙	0.1%水溶液	$AgNO_3$	$0.1mol \cdot L^{-1}$
柠檬酸铵	10%		

四、实验内容

1. CaC_2O_4 的生成

准确称取石灰石试样 0.2g 置于 400mL 烧杯中，滴加少量水润湿试样，盖上表面皿，从烧杯嘴处慢慢滴入 $6mol \cdot L^{-1}$ HCl 溶液 8~10mL，同时不断轻摇烧杯，使试样溶解。待停止冒泡后，小火加热煮沸 2min。

冷却后用少量水淋洗表面皿和烧杯内壁使飞溅部分进入溶液。在溶液中加入 10％柠檬酸铵溶液 5mL 和水 120mL，加入 2 滴甲基橙指示剂，此时溶液应显红色。再加入 5％的 $(NH_4)_2C_2O_4$ 溶液 15～20mL。

加热溶液至 70～80℃，在不断搅拌下以每秒 1～2 滴的速度滴加氨水至溶液由红色变为橙色。再过量 5～10 滴，溶液呈黄色。将溶液热水浴 1h，同时用玻璃棒搅拌，使沉淀陈化（也可静置过夜）。

2. 高锰酸钾标准溶液的配制和标定

见实验二十九高锰酸钾标准溶液的标定部分。

3. 沉淀的溶解和 CaO 含量的测定

将陈化后的沉淀用中速定性滤纸以倾泻法过滤。先用冷的 0.1％$(NH_4)_2C_2O_4$ 溶液〔用 5％$(NH_4)_2C_2O_4$ 溶液稀释〕洗涤沉淀 3～4 次，再用水洗涤。用表面皿接 1～2 滴滤液并滴加 1 滴 $AgNO_3$ 试剂，直到滤液不再浑浊即滤液中不含 Cl^- 为止，弃去滤液。

用 $2mol \cdot L^{-1}$ 的 H_2SO_4 热溶液 25mL 淋洗漏斗上的 CaC_2O_4 沉淀。用原烧杯接受滤液。最后戳破滤纸，将滤纸贴到原烧杯的内壁上，用水冲洗漏斗和烧杯内壁使溶液达 100mL 左右。

加热溶液至 75～85℃，使烧杯中滤液澄清。用 $KMnO_4$ 标准溶液滴定至溶液呈粉红色，再将滤纸浸入溶液中，轻轻搅动，溶液褪色后再滴加 $KMnO_4$ 标准溶液，直至粉红色在 0.5min 内不褪色止，即为终点。记录消耗 $KMnO_4$ 标准溶液的体积 V。计算试样中 CaO 的质量分数。

平行测定 2 次，结果的相对误差应不大于 0.5％。

五、计算

试样中 CaO 的质量分数：

$$w = \frac{c(KMnO_4)VM(CaO) \times 10^{-3} \times \frac{5}{2}}{m} \times 100\%$$

式中，$c(KMnO_4)$ 为高锰酸钾标准溶液的浓度，$mol \cdot L^{-1}$；V 为滴定 $C_2O_4^{2-}$ 时，消耗的高锰酸钾标准溶液的体积，mL；$M(CaO)$ 为 CaO 的摩尔质量，$g \cdot mol^{-1}$；5/2 为 $C_2O_4^{2-}$ 与高锰酸钾反应的换算系数；m 为称取被测样 $CaCO_3$ 的质量，g。

六、注意事项

① 沉淀生成后一定要加热后冷却重结晶或陈化，使沉淀颗粒粗大，易于过滤、洗涤。否则，沉淀颗粒太细，有可能穿过滤纸。

② 滤纸浸入溶液后，应轻轻搅动，不应使滤纸搅得太碎，因碎滤纸更易与 $KMnO_4$ 标准溶液反应，使测定结果偏高。过滤最好使用玻璃砂漏斗。最后将玻璃砂漏斗全部浸入烧杯中再滴至终点。

③ 加热时，温度不可过高，防止 $H_2C_2O_4$ 分解，使测定结果偏低。

④ CaC_2O_4 沉淀尽量不要转移到滤纸上，留在烧杯里更易溶解。

七、思考题

① 沉淀 CaC_2O_4 为什么要先采用在酸性溶液中加入沉淀剂 $(NH_4)_2C_2O_4$，而后滴加氨水中和的方法使沉淀 CaC_2O_4 析出？中和时为什么选用甲基橙指示剂来指示溶液的酸度？

② 洗涤 CaC_2O_4 沉淀时，为什么先用 0.1％的 $(NH_4)_2C_2O_4$ 溶液洗涤，然后再用水洗？

为什么要洗到滤液中不含 Cl^-？怎样判断 $C_2O_4^{2-}$ 洗净没有？怎样判断 Cl^- 洗净没有？

③ 沉淀 CaC_2O_4 生成后为什么要陈化？

④ 为什么溶解 $CaCO_3$ 试样时用 HCl？溶解 CaC_2O_4 沉淀时却用硫酸？能否用盐酸、硝酸或磷酸？

⑤ 形成 CaC_2O_4 沉淀之前，为什么要加 10% 柠檬酸铵溶液 5mL？若没有柠檬酸铵，加什么试剂可达到同样的目的？

八、实验记录

2. 高锰酸钾标准溶液的配制和标定

	$Na_2C_2O_4$ 质量/g	$KMnO_4$ 滴定体积/mL		$Na_2C_2O_4$ 质量/g	$KMnO_4$ 滴定体积/mL
1			3		
2					

3. CaO 含量的测定

	石灰石试样质量/g	$KMnO_4$ 滴定体积/mL		石灰石试样质量/g	$KMnO_4$ 滴定体积/mL
1					
2					

实验四十九　间接碘量法测定铜合金中铜的含量

一、实验目的

① 熟悉间接碘量法测定铜的原理。

② 学习铜合金试样的溶解方法。

③ 掌握间接碘量法的实验操作。

二、实验原理

间接碘量法测定铜的选择性比较高，常被用来测定各种铜合金中铜的含量。铜合金的种类较多，主要有黄铜和各种青铜。

在弱酸性介质中，Cu^{2+} 与过量的碘化钾作用生成碘化亚铜沉淀，同时析出定量的碘（I^- 过量，碘以 I_3^- 形式存在）。

$$2Cu^{2+} + 4I^- = 2CuI + I_2$$

然后用硫代硫酸钠标准溶液滴定生成的碘，以淀粉为指示剂：

$$I_2 + 2S_2O_3^{2-} = 2I^- + S_4O_6^{2-}$$

通常在靠近终点时加入硫氰酸钾溶液，其目的是使反应更趋完全，终点变色敏锐（见实验三十一）。

溶液的 pH 值一般控制在 3~4 之间。酸度过低，Cu^{2+} 部分水解，反应速度减慢，测定结果偏低；酸度过高，I^- 易被空气中的氧气氧化为碘，使结果偏高。

对碘量法测定铜有干扰的主要是 Fe、As、Sb 等的高氧化态化合物。但这些元素的干扰较易消除。

加入氟化物时，可消除 Fe^{3+} 的干扰：

$$Fe^{3+} + 6F^- = [FeF_6]^{3-}$$

控制较低的酸度（本实验的 pH＝3～4），AsO_4^{3-} 和 SbO_4^{3-} 均不能氧化 I^-：

$$AsO_4^{3-}+2e^-+2H^+ \Longrightarrow AsO_2^-+2H_2O$$

$$\varphi_{AsO_4^{3-}/AsO_2^-}=\varphi_{AsO_4^{3-}/AsO_2^-}^{\ominus}+\frac{0.059}{2}\times\lg[H^+]^2$$

$$=0.581+\frac{0.059}{2}\times\lg[10^{-3}]^2=0.404V<\varphi_{I_2/I^-}^{\ominus}(0.535V)$$

因此，当 Cu 与 As 或 Sb 共存时，欲分析铜含量则必须把溶液的 pH 值控制在 3～4 之间。为此目的可用氟化氢铵 NH_4HF_2（$NH_4F\cdot HF$，HF 的 $K_a=6.6\times10^{-4}$，$pK_a=3.18$）或 HAc-NH_4Ac 作缓冲溶液。此时，NH_4HF_2 也可作为 F^- 的来源消除 Fe^{3+} 的干扰。

三、器材与试剂

1. 器材

仪器或器材	数 量	仪器或器材	数 量
电子天平	1台	$\phi(3\sim4)mm\times(150\sim180)mm$ 细玻璃棒	2根
50mL酸式滴定管	2支	25mL移液管	1支
500mL洗瓶	1个	250mL锥形瓶	2个
250mL(配表面皿1个)烧杯	1个	250mL容量瓶	1个
电炉	1个	石棉网	

2. 试剂

试 剂	规 格	试 剂	规 格
硫氰酸钾	10%(m/V)	淀粉	0.2%(m/V)
硫代硫酸钠标准溶液	约 0.1mol·L^{-1}（已标定）	过氧化氢	30%（m/V）
碘化钾	20%（m/V）	NH_4HF_2	20%（m/V）
盐酸	(1+1)	氨水	(1+1)
醋酸	(1+1)		

四、实验内容

1. 铜试样的溶解

准确称取铜合金试样约 1.5g 于 250mL 烧杯中，加（1+1）盐酸溶液 40mL，滴加 30% 的 H_2O_2 溶液的 10mL。盖上表面皿，小火加热，不断摇动烧杯，待样品完全溶解后煮沸至不再有气泡产生为止，使 H_2O_2 完全分解。冷却后转移至 250mL 容量瓶中，稀释至刻度，摇匀。此溶液称为"铜试液"。

2. 铜含量的测定

用移液管移取 25.00mL 铜试液于 250mL 锥形瓶中，滴加（1+1）氨水，边滴边摇至生成沉淀。再加（1+1）醋酸溶液 8mL、20% 的 NH_4HF_2 溶液 10mL 和 20% 的 KI 溶液 10mL。立即用 0.1mol·L^{-1} 的 $Na_2S_2O_3$ 标准溶液滴定至浅黄色，加入 0.2% 淀粉溶液 2mL，继续滴定至浅蓝色，加入 10% 硫氰酸钾溶液 10mL，剧烈摇荡溶液，继续滴定至溶液的蓝色消失，呈灰白色或浅肉色即为终点。记录所消耗的硫代硫酸钠体积 $V(Na_2S_2O_3)$。

平行测定 3 次。计算试样中铜的含量（％）及其相对平均偏差。

五、计算

铜试样中铜的含量：

$$w = \frac{[c(\text{Na}_2\text{S}_2\text{O}_3)V(\text{Na}_2\text{S}_2\text{O}_3) \times 10^{-3} \times M(\text{Cu})]}{m \times \dfrac{25.00\text{mL}}{250.00\text{mL}}} \times 100\%$$

式中，m 为称取铜合金试样的质量，g；$c(\text{Na}_2\text{S}_2\text{O}_3)$ 为 $\text{Na}_2\text{S}_2\text{O}_3$ 标准溶液的浓度，$\text{mol} \cdot \text{L}^{-1}$；$V(\text{Na}_2\text{S}_2\text{O}_3)$ 为测定"铜试液"时消耗的 $\text{Na}_2\text{S}_2\text{O}_3$ 标准溶液的体积，mL；$M(\text{Cu})$ 为 Cu 的摩尔质量，$\text{g} \cdot \text{mol}^{-1}$；250.00mL 为"铜试液"的总体积（容量瓶的体积）；25.00mL 为测定时吸取的"铜试液"的体积。

六、注意事项

① 若时间允许，试样加 HCl 和 H_2O_2 后，不必加热，盖上表面皿后放置过夜，让其自然溶解。

② 铜合金试样也能用 HNO_3 分解。不过产生的亚硝态氮能氧化 I^- 而干扰测定，必须除去。除去亚硝态氮的简便办法是加入尿素，也可用浓硫酸蒸发将它们除去。

③ NH_4HF_2 有一定的毒性和化学腐蚀性，应避免与皮肤接触，若接触到则须用水冲洗。含 NH_4HF_2 的废液应及时倒掉，并用水洗容器，以减少对玻璃容器的腐蚀。

④ 测定铜盐中铜含量时，酸度调节不那么严格，可以不加 NH_4HF_2。

七、思考题

① 已知 $\varphi^{\ominus}(\text{Cu}^{2+}/\text{Cu}^{+}) = 0.159\text{V}$，$\varphi^{\ominus}(\text{I}_3^-/\text{I}^-) = 0.535\text{V}$，为何本实验中 Cu^{2+} 却能将 I^- 氧化为 I_2？

② 铜合金试样能否用 HNO_3 分解？如可以，须采取什么措施？

③ 碘量法测定铜时为何 pH 必须控制在 3～4 之间，过低或过高有什么影响？

④ 为什么 NH_4HF_2 可以当作缓冲溶液？说明 NH_4HF_2 的双重作用。

⑤ 测定铜时硫氰酸钾的作用是什么？淀粉过早加入有什么不好？

八、实验记录

	铜合金试样质量/g	$\text{Na}_2\text{S}_2\text{O}_3$ 滴定体积/mL		铜合金试样质量/g	$\text{Na}_2\text{S}_2\text{O}_3$ 滴定体积/mL
1			3		
2					

实验五十　溴酸盐间接碘量法测定苯酚的含量

一、实验目的

① 学习间接碘量法的测定原理。

② 了解溴代反应。

③ 掌握溴酸钾与碘量法配合使用间接测定苯酚的原理和方法。

二、实验原理

苯酚是重要化工原料和产物，广泛应用于消毒、杀菌，和高分子材料、染料、医药、农药合成的原料，由于苯酚的生产和应用造成了环境污染，因此挥发酚也是常规环境监测的项目之一。

溴酸钾法与碘量法配合可用于测定苯酚的含量。

在苯酚的酸性溶液中加入一定量的溴酸钾-溴化钾标准溶液，定量产生单质溴，然后溴与苯酚发生取代反应，生成三溴苯酚白色沉淀。反应式如下：

$$BrO_3^- + 5Br^- + 6H^+ \Longrightarrow 3Br_2 + 3H_2O$$

$$C_6H_5OH + 3Br_2 \Longrightarrow C_6H_2Br_3OH\downarrow + 3HBr$$

芳香环（苯环、萘环、喹啉环等）上有供电子取代基（—OH、—NH$_2$）的物质，在取代基的空置邻、对位上都可被溴取代，产生溴代物沉淀。

待反应完成后，剩余的溴用过量的碘化钾还原，定量生成碘：

$$Br_2(剩余) + 2I^- \Longrightarrow I_2 + 2Br^-$$

定量析出的碘用硫代硫酸钠标准溶液滴定，按一定的定量关系，从加入的溴酸钾量中减去硫代硫酸钠消耗量，即可算出试样中苯酚的含量。

$$I_2 + 2S_2O_3^{2-} \Longrightarrow 2I^- + S_4O_6^{2-}$$

三、器材与试剂

1. 器材

仪器或器材	数　量	仪器或器材	数　量
电子天平	1台	$\phi(3\sim4)$mm×$(150\sim180)$mm 细玻璃棒	2根
50mL 酸式滴定管	2支	100mL 烧杯	2个
500mL 洗瓶	1个	250mL 容量瓶	2个
25mL 移液管	2支	250mL 碘量瓶	2个

2. 试剂

试　剂	规　格	试　剂	规　格
苯酚试样溶液	约5g·L^{-1}	溴酸钾(G.R.)	固体
KBr(A.R.)	固体	KI(A.R.)	固体
氢氧化钠	2mol·L^{-1}	淀粉溶液	0.2%（m/V）
硫代硫酸钠标准溶液	已标定	盐酸	(1+1)

四、实验内容

1. 试样溶液的配制

移取 25mL 苯酚试样，转移至 250mL 容量瓶中，用水稀释至刻度，摇匀备用。此溶液称为试样溶液。

2. KBrO$_3$-KBr 标准溶液配制

准确称取 KBrO$_3$ 基准物 0.6～0.7g 于 100mL 烧杯中，加入少量水和 3.5g KBr，搅拌使之溶解，定量转移至 250mL 容量瓶中，定容，摇匀。

3. KBrO$_3$-KBr 标准溶液与 Na$_2$S$_2$O$_3$ 标准溶液体积比的测定

用移液管移取 $KBrO_3$-KBr 标准溶液 25.00mL、碘化钾 1.5g 于 250mL 碘量瓶中，加 5～6mL(1＋1) 盐酸溶液，迅速加塞，水封。放置 5min。用少量水冲洗瓶塞及瓶壁，再加水稀释至 100mL，最后用 $Na_2S_2O_3$ 标准溶液滴定至淡黄色时，加 0.2％淀粉溶液 2mL，继续滴定至蓝色消失即为终点。消耗的 $Na_2S_2O_3$ 标准溶液体积为 V_1。

平行测定 2 次。

4. 苯酚含量的测定

分别用移液管移取试样溶液 25.00mL 和 $KBrO_3$-KBr 标准溶液 25.00mL 于 250mL 碘量瓶中，加 5～6mL(1＋1) 盐酸溶液，迅速加塞，水封。剧烈摇动 1～2min 后置暗处放置 10min，并不时摇动、振荡、使沉淀形成细小颗粒。然后沿水封加碘化钾 1.5g，保持水封，摇匀，放置 5min。用少量水冲洗瓶塞及瓶壁，再加水稀释至 100mL，最后用 $Na_2S_2O_3$ 标准溶液滴定至淡黄色时，加 0.2％淀粉溶液 2mL，继续滴定至蓝色消失即为终点。消耗 $Na_2S_2O_3$ 标准溶液体积 V_2。

平行测定 3 次。计算试样中苯酚的质量分数及其相对平均偏差。

五、计算

$KBrO_3$-KBr 标准溶液中 $KBrO_3$ 浓度：

$$c(KBrO_3)=\dfrac{\dfrac{m_1}{M(KBrO_3)}}{250.00mL^* \times 10^{-3}} \quad (mol \cdot L^{-1})$$

$KBrO_3$-KBr 标准溶液与 $Na_2S_2O_3$ 标准溶液的体积比：

$$K=25.00mL/V_1$$

试样中苯酚的浓度

$$c=\dfrac{\left[(25.00mL^*-KV_2)c(KBrO_3)\right]\times 10^{-3}}{25\times 10^{-3}}\times 10$$

式中，$c(KBrO_3)$ 为 $KBrO_3$ 标准溶液的浓度，$mol \cdot L^{-1}$；m_1 为称取基准物 $KBrO_3$ 的质量，g；$M(KBrO_3)$ 为 $KBrO_3$ 的摩尔质量，$g \cdot mol^{-1}$；$250.00mL^*$ 为配制的 $KBrO_3$-KBr 标准溶液总体积；V_1 为测定 $KBrO_3$ 与 $Na_2S_2O_3$ 标准溶液的体积比时消耗的 $Na_2S_2O_3$ 的体积，mL；$25.00mL^*$ 为测定苯酚含量时加入的 $KBrO_3$ 标准溶液的体积。

六、注意事项

① 溴酸钾-溴化钾溶液遇酸迅速产生游离溴，易挥发，因此在加盐酸或碘化钾时不要打开瓶塞，只需稍稍松开瓶塞让溶液沿瓶壁流入，随即塞紧，并加水封住瓶口，以免溴挥发损失。

② 三溴苯酚易包藏碘。故在加入盐酸或碘化钾溶液时，都应剧烈摇动，尽量使三溴苯酚沉淀分散。否则，将使结果偏高。

③ 溴酸钾、苯酚的称量应在指定值±10％以内，否则两者不匹配，有可能溴酸钾消耗殆尽，滴定将不会有终点。

七、思考题

① 溴酸钾间接碘法测苯酚的原理是什么？写出各步反应式。

② 写出苯酚含量（$g \cdot L^{-1}$）的计算式。

③ 配制 $KBrO_3$-KBr 标准溶液时，为什么 $KBrO_3$ 须准确称量而 KBr 不需准确称量？本

实验中加 KBr 有何作用？

④ 测定苯酚含量的主要误差来源是什么？应采取哪些措施减小误差？

⑤ 苯酚试样中加入 $KBrO_3$-KBr 标准溶液后，要用力摇动碘量瓶，其目的是什么？

八、实验记录

2. $KBrO_3$ 标准溶液配制

$KBrO_3$ 质量/g：_____。

3. $KBrO_3$-KBr 标准溶液与 $Na_2S_2O_3$ 标准溶液的体积比的测定

	$Na_2S_2O_3$ 体积 V_1/mL			$Na_2S_2O_3$ 体积 V_1/mL
1		3		
2				

4. 苯酚含量的测定

	$Na_2S_2O_3$ 体积 V_2/mL			$Na_2S_2O_3$ 体积 V_2/mL
1		3		
2				

实验五十一　法扬司法测定$CaCl_2$中氯的含量

一、实验目的

① 掌握法扬司法的方法和实验操作。

② 学习吸附指示剂的变色原理。

③ 了解吸附指示剂的应用。

二、实验原理

法扬司法是利用吸附指示剂荧光黄、二氯荧光黄等指示终点的沉淀滴定法。

用硝酸银标准溶液滴定 Cl^- 时，用二氯荧光黄作指示剂。后者是一种有机弱酸（HIn），其阴离子 In^- 呈黄绿色。在化学计量点之前，溶液中存在着过量的 Cl^-，氯化银胶粒表面首先会吸附 Cl^- 而带负电荷，In^- 也为负电荷，因此不被沉淀表面吸附，溶液呈黄绿色。在化学计量点之后，溶液中存在着过量的 Ag^+，氯化银胶粒表面会吸附 Ag^+ 而使其表面从负电性突变为正电性，此时带正电荷的沉淀表面会吸附指示剂 In^-。被吸附的 In^- 在 AgCl 表面与银形成某种物质而呈淡红色，指示终点的到达。此过程表示如下：

Cl^- 过量时：　　　　　　$AgCl$-Cl^- ＋In^-　　（黄绿色）

Ag^+ 过量时：　　　$AgCl$-Ag^+ ＋In^- ⟶ $AgCl$-$AgIn$　　（淡红色）

为使终点变色明显，在滴定时，常加入糊精或聚乙烯醇溶液以保持氯化银呈胶体分散状态，氯化银沉淀表面积大大增加，吸附性也大大增加。

溶液酸度主要由指示剂的电离常数决定。若用二氯荧光黄可在 pH＝4～6 的范围内进行滴定，而荧光黄的测定范围为 pH＝7～10。在这些 pH 范围内，指示剂均以负离子 In^- 形式存在。为了保证 Ag^+ 不会形成 AgOH 沉淀，使用荧光黄为指示剂时，pH 不要超过 8。

三、器材与试剂

1. 器材

仪器或器材	数　量	仪器或器材	数　量
电子天平	1 台	$\phi(3\sim4)mm\times(150\sim180)mm$ 细玻璃棒	2 根
50mL 酸式滴定管	2 支	25mL 移液管	1 支
500mL 洗瓶	1 个	250mL 锥形瓶	2 个
500mL 棕色试剂瓶	1 个	250mL 容量瓶	1 个
100mL 烧杯	1 个	100mL 移液管	1 支

2. 试剂

试　剂	规　格	试　剂	规　格
NaCl(G.R.)	固体、500～600℃灼烧 40min	硝酸	(1+1)
硝酸银(A.R.)	固体	二氯荧光黄	0.1%(m/V)乙醇溶液
糊精	1%(m/V)水溶液	$CaCl_2$ 试样	固体

四、实验内容

1. $AgNO_3$ 标准溶液的配制 $[c(AgNO_3)=0.1\ mol\cdot L^{-1}]$

称取 8.5g $AgNO_3$ 溶解于 500mL 不含 Cl^- 的蒸馏水中，贮于棕色瓶内，置于暗处保存。

2. $AgNO_3$ 标准溶液的标定

减量法准确称取 NaCl（G.R.）固体 0.15～0.18g 于 250mL 锥形瓶中，用 50mL 水溶解之。加入 10 滴二氯荧光黄指示剂，0.1g 糊精（或加入 10mL 1%的糊精溶液），摇匀，用硝酸银溶液进行滴定，滴定时不断摇动，仔细观察沉淀表面的颜色由淡黄到红色时，即为滴定终点。记录硝酸银溶液的体积 V_1。平行滴定 2 次。

3. $CaCl_2$ 试样中氯含量的测定

减量法准确称取 $CaCl_2$ 试样约 0.25g 于 250mL 锥形瓶中，用 50mL 水溶解之。加入 10 滴二氯荧光黄指示剂，0.1g 糊精（或加入 10mL 1%的糊精溶液），摇匀，用硝酸银溶液进行滴定，滴定时不断摇动，仔细观察沉淀表面的颜色由淡黄到红色时，即为滴定终点。记录硝酸银溶液的体积 V_2。平行滴定 2 次。

计算 $CaCl_2$ 试样中氯的含量。

五、计算

$$c(AgNO_3)=\frac{\dfrac{m(NaCl)}{M(NaCl)}}{V_1\times10^{-3}}\qquad(mol\cdot L^{-1})$$

$$w_{Cl^-}=\frac{c(AgNO_3)V_2\times10^{-3}M(Cl)}{m(CaCl_2)}\times100\%$$

式中，$m(NaCl)$ 为标定 $AgNO_3$ 时称取 NaCl 基准物的质量，g；$M(NaCl)$ 为 NaCl 的摩尔质量，$g\cdot mol^{-1}$；V_1 为标定 $AgNO_3$ 标准溶液时，消耗 $AgNO_3$ 溶液的体积，mL；$m(CaCl_2)$ 为测定时称取的 $CaCl_2$ 试样质量，g；V_2 为测定试样时消耗的 $AgNO_3$ 标准溶液的体积，mL；$M(Cl)$ 为 Cl 的摩尔质量，$g\cdot mol^{-1}$。

六、注意事项

① 应避免在阳光下滴定，以免氯化银中的 Ag^+ 被还原。

② 本法不适于 Cl^- 太稀的溶液，因为产生的氯化银沉淀量很少，吸附作用很弱，致使指示剂在终点时的颜色变化不够敏锐。

③ 本法不适于有大量电解质存在的试样。因为在此条件下，氯化银胶体凝聚，沉淀表面积很小，指示剂在终点时的颜色变化也不够敏锐。

七、思考题

① 以氯化钠溶液滴定硝酸银溶液为例，试说明吸附指示剂在终点前后颜色变化的原理。

② 为什么本实验要尽量保持氯化银的胶体状态？如何保持？

③ 试比较莫尔法、佛尔哈德法及法扬司法在测定 Ag^+ 时的优缺点。

八、实验记录

2. $AgNO_3$ 标准溶液的标定

	NaCl 质量/g	$AgNO_3$ 体积/mL		NaCl 质量/g	$AgNO_3$ 体积/mL
1					
2					

3. $CaCl_2$ 试样中氯含量的测定

	$CaCl_2$ 试样质量/g	$AgNO_3$ 体积/mL	$CaCl_2$ 试样质量/g	$AgNO_3$ 体积/mL
1				
2				

实验五十二　十二烷基二甲基苄基氯化铵的含量测定

一、实验目的

① 学习季铵盐的测试原理与方法。

② 了解四苯硼钠、四苯硼钾的性质。

③ 了解四苯硼钠标准溶液的配制方法与标定方法。

二、实验原理

用四苯硼钠 $[NaB(C_6H_5)_4]$ 标准溶液滴定季铵盐 $(R_4N^+Cl^-)$ 时，可形成离子对化合物沉淀：

$$NaB(C_6H_5)_4 + R_4N^+Cl^- \Longrightarrow R_4NB(C_6H_5)_4 \downarrow + NaCl$$

可用二氯荧光黄作指示剂。二氯荧光黄是一种有机弱酸 (HIn)，其阴离子 In^- 呈黄绿色。在化学计量点之前，In^- 与 $R_4N^+Cl^-$ 反应：

$$R_4N^+Cl^- + In^- \Longrightarrow R_4N^+In^- \downarrow (嫣红色) + Cl^-$$

在滴定过程中，由于溶液中存在着过量的 R_4N^+，$R_4NB(C_6H_5)_4$ 沉淀的表面带正电荷，会吸附 In^-。所以 $R_4N^+In^-$（嫣红色）沉淀被吸附在 $R_4NB(C_6H_5)_4$ 沉淀的表面，使沉淀的表面呈嫣红色。

在化学计量点后，溶液中存在着过量的 $[B(C_6H_5)_4R]^-$，$R_4NB(C_6H_5)_4$ 沉淀的表面则带负电荷，In^- 会从沉淀的表面被解吸下来。$NaB(C_6H_5)_4$ 夺取 $R_4N^+In^-$ 沉淀中的 In^-，使 In^- 游离而呈黄色为终点：

$$R_4N^+In^- (嫣红色) + NaB(C_6H_5)_4 \Longrightarrow R_4NB(C_6H_5)_4 \downarrow + Na^+ + In^- (黄色)$$

十二烷基二甲基苄基氯化铵又称"洁尔灭"，工业品简称"1227"。它是一种季铵盐型表面活性剂，结构式如下：

$$\text{苯基}-CH_2-\overset{\overset{\displaystyle C_{12}H_{25}}{|}}{\underset{\underset{\displaystyle CH_3}{|}}{N^+}}-CH_3 \quad Cl^-$$

在水处理中常作为非氧性杀生剂使用，用途非常广泛。

四苯硼钠 $[NaB(C_6H_5)_4]$ 没有基准纯的试剂，四苯硼钠标准溶液不能直接配制，必须进行标定。标定的基准物质是邻苯二甲酸氢钾（$C_6H_4COOHCOOK$）（G. R.）。

$$C_6H_4COOHCOOK + NaB(C_6H_5)_4 =\!\!=\!\!= KB(C_6H_5)_4 \downarrow + C_6H_4COOHCOONa$$

利用重量法确定四苯硼钠标准溶液的浓度。

三、器材与试剂

1. 器材

仪器或器材	数 量	仪器或器材	数 量
电子天平	1台	250mL 烧杯	2个
50mL 酸式滴定管	1支	250mL 容量瓶	1个
25mL 移液管	1支	50mL 移液管	1支
250mL 锥形瓶	2个	500mL 棕色试剂瓶	1个
$\phi(3\sim4)mm\times(150\sim180)mm$ 细玻璃棒	2根	水浴	1套
玻璃坩埚过滤器（G-4 号）	2个	烘箱	1架

2. 试剂

试 剂	规 格	试 剂	规 格
$AgNO_3$(A. R.)	固体	氯化钠(G. R.)	固体，$500\sim600℃$ 灼烧 40min
二氯荧光黄	0.1%(m/V)乙醇溶液	糊精	1%(m/V)的水溶液
邻苯二甲酸氢钾	固体(G. R.)	NaCl	固体
NaOH	$0.2mol\cdot L^{-1}$	冰醋酸	
1227 试样	液体原样	蔗糖	固体

① 四苯硼钠标准溶液（约 $0.02mol\cdot L^{-1}$）制备 称取 $NaB(C_6H_5)_4$ 约 7g，加水 50mL，微热溶解。加 $Al(NO_3)_3$ 固体 0.5g，振摇 5min。再加水 250mL、NaCl 固体 16.6g，静置 30min。用双层中速滤纸过滤该溶液。收集全部滤液，加水 600mL，用 $0.2mol\cdot L^{-1}$ 的 NaOH 溶液调节 pH $=8\sim9$，再过滤。收集全部滤液于棕色瓶中，可稳定 6 个月。

② 四苯硼钾饱和溶液制备 称 0.1g 邻苯二甲酸氢钾（$C_6H_4COOHCOOK$）于 250mL 烧杯中，加水 50mL 溶解，再加冰醋酸 1.0mL、$0.02mol\cdot L^{-1}$ 的四苯硼钠溶液 15mL。混匀静置 1h，过滤沉淀，并用水洗涤。将沉淀和 100mL 水在约 50℃ 水浴上恒温 5min。冷却后静置 2h，过滤，弃去最初的 30mL 滤液，余下滤液则为四苯硼钾饱和溶液。

四、实验内容

1. 四苯硼钠标准溶液的标定

称取邻苯二甲酸氢钾（$C_6H_4COOHCOOK$，G. R.）固体约 0.5g 于 250mL 烧杯中。加 100mL 水、2.0mL 冰醋酸溶解之，水浴加热至 50℃。用移液管缓缓加入 50.00mL 四苯硼钠标准溶液。冷却、静置 1h。

用恒重过的 G-4 号玻璃坩埚过滤器过滤，用 5mL 四苯硼钾饱和溶液洗涤沉淀，洗涤 3

次。将有沉淀的 G-4 号玻璃坩埚过滤器在 105℃的烘箱内烘 45min，直至恒重。

2. 十二烷基二甲基苄基氯化铵试样中主含量的测定

减量法准确称取十二烷基二甲基苄基氯化铵试样 2g 于 250mL 的容量瓶中，用水稀释至刻度，摇匀。此液为"试样液"。

用移液管吸取 25.00mL 试样液于 250mL 锥形瓶中，加 1.5g 蔗糖，振摇或微热溶解，冷至室温，加 2～3 滴二氯荧光黄指示剂，用四苯硼钠标准溶液滴至溶液由嫣红色变成黄色即为终点。消耗四苯硼钠标准溶液 V(mL)。

平行测定 2 次。计算试样中十二烷基二甲基苄基氯化铵的含量。

五、计算

1. 四苯硼钠标准溶液的浓度

$$c(\text{四苯硼钠}) = \frac{\dfrac{m_1 - m_0}{M(\text{四苯硼钾})}}{50.00\text{mL} \times 10^{-3}} \quad (\text{mol} \cdot \text{L}^{-1})$$

式中，c(四苯硼钠)为四苯硼钠标准溶液浓度，$\text{mol} \cdot \text{L}^{-1}$；$m_0$ 为 G-4 号玻璃坩埚过滤器的质量，g；m_1 为 G-4 号玻璃坩埚过滤器加沉淀的质量，g；M（四苯硼钾）为四苯硼钾的摩尔质量，$\text{g} \cdot \text{mol}^{-1}$；50.00mL 为标定时，加入的四苯硼钠标准溶液的体积。

2. 计算试样中十二烷基二甲基苄基氯化铵的含量

$$w = \frac{c(\text{四苯硼钠})VM(1227) \times 10^{-3}}{m \times \dfrac{25.00\text{mL}}{250.00\text{mL}}} \times 100\%$$

式中，V 为测定 1227 中主含量时，消耗四苯硼钠标准溶液的体积，mL；M(1227)为十二烷基二甲基苄基氯化铵的摩尔质量，$\text{g} \cdot \text{mol}^{-1}$；$m$ 为称取的 1227 试样的质量，g；250.00mL 为"试样液"的总体积，即容量瓶的体积；25.00mL 为被滴定的"试样液"的体积，即移液管的体积。

六、注意事项

① $KB(C_6H_5)_4$ 虽是沉淀，但其溶解度不是很小。所以，用重量法标定四苯硼钠标准溶液时，沉淀不能用水洗，而采用四苯硼钾饱和溶液洗涤，避免沉淀损失。由于四苯硼钾饱和溶液浓度极低，用量很小，也不会造成太大的正误差，可满足测试的要求。

② 用四苯硼钠标准溶液滴至终点附近，滴定速度一定要慢。因为终点附近进行的是沉淀的转化反应，速度很慢。滴定速度太快，很可能超过终点较多。

③ 铵类化合物均可采用此法测定。

七、思考题

① 用四苯硼钠标准溶液滴定时，为什么要加 1.5g 蔗糖？

② 重量法标定四苯硼钠标准溶液时，为什么不用定量滤纸过滤而改用 G-4 号玻璃坩埚过滤器？

八、实验记录

1. 四苯硼钠标准溶液的标定

	四苯硼钠体积/mL	坩埚质量/g	坩埚＋沉淀质量/g
1			
2			

2. 十二烷基二甲基苄基氯化铵试样中主含量的测定

	首次称重/g	吸出后称重/g	试样质量/g	四苯硼钠体积 V/mL
1				
2				

实验五十三　艾氏卡法测定煤中的硫含量

一、实验目的

① 了解煤中硫的存在形式。

② 掌握固体试样预处理的原理与方法。

③ 了解重量法测定硫酸盐的原理与方法。

④ 训练化学实验的操作技能。

二、实验原理

艾氏卡试剂化学纯的 MgO 与无水 Na_2CO_3 按 2∶1（质量比）混合，且研细至粒径 <0.2mm。

煤中的硫通常以无机硫和有机硫两种形式存在。无机硫以硫化物（FeS_2、ZnS 等）和硫酸盐（$CaSO_4$）为主；有机硫的组成非常复杂，主要是硫醚、硫醇、二硫化物、噻吩和硫醌类杂环化合物。测定各种形式硫的含量是非常困难的。一般测定煤中总硫的含量。

将煤样与艾氏卡试剂混合焙烧，煤中的硫在氧气与艾氏卡试剂作用下，生成硫酸盐：

$$4FeS_2 + 15O_2 + 8Na_2CO_3 \Longrightarrow 2Fe_2O_3 + 8Na_2SO_4 + 8CO_2\uparrow$$

$$C_nH_{2n+1}SH + (1.5n+2)O_2 + Na_2CO_3 \Longrightarrow Na_2SO_4 + (n+1)CO_2\uparrow + (n+1)H_2O\uparrow$$

硫酸盐用水溶解，加入 $BaCl_2$ 溶液，生成 $BaSO_4$ 沉淀，用重量法可测定煤中总硫含量。

三、器材与试剂

1. 器材

仪器或器材	数　量	仪器或器材	数　量
30mL 瓷坩埚	2个	10~20mL 瓷坩埚	2个
马福炉	1台	电子天平	1台
坩埚钳	1支	400mL 烧杯	4个
中速定性滤纸		电炉	1个
$\phi(3\sim4)$mm×$(150\sim180)$mm 细玻璃棒	2根	中速定量滤纸	1套
干燥器	1个	500mL 洗瓶	1个
石棉板	1块	漏斗（带漏斗架）	2个
白瓷点滴板	1块		

2. 试剂

试　　剂	规　　格	试　　剂	规　　格
艾氏卡试剂	固体	盐酸	(1+1)
氯化钡	10%	甲基橙	0.2%水溶液
$AgNO_3$	0.1mol·L^{-1}	煤试样	粒径≤0.2mm，自然干燥
酚酞	0.2%乙醇溶液		

四、实验内容

1. 煤中硫的转化

① 添加法准确称取煤试样约 1g 和艾氏卡试剂 2g 于 30mL 的瓷坩埚中混匀,再在其上面覆盖 1g 艾氏卡试剂。

② 将装有煤试样的瓷坩埚放入马弗炉中,逐渐升温至 800~850℃。在此温度下焙烧 1~2h。

2. 生成 $BaSO_4$ 沉淀

① 从马弗炉中取出坩埚于石棉板上,冷却至室温。将沉淀捣碎后转移至 400mL 烧杯中。用热水冲洗坩埚内壁,洗涤液全部转移至前述的 400mL 烧杯中。并在烧杯中再加入刚煮沸的水 100~150mL,充分搅拌。

② 将烧杯中的溶液用倾泻法经中速定性滤纸过滤,用热水多次冲洗滤纸、洗涤沉淀,洗涤热水总体积不超过 250~300mL。可用点滴板接 1 滴滤液,在其中滴加 1 滴酚酞,若不变红,则认为滤纸和沉淀均已洗涤干净。

③ 在滤液中滴入 2~3 滴甲基橙,滴加 (1+1) 盐酸至溶液由黄色突变为红色为止。将溶液加热至沸,边搅拌边滴加氯化钡溶液 10mL。继续沸腾,浓缩溶液至约 200mL。

3. 测定

① 将浓缩溶液冷却至室温,用定量滤纸过滤,用水洗涤沉淀。用点滴板接 1 滴滤液,在其中滴加 1 滴 $AgNO_3$,若不浑浊,滤液中已无 Cl^-,沉淀已洗涤干净。

② 将滤纸连同沉淀一起放入已在 800~850℃恒重过的 10~20mL 瓷坩埚中,将坩埚放在电炉上小火烘烤至滤纸全部变黑至灰白。

③ 将坩埚盖留一条缝盖在坩埚上,放入已升温至 800~850℃的马弗炉内灼烧 20~40min,取出坩埚于石棉板上。稍冷后放入干燥器至室温(约 25~30min)。取出称重。

五、计算

煤样中的硫含量:

$$w = \frac{\dfrac{(m_2 - m_1)M(\mathrm{S})}{M(\mathrm{BaSO_4})}}{m} \times 100\%$$

式中,m_2 为坩埚与 $BaSO_4$ 的总质量,g;m_1 为坩埚质量,g;$M(\mathrm{S})$ 为 S 的摩尔质量,g·mol^{-1};$M(\mathrm{BaSO_4})$ 为 $BaSO_4$ 的摩尔质量,g·mol^{-1};m 为煤试样的质量,g。

六、注意事项

① 煤试样在马弗炉中焙烧后,若还可看见有未焙烧尽的黑色煤细粒,可再在 800~850℃下继续焙烧 30min。

② 焙烧后煤试样加水溶解时,若液面飘浮黑色煤细粒,则应终止此次实验,重新开始。

③ 千万不可将未经过高温灰化的沉淀直接进入高温马弗炉中。否则,会引起暴沸和燃烧,使沉淀飞溅,使结果偏低或实验失败。

④ 恒重过程中,每次灼烧、冷却的时间一定要严格控制,使其相等。也一定放入干燥器内冷却,否则无法达到恒重。

七、思考题

① 为什么在煤试样与艾氏卡试剂混合物上面还要覆盖 1g 艾氏卡试剂?

② 为什么要在滤液中滴入甲基橙和盐酸至溶液变为红色？

③ 为什么在加热至沸时并边搅拌边滴加氯化钡溶液？

④ 滤纸灰化时，实验操作上应注意哪些问题？

八、实验记录

	煤试样质量/g	坩埚质量/g	坩埚＋BaSO₄沉淀/g
1			
2			

实验五十四　磷肥普钙中有效磷的测定

一、实验目的

① 了解化肥中有效成分的概念。

② 掌握常量磷的测定原理及方法。

③ 掌握细小颗粒沉淀物的过滤方法。

④ 熟练重量分析法的操作技能。

二、实验原理

化肥的组成不是单一的，是一个成分较复杂的混合物。磷肥的组成更为复杂。磷肥"普钙"的主要成分是过磷酸钙 $Ca(H_2PO_4)_2$，又称磷酸二氢钙。是水溶性物质。它是由"氟磷灰石"与硫酸反应制得：

$$2Ca_5F(PO_4)_3 + 7H_2SO_4 + 3H_2O === 3Ca(H_2PO_4)_2 \cdot H_2O + 7CaSO_4 + 2HF\uparrow$$

由于"氟磷灰石"的品位和硫酸浓度、加入量的不同，含磷的产物还会有 H_3PO_4、磷酸氢钙 $CaHPO_4 \cdot 2H_2O$、磷酸四钙 $Ca_4P_2O_9$ 和磷酸钙 $Ca_3(PO_4)_2$、磷酸铁、磷酸铝。还可能有未反应的原矿石存在。

H_3PO_4、过磷酸钙 $Ca(H_2PO_4)_2$ 等可溶于水的成分称作"水溶性磷"，施入土壤中，很容易被植物吸收。

由于柠檬酸铵有很强的配位能力，磷酸氢钙 $CaHPO_4 \cdot 2H_2O$、磷酸四钙 $Ca_4P_2O_9$ 等不溶于水但可溶于柠檬酸铵溶液（又称为"彼得曼试剂"）。这些物质能被植物根部分泌出的酸性物质溶解而被植物吸收。因此，它们与水溶性的 H_3PO_4、过磷酸钙 $Ca(H_2PO_4)_2$ 一起被称为"有效磷"。

磷酸钙 $Ca_3(PO_4)_2$、磷酸铁、磷酸铝在土壤中不能被植物吸收，从化肥角度讲，它们是"无效磷"。"有效磷"与"无效磷"之和称为磷肥的"总磷"。

用彼得曼试剂浸取有效磷后，其正磷酸根在酸性条件下与喹钼柠酮试剂生成黄色的磷钼酸喹啉沉淀：

$$PO_4^{3-} + 12MoO_4^{2-} + 3C_9H_7N + 27H^+ === (C_9H_7N)_3H_3(PO_4 \cdot 12MoO_3) \cdot H_2O\downarrow + 11H_2O$$

称得沉淀的质量，即可求得普钙中"有效磷"含量。

三、器材与试剂

1. 器材

仪器或器材	数 量	仪器或器材	数 量
电子天平	1 台	75mL 蒸发皿	1 个
玻璃或白瓷研磨杵棒	1 个	漏斗(带漏斗架)	1 个
500mL 洗瓶	1 个	$\phi(3{\sim}4)$mm$\times(150{\sim}180)$mm 细玻璃棒	2 根
25mL 移液管	2 支	250mL 容量瓶	2 个
400mL 干燥烧杯	1 个	250mL 烧杯(表面皿)	2 个
中速定量滤纸		水浴	1 套
电炉	1 个	G-4 号(带抽滤)玻璃坩埚过滤器	2 个
烘箱	1 个	50mL 量筒	1 个

2. 试剂

试 剂	规 格	试 剂	规 格
浓硝酸		钼酸钠二水物	固体
柠檬酸一水物	固体	喹啉	
丙酮		硝酸	(1+1)
氨水	(2+3)	喹钼柠酮试剂	
彼得曼试剂		普钙试样	粒径<2mm

(1) 喹钼柠酮试剂的配制

① 溶液 A：70g 钼酸钠二水物（$Na_2MoO_4 \cdot 2H_2O$）溶于 150mL 水中。

② 溶液 B：60g 柠檬酸一水物［$HOOCCH_2C(OH)(COOH)CH_2COOH \cdot H_2O$］溶于 85mL 硝酸和 150mL 混合液中，冷却至室温。

③ 溶液 C：在不断搅拌下，将溶液 A 缓缓加入到溶液 B 中。

④ 溶液 D：5mL 喹啉（C_9H_7N）溶于 35mL 硝酸和 100mL 混合液中。

⑤ 溶液 E（喹钼柠酮试剂）：将溶液 D 缓缓加入到溶液 C 中，混匀。静置 24h，过滤。滤液中加 280mL 丙酮，用水稀释至 1L，混匀。贮存于聚乙烯瓶中，避光、避热贮存。

(2) 彼得曼试剂的配制

① 氨水标定 用移液管吸取 10.00mL(2+3) 氨水于预先盛有 400mL 水的 500mL 容量瓶中，定容。用移液管吸取 25.00mL 稀释氨水于 250mL 锥形瓶，加 2 滴甲基红指示剂，用硫酸标准溶液滴定至红色。

$$(2+3) \text{ 氨水中含 N 量} = \frac{c\left(\frac{1}{2}H_2SO_4\right)V(H_2SO_4)M(N)}{25.00\text{mL}} \times 50 \quad (\text{g} \cdot \text{L}^{-1})$$

式中，$c\left(\frac{1}{2}H_2SO_4\right)$ 为硫酸标准溶液以 $\frac{1}{2}H_2SO_4$ 为计量单位的浓度，$\text{mol} \cdot \text{L}^{-1}$；$V(H_2SO_4)$ 为消耗的硫酸标准溶液的体积，mL；$M(N)$ 为氮的摩尔质量，$14.01\text{g} \cdot \text{mol}^{-1}$；25.00mL 为吸取稀释氨水的体积；50 为(2+3) 氨水的稀释倍数。

② 彼得曼试剂 含 $173\text{g} \cdot \text{L}^{-1}$ 柠檬酸一水物和 $42\text{g} \cdot \text{L}^{-1}$ 以氨形式存在的氮或 $51\text{g} \cdot \text{L}^{-1}$ 氨的水溶液。

配制 V（溶液体积）（mL）的彼得曼试剂，需加柠檬酸一水物：

$$m = 173g \cdot L^{-1} V(溶液体积)/1000 \qquad (g)$$

由标定的氨水中含 N 量确定所加氨水体积 V（氨水）：

$$\frac{c\left(\frac{1}{2}H_2SO_4\right)V(H_2SO_4)M(N)}{25.00mL} \times 50 \times V(氨水) = 42g \cdot L^{-1} \times V(溶液体积)$$

$$V(氨水) = \frac{42 \times V(溶液体积) \times 25.00}{50c\left(\frac{1}{2}H_2SO_4\right)V(H_2SO_4)M(N)} \qquad (mL)$$

四、实验内容

1. "有效磷"的浸取

用添加法准确称取普钙试样 1～1.2g 于 75mL 的蒸发皿中。加 25mL 水，用杵棒研磨试样。将上层清液过滤，用预先加入 5mL（1+1）硝酸溶液的 250mL 容量瓶（A 瓶）接收滤液。继续在蒸发皿中加 25mL 水，研磨，再重复 3 次。最后一次过滤时，将不溶物全部转移至滤纸上，用水洗涤沉淀和冲洗滤纸至容量瓶（A 瓶）中，溶液体积约为 200mL，定容。此溶液称为"A 液"。

将滤纸及不溶物完全转移至另 1 个 250mL 容量瓶（B 瓶）中，加 100mL 彼得曼试剂，塞紧瓶塞。振荡容量瓶（B 瓶）直至滤纸碎成纤维状态为止。将容量瓶（B 瓶）于（60±1）℃恒温水浴中保持 1h 并不时振荡容量瓶（B 瓶）。取出容量瓶（B 瓶）定容。用干燥的器皿和滤纸过滤。弃去最初几毫升滤液，用干燥的 400mL 干燥烧杯接受滤液，此溶液称为"B 液"。

2. "有效磷"的测定

用移液管分别吸收"A 液"和"B 液"各 25mL 于 250mL 烧杯中，加（1+1）硝酸溶液 10mL，用水稀释至约 100mL，加喹钼柠酮试剂 35mL，加热微沸 1min 或于 80℃水浴中保温至沉淀分层。冷却至室温。

用在（180±2）℃下恒重过（m_0）的 G-4 号玻璃坩埚过滤器抽滤，每次用水 25mL 洗涤沉淀 2 次。再用水冲洗过滤器，用水总量的为 125～150mL。

将带有沉淀的玻璃坩埚过滤器置于（180±2）℃的烘箱内干燥 45min，冷却后称量至恒重（m_1）。

五、计算

普钙中"有效磷"（以 P_2O_5 计）的含量

$$w = \frac{\dfrac{(m_1 - m_0)M(P_2O_5)/2}{M(磷钼酸喹啉)}}{m} \times \frac{250.00mL}{25.00mL} \times 100\%$$

式中，m_1 为玻璃坩埚过滤器与沉淀质量之和，g；m_0 为玻璃坩埚过滤器的质量，g；$M(P_2O_5)$ 为 P_2O_5 的摩尔质量，$g \cdot mol^{-1}$；$M(磷钼酸喹啉)$ 为磷钼酸喹啉的摩尔质量，$g \cdot mol^{-1}$；m 为普钙试样的质量，g；250.00mL 为试样"A 液"、"B 液"的体积；25.00mL 为测定时所吸取的试样"A 液"、"B 液"的体积。

六、注意事项

① 有效磷浸取时必须先用水浸取水溶性"有效磷"，然后才能在沉淀中浸取非水溶性的"有效磷"。绝不可直接用彼得曼试剂一次性浸酸水溶性和非水溶性的"有效磷"。因为普钙中含有 H_3PO_4 等酸性物质，会使彼得曼试剂酸性增强，导致一些非"有效磷"溶解，使结

果偏高。

② 用彼得曼试剂浸酸时，浸取的效率与彼得曼试剂浓度、pH 值、温度都有密切关系，所用操作应按方法严格控制。

③ 磷钼酸喹啉沉淀是一种大分子，溶解度很小，但其颗粒非常细小。因此，沉淀时液体液面和过滤时玻璃坩埚过滤器的液面应低于 2/3 处。防止细小颗粒因表面作用"爬出"容器之外，使结果偏低。

④ 磷钼酸喹啉沉淀必须在强酸性时才能形成，原因有以下两点。

a. 因为杂多酸的酸性比较强，只有在强酸性中，PO_4^{3-} 才能与 Na_2MoO_4 形成磷钼杂多酸：

$$12Na_2MoO_4 + PO_4^{3-} + 26H^+ \rightleftharpoons [H_2PMo_{12}O_{40}]^- + 24Na^+ + 12H_2O$$

b. 只有在强酸性中，喹啉（C_9H_7N）中 N 才能质子化，形成阳离子：

$$C_9H_7N + H^+ \rightleftharpoons C_9H_7N^+H$$

⑤ 钼酸盐最好不用钼酸铵。因为铵盐的存在也会产生黄色的磷钼酸铵沉淀：

$$12(NH_4)_2MoO_4 + PO_4^{3-} + 24H^+ \rightleftharpoons (NH_4)_3PO_4 \cdot 12MoO_3 \cdot 2H_2O \downarrow + 21NH_4^+ + 10H_2O$$

使得沉淀形式和称量形式不唯一，将使测定结果偏低。

七、思考题

① 磷钼酸喹啉沉淀和磷钼酸铵沉淀都可以测定磷酸盐的含量，采取前者有什么优点？

② 如何清洗 G-4 号玻璃坩埚过滤器上的沉淀？

③ 磷钼酸喹啉沉淀只对正磷酸盐有效，对于还含有非正磷酸盐的试样，采取什么措施才能测定试样中磷的总含量？

④ 若"A 液"、"B 液"吸取的体积不一样，如何计算试样中的"有效磷"含量？

⑤ 若酸度低，对测定结果将产生什么影响？

八、实验记录

2. "有效磷"的测定

	普钙试样质量/g	坩埚质量 m_0/g	坩埚+沉淀质量 m_1/g
A			
B			

实验五十五　凯氏定氮法测定丙氨酸的含量

一、实验目的

① 了解和掌握凯氏定氮法的原理。

② 了解和掌握凯氏定氮法的测试对象、操作步骤。

③ 提高综合实验的动手能力。

④ 了解有机物的消解反应及其应用。

二、实验原理

含氮化合物的形式很多，大约可分为氨态氮、硝态氮、亚硝态氮和凯氏氮。

氨态氮：以 NH_3 或 NH_4^+ 存在或经碱处理可形成 NH_3 的含氮化合物。主要包括无机氨、铵盐、部分有机铵盐等。N 的氧化数为 -3。

硝态氮（亚硝态氮）：以 NO_3^-（NO_2^-）存在的硝酸盐（亚硝酸盐）或硝基（亚硝基）化合物。N 的氧化数 >0。

凯氏氮：与硫酸和催化剂一同加热消化，能产生硫酸铵的含氮化合物。主要包括胺、酰胺、含氮杂环化合物、氨基酸等生物物质。

凯氏定氮法：将被测的含氮试样与硫酸和催化剂一同加热消化，一些含氮化合物能转化为 NH_3，其在硫酸中生成硫酸铵，即变成了氨态氮。

丙氨酸 [$CH_3CH(NH_2)COOH$] 在强热和浓 H_2SO_4 作用下（$CuSO_4$ 为催化剂），转化为 $(NH_4)_2SO_4$：

$$2CH_3CH(NH_2)COOH+13H_2SO_4 = (NH_4)_2SO_4+6CO_2\uparrow+12SO_2\uparrow+16H_2O$$

然后在凯氏定氮器中，$(NH_4)_2SO_4$ 与碱作用，并蒸馏，使氨游离，用硼酸吸收：

$$(NH_4)_2SO_4+2NaOH = 2NH_3+2H_2O+Na_2SO_4$$

$$NH_3+H_3BO_3 = H_2BO_3^-+NH_4^+$$

$H_2BO_3^-$ 是一个中等强度的碱，可以用硫酸或盐酸标准溶液滴定生成的 $H_2BO_3^-$：

$$H_2BO_3^-+H^+ = H_3BO_3$$

根据酸的消耗量乘以换算系数，即为凯氏氮的含量。

因为 H_3BO_3 的 $K_{a1}=5.7\times10^{-10}$，所以

$$[H^+]=(cK_{a1})^{1/2}=7.5\times10^{-6}$$

$$pH=5.12$$

可以选择甲基红和溴甲酚绿混合指示剂（变色点的 $pH=5.1$，灰色），终点时从蓝绿色变为紫红色（或灰色）。

三、器材与试剂

1. 器材

仪器或器材	数 量	仪器或器材	数 量
电子天平	1 台	凯氏定氮仪	1 套
50mL 酸式滴定管	1 支	10mL 移液管	1 支
500mL 洗瓶	1 个	100mL 长颈烧瓶	2 个
短颈小漏斗	2 个	100mL 容量瓶	2 个
50mL 量筒	1 个	$\phi(3\sim4)mm\times(150\sim180)mm$ 细玻璃棒	2 根

2. 试剂

试 剂	规 格	试 剂	规 格
硫酸铜	固体	硫酸钾	固体
浓硫酸		硼酸	2%
氢氧化钠	40%	盐酸标准溶液	$0.1\ mol\cdot L^{-1}$（已标定）
甲基红＋甲酚绿	配制法见附录 8	丙氨酸试样	固体

四、实验内容

1. 样品的消解

减量法准确称取 $2\sim2.5g$ 丙氨酸试样于 100mL 长颈烧瓶（或 100mL 锥形瓶）中、加入 0.2g 硫酸铜、3g 硫酸钾及 20mL 浓硫酸。摇匀后于瓶口放一短颈小漏斗，将瓶以 45 度角斜支于石棉网上，小火加热。待内容物全部炭化，泡沫完全停止后，加强火力，并保持瓶内液体微沸，至液体呈蓝绿色澄清透明后，再继续加热 30min。取下冷却至室温。由短颈小漏斗处小心加 20mL 水。冷却后，移入 100mL 容量瓶中，并用少量水洗烧瓶，并入容量瓶中，加水至刻度，摇匀。此液称为"消解液"。

2. 搭置装置

按图 1 搭置好凯氏定氮仪。接收瓶内加入 2％硼酸溶液 10mL、混合指示剂 1 滴和数粒玻璃珠以防暴沸。将冷凝管的下端插入硼酸溶液液面以下。

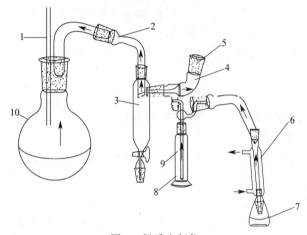

图 1 凯氏定氮仪

1—安全管；2—导管；3—气水分离管；4—样品入口；5—塞子；
6—冷凝管；7—吸收瓶；8—隔热液套；9—反应管；10—蒸气发生瓶

3. 消解液的分解、吸收

用移液管吸取 10.00mL 丙氨酸试样的"消解液"流入反应室。再将 40％的氢氧化钠溶液 10mL 缓慢流入反应室，立即关闭玻璃塞。开始加热蒸馏。可使氨通过冷凝管而进入接收瓶内，溶液由酒红色变为绿色。蒸馏 5min，直到接收瓶内不再有气泡为止。使冷凝管下端离开液面，用少量水冲洗冷凝管下端外部。取下接收瓶。

4. 滴定凯氏氮的含量

以 $0.1mol\cdot L^{-1}$ 盐酸标准溶液滴定接收瓶中的溶液至灰色或紫红色为终点。消耗盐酸标准溶液 V_1（mL）。

5. 空白试验

取与处理样品相同量的硫酸铜、硫酸钾、硫酸，用同一方法做试剂空白消解。再吸取 10.0mL 试剂空白消解液滴定。消耗盐酸标准溶液 V_2（mL）。

五、计算

丙氨酸试样中丙氨酸的含量：

$$w=\frac{(V_1-V_2)c(\text{HCl})M(\text{丙氨酸})\times10^{-3}}{m\times10\text{mL}/100\text{mL}}\times100\%$$

式中，w 为丙氨酸试样中丙氨酸的质量分数；V_1 为滴定试样吸收液时消耗的盐酸标准溶液的体积，mL；V_2 为滴定试剂空白时消耗的盐酸标准溶液的体积，mL；$c(\text{HCl})$ 为盐酸标准溶液的浓度，mol·L^{-1}；M(丙氨酸)为丙氨酸的摩尔质量，g·mol^{-1}；m 为称取丙氨酸试样的质量，g；10mL 为分解时吸取的"消解液"的体积；100mL 为丙氨酸试样消解后，"消解液"的总体积。

六、注意事项

① 样品应是均匀的。固体样品应预先研细混匀，液体样品应振摇或搅拌均匀。

② 样品放入定氮瓶内时，不要粘附瓶颈上。万一粘附可用少量水冲下，以免被检样消化不完全，使结果偏低。

③ 消化时如不呈透明溶液，可将定氮瓶放冷后，慢慢加入 30% 过氧化氢（H$_2$O$_2$）2～3mL，促使氧化。

④ 在整个消化过程中，不要用强火。保持和缓的沸腾，使火力集中在凯氏瓶底部，以免使试样液附在壁上而不能消解，使结果偏低。

⑤ 加入硫酸钾的作用为增加溶液的沸点，硫酸铜为催化剂。

⑥ 没有溴甲酚绿，也可单独使用 0.1% 甲基红乙醇溶液作指示剂。终点由黄色变为红色。

⑦ 以硼酸为氨的吸收液，可省去标定碱液的操作，且硼酸的体积要求并不严格，亦可免去用移液管，操作比较简便。

⑧ 向蒸馏瓶中加入浓碱时，往往出现褐色沉淀物，这是由于碱与硫酸铜反应，生成氢氧化铜，经加热后又分解生成氧化铜的沉淀。有时 Cu^{2+} 与氨作用，生成深蓝色的配合物 [Cu(NH$_3$)$_4$]$^{2+}$。

⑨ 凯氏定氮法是间接测量法，本实验所测得的丙氨酸的含量是指：样品中所有凯氏氮换算成丙氨酸的含量。

⑩ "消解液"加水稀释一定要在"消解液"完全冷却之后。加水时，一定要在瓶口盖上短颈小漏斗，防止飞溅。

⑪ 消解一定要在通风橱内进行，否则会有大量酸性气体挥发，对人有害。

⑫ 若因时间所限，也可不做空白实验。

七、思考题

① 消解试剂为什么选择硫酸？可不可以选择 HClO$_4$、H$_3$PO$_4$、KMnO$_4$？为什么？

② 加入 K$_2$SO$_4$ 的作用是什么？

③ 消化时如不呈透明溶液，可将定氮瓶放冷后，加入 H$_2$O$_2$。为什么要在放冷后再加 H$_2$O$_2$？趁热加入，会产生什么结果？

④ 为什么吸收液采用硼酸？若采用 HCl，对实验会产生什么影响？

八、实验记录

4. 滴定凯氏氮的含量

	首次称重/g	吸出后称重/g	丙氨酸试样质量/g	HCl 体积 V_1/mL
1				
2				
空白试验				V_0/mL：

第 8 章

综合设计型实验

实验五十六　混合离子溶液中离子的分离与鉴定

一、设计提示

若需分离的组分是固体，必须经过采样、研磨成粉、过筛、四分法取样，可得到 1 个有代表性、分布均匀的试样。

在分离前还要对试样作溶解实验，这一步要求需分离的组分必须全溶解，否则会产生包裹现象。选样合适的溶剂（H_2O、HCl、HNO_3 等）溶解试样成溶液，也可以选择合适的熔剂（K_2O、$NaOH$、Na_2CO_3 等），使试样在熔融下形成可溶于水的形式。

在混合离子溶液中加入各种沉淀剂，每次使 1 个离子沉淀完全，液固分离。再将沉淀溶解成溶液，进行鉴定。

二、设计要求

设计分离下列各组离子混合液的实验方案：

① Cr^{2+}、Mn^{2+}、Fe^{3+}、Co^{2+}、Ni^{2+}。

② Cu^{2+}、Ag^+、Zn^{3+}、Cd^{2+}、Hg^{2+}。

分离后的成分必须恢复到起始形态。并定性鉴定。方案中不仅要有流程图，而且必须有所用试剂的浓度、用量（包括检测方法）、操作步骤等。

实验五十七　$NaHC_2O_4$ 与 $Na_2C_2O_4$ 混合物的测定

一、设计提示

$NaHC_2O_4$ 与 $Na_2C_2O_4$ 是一对共轭酸碱。

$$K_{b1} = 10^{-14}/K_{a2} = 10^{-14}/(6.4 \times 10^{-5}) = 1.6 \times 10^{-10}$$

$$K_{b2} = 10^{-14}/K_{a1} = 10^{-14}/(5.9 \times 10^{-2}) = 1.7 \times 10^{-13}$$

$NaHC_2O_4$、$Na_2C_2O_4$ 都是非常弱的碱，不能用 HCl 直接滴定。$NaHC_2O_4$、$H_2C_2O_4$ 的

$$K_{a1}/K_{a2} = 5.9 \times 10^{-2}/6.4 \times 10^{-5} = 9.2 \times 10^2$$

也不能用双指示剂法进行连续滴定。

试样为固体，但含有其他不与强酸或强碱反应的杂质。

二、设计要求

① 只允许用直接酸碱滴定法或间接酸碱滴定法进行测定。

② 要确定 $NaHC_2O_4$ 与 $Na_2C_2O_4$ 的百分含量。

③ 阐述实验方案的理论依据、设计出各步操作方案，包括实验条件、称量、各试剂浓度、合适的指示剂。并列出计算 $NaHC_2O_4$ 与 $Na_2C_2O_4$ 的百分含量的计算式。

④ 列出实验中 1～2 个需注意的问题。

实验五十八　白云石中 MgO 含量的测定

一、设计提示

白云石是重要的矿物，常用于建材、冶金等行业。白云石是碳酸盐矿，它的主要成分及含量如表 1 所示。

表 1　白云石主要成分及含量一览

成　　分	CaO	MgO	SiO$_2$	Al$_2$O$_3$	Fe$_2$O$_3$
百分含量/%	约 30	约 20	约 0.05	约 0.024	约 0.5

由于 MgO 含量很高，在 pH＝10 的缓冲溶液中，$[Mg^{2+}]+[Ca^{2+}]=0.02 mol \cdot L^{-1}$ 时：

$$[Mg^{2+}] \approx 0.02 \times \frac{\dfrac{20}{40.0}}{\dfrac{20}{40.0}+\dfrac{30}{56.0}} \approx 4.8 \times 10^{-3} mol \cdot L^{-1}$$

而

$$K_{sp}[Mg(OH)_2]=1.8 \times 10^{-11}$$

$$[Mg^{2+}][OH^-]^2=4.8 \times 10^{-3} \times (10^{-4})^2=4.8 \times 10^{-11} > K_{sp}[Mg(OH)_2]$$

将有 Mg(OH)$_2$ 沉淀产生，在此条件下，用 EDTA 不能准确滴定（CaO＋MgO）的总量。因此，"在 pH＝10 时，用 EDTA 滴定（Ca^{2+}＋Mg^{2+}）的合量，在 pH＝12 时，用 EDTA 滴定 Ca^{2+} 的量，通过差减求得 MgO 含量"的方法已不适用，必须采用其他的方法测定。

二、设计要求

① 不允许使用 EDTA 直接滴定。

② 可采取其他已学过的化学分析方法进行测定。

③ 设计测定白云石矿中 MgO 含量的分析方案、步骤、所需试剂、指示剂及计算 MgO 含量的算式。

④ 列出实验原理和实验操作的关键问题。

实验五十九　以杂铜、电路板为原料制备 CuSO$_4 \cdot n$H$_2$O

一、设计提示

杂铜主要有紫铜、黄铜、白铜、青铜。它们的主成分是 Cu，还有 Fe、Zn、Ni、Pb、Sn 等杂质。电路板中除 Cu 外，还有 Fe、Sn、Zn、Ag、Au 等。

Fe、Zn、Ni、Pb、Sn 都可溶于稀 HCl；Cu 可溶于（HCl＋H$_2$O$_2$）、浓硫酸、硝酸等；Ag、Au 只溶于王水。

可将原料首先转化为 Cu，再制备 CuSO$_4 \cdot n$H$_2$O。Ag、Au 必须回收。

二、设计要求

① 确定 CuSO$_4 \cdot n$H$_2$O 晶体产物中结晶水的个数（n）。

② 制取 CuSO$_4 \cdot n$H$_2$O 晶体产物约 20g。

③ 测定产物中 $CuSO_4 \cdot nH_2O$ 的百分含量。

④ 采取简洁的"限量检查法"检验产物中 Fe、Pb 的含量，确定 $CuSO_4 \cdot nH_2O$ 所达到的等级。

⑤ 列出实验原理和实验操作的关键问题。

实验六十　从硼镁泥中提取七水硫酸镁

一、设计提示

七水硫酸镁（$MgSO_4 \cdot 7H_2O$）在印染、造纸、医药等行业有广泛的用途，可从工业生产硼砂的废渣中提取。工业生产硼砂（$Na_2B_4O_7$）的废渣称为"硼镁泥"。

生产硼砂（$Na_2B_4O_7$）的主要原料及工艺过程如下：

硼镁矿（主成分为 $MgO \cdot B_2O_3$）与 Na_2CO_3、CO_2 焙烧：

$$2MgO \cdot B_2O_3 + Na_2CO_3 + CO_2 \xrightarrow{焙烧} Na_2B_4O_7 + 2MgCO_3 \downarrow$$

用水浸出 $Na_2B_4O_7$ 后，"硼镁泥"中主要成分是 $MgCO_3$，其他杂质如表1所示。

表1　"硼镁泥"中各组分含量

成分	MgO	CaO	MnO$_2$	Al$_2$O$_3$	Fe$_2$O$_3$	B$_2$O$_3$	SiO$_2$
百分含量/%	30~40	2~3	约1	1~2	5~15	1~2	20~25

在制备七水硫酸镁时，需将镁的碳酸盐转化成硫酸盐晶体。还要除去主要杂质 SiO_3^{2-}、Fe^{2+}、Fe^{3+}、Al^{2+}、Mn^{2+}、Ca^{2+} 等。

二、设计要求

① 七水硫酸镁的结晶水不能丢失。

② 制备目标产物约 10g。

③ 检测产物的百分含量。

④ 采取简洁的"限量检查法"检验产物中 Fe、Al、Mn 的含量，确定产物的质量所达到的等级。

实验六十一　含锌药物$ZnSO_4 \cdot 7H_2O$的制备及含量测定

一、设计提示

Zn 的化合物 $ZnSO_4 \cdot 7H_2O$、ZnO、$ZnAc_2$ 等都可作为医药使用。在医药上 $ZnSO_4 \cdot 7H_2O$ 可作为内服的催吐剂。外用可配制滴眼液（浓度 0.1%~1%），也可用来防止沙眼的发展。

$ZnSO_4 \cdot 7H_2O$ 为无色透明、结晶状粉末。易溶于水，溶解度可达 166g·(100g 水)$^{-1}$。也溶于甘油，溶解度为 40g·(100g 甘油)$^{-1}$。不溶于乙醇。

工业上以闪锌矿（主成分为 ZnS）为原料，在空气中焙烧成 $ZnSO_4$：

$$ZnS + 2O_2 = ZnSO_4$$

用热水浸取。也可以 ZnO（或闪锌矿焙烧成的矿粉）为原料，与 H_2SO_4 反应生成 $ZnSO_4$。

ZnSO$_4$ 的水溶液中主要杂质有 Fe^{2+}、Mn^{2+}、Cd^{2+}、Pb^{2+}、Ni^{2+}，必须除去。

二、设计要求

① 以闪锌矿焙烧成的矿粉为原料制取 ZnSO$_4 \cdot 7H_2O$ 晶体的工艺路线。

② 制取 ZnSO$_4 \cdot 7H_2O$ 晶体 10g。

③ 检验产物中 Zn（以 ZnO 计）的百分含量。

④ 对产物中的杂质 Mn^{2+}、Ni^{2+} 进行限量检查。

实验六十二　水泥生料中二氧化硅及其他组分的测量

一、设计提示

水泥生料是由石灰石、黏土及少量铁矿粉按一定比例混配而成。含二氧化硅的黏土不能像水泥熟料一样用盐酸溶解，必须用碳酸钠作熔剂，在高温下将不溶性的硅酸盐（以 CaSiO$_3$ 为例）转化为可熔性的硅酸盐：

$$CaSiO_3 + Na_2CO_3 \xrightarrow{\text{高温}} CaO + Na_2SiO_3 + CO_2\uparrow$$

然后，按照熟料中二氧化硅、氧化钙、氧化镁、氧化铁和氧化铝的测定方法进行测定。

二、设计要求

① 选择合适的器皿、熔剂、条件转化水泥生料。

② 在实验方案中，不要人为地引进硅、钙、镁、铁和铝杂质。

③ 二氧化硅的测定不限于重量法。

④ 设计方案中若涉及特殊的器材，应注明使用时的重要注意事项。

实验六十三　锌钡白的制备与组分测定

一、设计提示

锌钡白的工业产品名称叫"立德粉"，是一种仅次于二氧化钛的白色无机颜料，可以大量用于涂料（油漆）工业，也可以作为橡胶、油墨、造纸、塑料、皮革、搪瓷工业的主要填充料。

工业上生产立德粉是由 BaS 与 ZnSO$_4$ 溶液混合而成：

$$BaS + ZnSO_4 == BaSO_4\downarrow + ZnS\downarrow$$

沉淀过滤、烘干后即为产品。

立德粉质量高低的一个重要指标是其颜色，而立德粉的颜色与生产原料、工艺过程有密切关系。

ZnSO$_4$ 的制取可以菱锌矿为原料，也可以工业粗产品 ZnO 为原料制取。但原料中含有 Ni、Cd、Fe、Mn 等杂质，它们的存在都会降低立德粉的质量，必须清除。

二、设计要求

① 设计由 BaS 固体和含有杂质的工业粗 ZnO 为原料制备 10g 立德粉的方案。

② 制备过程中，需对杂质 Ni、Fe、Mn 等进行限量检查。

③ 对产品中的主成分进行含量测定。

实验六十四　絮凝剂聚合氯化铝的测定

一、设计提示

聚合氯化铝的分子式是 $[Al_2(OH)_nCl_{6-n}]_m$。它是三价 Al 的碱式盐，是无机高分子化合物，是常用的絮凝净水剂。它在水溶液中主要以 $[Al(H_2O)_6]^{3+}$ 状态存在，在 pH>3 以后随 pH 升高，逐步水解：

$$[Al(H_2O)_6]^{3+} = [Al(OH)(H_2O)_5]^{2+} + H^+$$

$$\cdots\cdots$$

$$[Al(OH)_2(H_2O)_4]^+ = [Al(OH)_3(H_2O)_3]^+ + H^+$$

当分子中 OH^- 增加时，它们之间可发生架桥连接，产生多核羟基配合物和缩聚反应：

$$2[Al(OH)(H_2O)_5]^{2+} = \left[(H_2O)_4Al\begin{matrix}OH\\\\HO\end{matrix}Al(H_2O)_4\right]^{4+} + 2H_2O$$

这些反应产物都会产生混凝作用，形成絮凝体由小变大，最终被沉淀。因此，聚合氯化铝絮凝能力的大小与分子中的 OH 多少（又称为"盐基度"）密不可分。

用于饮用水的固体聚合氯化铝的质量要求（部分）如下：

Al_2O_3 含量 $\geqslant 29.0\%$，盐基度 $=50.0\%\sim85.0\%$，$Mn\leqslant0.045\%$，$Cr(VI)\leqslant0.0015\%$。

二、设计要求

① 详细制定用于饮用水的固体聚合氯化铝的主含量 Al_2O_3、盐基度含量测定的详细方案和测试过程。

② 对杂质 Mn、Cr(VI) 等杂质进行限量检查。

实验六十五　从含银废液或废渣中回收金属银并制备硝酸银

一、设计提示

工业、照相馆、医院和实验室的废液或废渣中有可能含有浓度很低的银。要提取其中的银，必须先富集，然后再提取、纯化。提取银的途径有下列 5 条：

① 将含银废液进行还原，得到金属银。

② 含银废液 $+Na_2S \longrightarrow Ag_2S\downarrow \longrightarrow 1000℃ 灼烧 \longrightarrow Ag\downarrow$。

③ 含银废液 $+NaCl \longrightarrow AgCl\downarrow + 浓 NH_3\cdot H_2O \longrightarrow Ag(NH_3)_2^+ \longrightarrow 还原 \longrightarrow Ag\downarrow$。

④ 含银废液 $+$ 有机萃取剂 $\longrightarrow$ 富集 $\longrightarrow$ 还原 $\longrightarrow Ag\downarrow$。

⑤ 含银废液 $\longrightarrow$ 离子交换树脂 $\longrightarrow$ 洗脱 $\longrightarrow$ 还原 $\longrightarrow Ag\downarrow$。

采取何种途径，主要决定于含银废液中银的含量、杂质及来源（银的存在形式）。例如：废定影液中，银的存在形式为 $[Ag(S_2O_3)_2]^{3-}$ 配离子，加入 NaCl，不能形成 AgCl 沉淀，所以不能采用第③法而采取第②法。

$$2[Ag(S_2O_3)_2]^{3-} + S^{2-} = Ag_2S\downarrow + 4S_2O_3^{2-}$$

二、设计要求

① 原料为 100mL 废定影液。

② 提取废定影液中的银，制成金属银。

③ 由金属银制备成试剂级的 $AgNO_3$ 晶体。

④ 测定 $AgNO_3$ 晶体中 $AgNO_3$ 的百分含量。

附录1　常见酸、碱的离解常数

化合物	电离常数	化合物	电离常数
酸(K_a)		HIO_3	1.7×10^{-1}
H_3AlO_3	$K_1=6.3\times10^{-12}$	HNO_2	5.1×10^{-4}
H_3AsO_4	$K_1=5.6\times10^{-3}$；$K_2=1.7\times10^{-7}$；$K_3=3.0\times10^{-12}$	H_2O_2	2.4×10^{-12}
		H_3PO_4	$K_1=7.6\times10^{-3}$；$K_2=6.30\times10^{-8}$；$K_3=4.35\times10^{-13}$
H_3AsO_3	$K_1=6.0\times10^{-10}$		
H_3BO_3	$K_1=5.7\times10^{-10}$	H_2SiO_3	$K_1=1.70\times10^{-10}$；$K_2=1.52\times10^{-12}$
$HCOOH$	1.8×10^{-4}	H_2S	$K_1=1.32\times10^{-7}$；$K_2=7.10\times10^{-15}$
CH_3COOH	1.8×10^{-5}	H_2SO_3	$K_1=1.5\times10^{-2}$；$K_2=1.0\times10^{-7}$；
$ClCH_2COOH$	1.4×10^{-3}	$H_2S_2O_3$	$K_1=2.5\times10^{-1}$；$K_2=10\times10^{-1.4\sim1.7}$
$H_2C_2O_4$	$K_1=5.9\times10^{-2}$；$K_2=6.4\times10^{-5}$；	H_4Y(乙二胺四乙酸)	$K_1=1.0\times10^{-2}$；$K_2=2.10\times10^{-3}$
$H_2C_4H_4O_6$(酒石酸)	$K_1=9.1\times10^{-4}$；$K_2=4.3\times10^{-5}$；		$K_3=6.9\times10^{-7}$；$K_4=5.5\times10^{-11}$
$H_3C_6H_5O_7$(柠檬酸)	$K_1=7.4\times10^{-4}$；$K_2=1.73\times10^{-5}$；	碱(K_b)	
	$K_3=4.0\times10^{-7}$	$NH_3\cdot H_2O$	1.8×10^{-5}
H_2CO_3	$K_1=4.2\times10^{-7}$；$K_2=5.6\times10^{-11}$；	$NH_2\cdot NH_2$(联胺)	9.8×10^{-7}
$HClO$	3.2×10^{-3}	$NH_2\cdot OH$(羟胺)	9.3×10^{-9}
HCN	6.2×10^{-10}	$C_6H_5NH_2$(苯胺)	4.2×10^{-10}
$HSCN$	1.4×10^{-1}	C_6H_5N(吡啶)	1.5×10^{-9}
H_2CrO_4	$K_1=1.8\times10^{-1}$；$K_2=3.2\times10^{-7}$；	$(CH_2)_6N_4$	1.4×10^{-9}
HF	3.5×10^{-4}	(六亚甲基四胺)	

附录2　常见难溶电解质的溶度积常数

化合物	溶度积K_{sp}	化合物	溶度积K_{sp}	化合物	溶度积K_{sp}
$AgAc$	4.4×10^{-3}	$CdC_2O_4\cdot3H_2O$	9.1×10^{-8}	$K_2NaCo(NO_2)_6\cdot H_2O$	2.2×10^{-11}
$AgBr$	4.1×10^{-13}	$Cd(OH)_2$	2.1×10^{-14}	K_2PtCl_6	1.1×10^{-5}
$AgCl$	1.8×10^{-10}	CdS	8.0×10^{-27}	MgF_2	6.4×10^{-9}
AgI	8.3×10^{-17}	$CoCO_3$	1.4×10^{-13}	$Mg(OH)_2$	1.8×10^{-11}
Ag_2CO_3	6.1×10^{-12}	$Co(OH)_2$	1.6×10^{-15}	$MnCO_3$	1.8×10^{-11}
$Ag_2C_2O_4$	1.0×10^{-11}	$Co(OH)_3$	1.6×10^{-44}	$Mn(OH)_2$	1.9×10^{-13}
Ag_2CrO_4	1.1×10^{-12}	$CoS,\alpha-$	4×10^{-21}	MnS(无定形)	2.5×10^{-10}
$Ag_2Cr_2O_7$	2.0×10^{-7}	$\beta-$	2×10^{-25}	(结晶)	2.5×10^{-13}
$AgIO_3$	3.0×10^{-8}	$Cr(OH)_3$	6.3×10^{-31}	$NiCO_3$	6.6×10^{-9}
$AgNO_2$	6.0×10^{-4}	$CuBr$	5.3×10^{-9}	$Ni(OH)_2$	2.0×10^{-15}
$AgOH$	2.0×10^{-8}	$CuCl$	1.2×10^{-6}	$NiS,\alpha-$	3.2×10^{-19}
Ag_2S	6.3×10^{-50}	Cu_2S	2.5×10^{-48}	$\beta-$	1×10^{-24}
Ag_2SO_4	1.4×10^{-5}	$CuCO_3$	1.4×10^{-10}	$\gamma-$	2.0×10^{-20}
$Al(OH)_3$	1.3×10^{-33}	$CuCrO_4$	3.6×10^{-6}	$PbCl_2$	1.6×10^{-5}
$BaCO_3$	5.1×10^{-9}	$Cu(OH)_2$	2.2×10^{-20}	$PbCO_3$	7.4×10^{-14}
BaC_2O_4	1.6×10^{-7}	$Cu_3(PO_4)_2$	1.3×10^{-37}	$PbCrO_4$	2.8×10^{-13}
$BaCrO_4$	1.2×10^{-10}	$Cu_2P_2O_7$	8.3×10^{-16}	PbI_2	1.1×10^{-8}
BaF_2	1.0×10^{-6}	CuS	6.3×10^{-36}	PbS	8.0×10^{-28}
$BaSO_4$	1.1×10^{-10}	$FeCO_3$	3.2×10^{-11}	$PbSO_4$	1.6×10^{-8}
$BaSO_3$	8×10^{-7}	$FeC_2O_4\cdot2H_2O$	3.2×10^{-7}	$Sn(OH)_2$	1.4×10^{-28}
$BiOCl$	1.8×10^{-31}	$Fe_4[Fe(CN)_6]_3$	3.3×10^{-41}	$Sn(OH)_4$	1×10^{-55}
$Bi(OH)_3$	4×10^{-31}	$Fe(OH)_2$	8.0×10^{-16}	SnS	1.0×10^{-28}
$BiO(NO_3)$	2.82×10^{-9}	$Fe(OH)_3$	3.5×10^{-38}	$SrCO_3$	1.1×10^{-10}
Bi_2S_3	1×10^{-97}	FeS	6.3×10^{-18}	$SrCrO_4$	2.2×10^{-5}
$CaCO_3$	3.8×10^{-9}	Fe_2S_3	$\approx10^{-88}$	$SrC_2O_4\cdot H_2O$	1.6×10^{-7}
$CaC_2O_4\cdot2H_2O$	2.3×10^{-9}	Hg_2Cl_2	1.3×10^{-18}	$SrSO_4$	3.2×10^{-7}
$CaCrO_4$	7.1×10^{-4}	Hg_2CrO_4	2.0×10^{-9}	$ZnCO_3$	1.4×10^{-11}
CaF_2	2.7×10^{-11}	Hg_2S	1.0×10^{-47}	$Zn(OH)_2$	1.2×10^{-17}
$Ca(OH)_2$	5.5×10^{-6}	HgS(红)	4×10^{-53}	$ZnS,\alpha-$	1.6×10^{-24}
$CaSO_4$	9.1×10^{-8}	HgS(黑)	1.6×10^{-52}	$\beta-$	2.5×10^{-22}
$Ca_3(PO_4)_2$	2.0×10^{-29}	$HgSO_4$	7.4×10^{-7}		
$CdCO_3$	5.2×10^{-12}	$KHC_4H_4O_6$	3.0×10^{-4}		

附录3 标准电极电位（298.15K）

一、在酸性溶液中

电 对	电 极 反 应	$\varphi^{\ominus}/V$
Li^+/Li	$Li^+ + e^- \rightleftharpoons Li$	-3.045
Rb^+/Rb	$Rb^+ + e^- \rightleftharpoons Rb$	-2.93
K^+/K	$K^+ + e^- \rightleftharpoons K$	-2.925
Cs^+/Cs	$Cs^+ + e^- \rightleftharpoons Cs$	-2.92
Ba^{2+}/Ba	$Ba^{2+} + 2e^- \rightleftharpoons Ba$	-2.91
Sr^{2+}/Sr	$Sr^{2+} + 2e^- \rightleftharpoons Sr$	-2.89
Ca^{2+}/Ca	$Ca^{2+} + 2e^- \rightleftharpoons Ca$	-2.87
Na^+/Na	$Na^+ + e^- \rightleftharpoons Na$	-2.714
La^{3+}/La	$La^{3+} + 3e^- \rightleftharpoons La$	-2.52
Y^{3+}/Y	$Y^{3+} + 3e^- \rightleftharpoons Y$	-2.37
Mg^{2+}/Mg	$Mg^{2+} + 2e^- \rightleftharpoons Mg$	-2.37
Ce^{3+}/Ce	$Ce^{3+} + 3e^- \rightleftharpoons Ce$	-2.33
H_2/H^-	$1/2H_2 + e^- \rightleftharpoons H^-$	-2.25
Sc^{3+}/Sc	$Sc^{3+} + 3e^- \rightleftharpoons Sc$	-2.1
Th^{4+}/Th	$Th^{4+} + 4e^- \rightleftharpoons Th$	-1.9
Be^{2+}/Be	$Be^{2+} + 2e^- \rightleftharpoons Be$	-1.85
U^{3+}/U	$U^{3+} + 3e^- \rightleftharpoons U$	-1.80
Al^{3+}/Al	$Al^{3+} + 3e^- \rightleftharpoons Al$	-1.66
Ti^{2+}/Ti	$Ti^{2+} + 2e^- \rightleftharpoons Ti$	-1.63
ZrO_2/Zr	$ZrO_2 + 4H^+ + 4e^- \rightleftharpoons Zr + 2H_2O$	-1.43
V^{2+}/V	$V^{2+} + 2e^- \rightleftharpoons V$	-1.2
Mn^{2+}/Mn	$Mn^{2+} + 2e^- \rightleftharpoons Mn$	-1.17
TiO_2/Ti	$TiO_2 + 4H^+ + 4e^- \rightleftharpoons Ti + 2H_2O$	-0.86
SiO_2/Si	$SiO_2 + 4H^+ + 4e^- \rightleftharpoons Si + 2H_2O$	-0.86
Cr^{2+}/Cr	$Cr^{2+} + 2e^- \rightleftharpoons Cr$	-0.86
Zn^{2+}/Zn	$Zn^{2+} + 2e^- \rightleftharpoons Zn$	-0.763
Cr^{3+}/Cr	$Cr^{3+} + 3e^- \rightleftharpoons Cr$	-0.74
Ag_2S/Ag	$Ag_2S + 2e^- \rightleftharpoons 2Ag + S^{2-}$	-0.71
$CO_2/H_2C_2O_4$	$2CO_2 + 2H^+ + 2e^- \rightleftharpoons H_2C_2O_4$	-0.49
Fe^{2+}/Fe	$Fe^{2+} + 2e^- \rightleftharpoons Fe$	-0.440
Cr^{3+}/Cr^{2+}	$Cr^{3+} + e^- \rightleftharpoons Cr^{2+}$	-0.41
Cd^{2+}/Cd	$Cd^{2+} + 2e^- \rightleftharpoons Cd$	-0.403
Ti^{3+}/Ti^{2+}	$Ti^{3+} + e^- \rightleftharpoons Ti^{2+}$	-0.37
$PbSO_4/Pb$	$PbSO_4 + 2e^- \rightleftharpoons Pb + SO_4^{2-}$	-0.356
Co^{2+}/Co	$Co^{2+} + 2e^- \rightleftharpoons Co$	-0.29
$PbCl_2/Pb$	$PbCl_2 + 2e^- \rightleftharpoons Pb + 2Cl^-$	-0.266
V^{3+}/V^{2+}	$V^{3+} + e^- \rightleftharpoons V^{2+}$	-0.25
Ni^{2+}/Ni	$Ni^{2+} + 2e^- \rightleftharpoons Ni$	-0.25
AgI/Ag	$AgI + e^- \rightleftharpoons Ag + I^-$	-0.152
Sn^{2+}/Sn	$Sn^{2+} + 2e^- \rightleftharpoons Sn$	-0.136
Pb^{2+}/Pb	$Pb^{2+} + 2e^- \rightleftharpoons Pb$	-0.126

续表

电 对	电 极 反 应	$\varphi^{\ominus}/V$
$AgCN/Ag$	$AgCN+e^- \rightleftharpoons Ag+CN^-$	-0.017
H^+/H_2	$2H^++2e^- \rightleftharpoons H_2$	0.000
$AgBr/Ag$	$AgBr+e^- \rightleftharpoons Ag+Br^-$	0.071
TiO_2^{2+}/Ti^{3+}	$TiO_2^{2+}+2H^++e^- \rightleftharpoons Ti^{3+}+H_2O$	0.10
S/H_2S	$S+2H^++2e^- \rightleftharpoons H_2S\,(aq)$	0.14
Sb_2O_3/Sb	$Sb_2O_3+6H^++6e^- \rightleftharpoons 2Sb+3H_2O$	0.15
Sn^{4+}/Sn^{2+}	$Sn^{4+}+2e^- \rightleftharpoons Sn^{2+}$	0.154
Cu^{2+}/Cu^+	$Cu^{2+}+e^- \rightleftharpoons Cu^+$	0.17
$AgCl/Ag$	$AgCl+e^- \rightleftharpoons Ag+Cl^-$	0.2223
$HAsO_2/As$	$HAsO_2+3H^++3e^- \rightleftharpoons As+2H_2O$	0.248
Hg_2Cl_2/Hg	$Hg_2Cl_2+2e^- \rightleftharpoons 2Hg+2Cl^-$	0.268
BiO^+/Bi	$BiO^++2H^++3e^- \rightleftharpoons Bi+H_2O$	0.32
UO_2^{2+}/U^{4+}	$UO_2^{2+}+4H^++2e^- \rightleftharpoons U^{4+}+2H_2O$	0.33
VO^{2+}/V^{3+}	$VO^{2+}+2H^++e^- \rightleftharpoons V^{3+}+H_2O$	0.34
Cu^{2+}/Cu	$Cu^{2+}+2e^- \rightleftharpoons Cu$	0.34
$S_2O_3^{2-}/S$	$S_2O_3^{2-}+6H^++4e^- \rightleftharpoons 2S+3H_2O$	0.5
Cu^+/Cu	$Cu^++e^- \rightleftharpoons Cu$	0.52
I_3^-/I^-	$I_3^-+2e^- \rightleftharpoons 3I^-$	0.548
I_2/I^-	$I_2+2e^- \rightleftharpoons 2I^-$	0.535
MnO_4^-/MnO_4^{2-}	$MnO_4^-+e^- \rightleftharpoons MnO_4^{2-}$	0.57
$H_3AsO_4/HAsO_2$	$H_3AsO_4+2H^++2e^- \rightleftharpoons HAsO_2+2H_2O$	0.581
$HgCl_2/Hg_2Cl_2$	$2HgCl_2+2e^- \rightleftharpoons Hg_2Cl_2(s)+2Cl^-$	0.63
Ag_2SO_4/Ag	$Ag_2SO_4+2e^- \rightleftharpoons 2Ag+SO_4^{2-}$	0.653
O_2/H_2O_2	$O_2+2H^++2e^- \rightleftharpoons H_2O_2$	0.69
$[PtCl_4]^{2-}/Pt$	$[PtCl_4]^{2-}+2e^- \rightleftharpoons Pt+4Cl^-$	0.73
Fe^{3+}/Fe^{2+}	$Fe^{3+}+e^- \rightleftharpoons Fe^{2+}$	0.771
Hg_2^{2+}/Hg	$Hg_2^{2+}+2e^- \rightleftharpoons 2Hg$	0.792
Ag^+/Ag	$Ag^++e^- \rightleftharpoons Ag$	0.7999
NO_3^-/NO_2	$NO_3^-+2H^++e^- \rightleftharpoons NO_2+H_2O$	0.80
Hg^{2+}/Hg	$Hg^{2+}+2e^- \rightleftharpoons Hg$	0.854
Cu^{2+}/CuI	$Cu^{2+}+I^-+e^- \rightleftharpoons CuI$	0.86
Hg^{2+}/Hg_2^{2+}	$2Hg^{2+}+2e^- \rightleftharpoons Hg_2^{2+}$	0.907
Pd^{2+}/Pd	$Pd^{2+}+2e^- \rightleftharpoons Pd$	0.92
NO_3^-/HNO_2	$NO_3^-+3H^++2e^- \rightleftharpoons HNO_2+H_2O$	0.94
NO_3^-/NO	$NO_3^-+4H^++3e^- \rightleftharpoons NO+2H_2O$	0.96
HNO_2/NO	$HNO_2+H^++e^- \rightleftharpoons NO+H_2O$	0.98
HIO/I^-	$HIO+H^++2e^- \rightleftharpoons I^-+H_2O$	0.99
VO_2^+/VO^{2+}	$VO_2^++2H^++e^- \rightleftharpoons VO^{2+}+H_2O$	0.999
$[AuCl_4]^-/Au$	$[AuCl_4]^-+3e^- \rightleftharpoons Au+4Cl^-$	1.00
NO_2/NO	$NO_2+2H^++2e^- \rightleftharpoons NO+H_2O$	1.03
Br_2/Br^-	$Br_2(l)+2e^- \rightleftharpoons 2Br^-$	1.065
NO_2/HNO_2	$NO_2+H^++e^- \rightleftharpoons HNO_2$	1.07

续表

电　对	电　极　反　应	$\varphi^{\ominus}/V$
Br_2/Br^-	$Br_2(aq)+2e^- \rightleftharpoons 2Br^-$	1.08
$Cu^{2+}/[Cu(CN)_2]^-$	$Cu^{2+}+2CN^-+e^- \rightleftharpoons [Cu(CN)_2]^-$	1.12
IO_3^-/HIO	$IO_3^-+5H^++4e^- \rightleftharpoons HIO+2H_2O$	1.14
ClO_3^-/ClO_2	$ClO_3^-+2H^++e^- \rightleftharpoons ClO_2+H_2O$	1.15
Ag_2O/Ag	$Ag_2O+2H^++2e^- \rightleftharpoons 2Ag+H_2O$	1.17
ClO_4^-/ClO_3^-	$ClO_4^-+2H^++2e^- \rightleftharpoons ClO_3^-+H_2O$	1.19
IO_3^-/I_2	$2IO_3^-+12H^++10e^- \rightleftharpoons I_2+6H_2O$	1.19
$ClO_3^-/HClO_2$	$ClO_3^-+3H^++2e^- \rightleftharpoons HClO_2+H_2O$	1.21
O_2/H_2O	$O_2+4H^++4e^- \rightleftharpoons 2H_2O$	1.229
MnO_2/Mn^{2+}	$MnO_2+4H^++2e^- \rightleftharpoons Mn^{2+}+2H_2O$	1.23
$ClO_2/HClO_2$	$ClO_2(g)+H^++e^- \rightleftharpoons HClO_2$	1.27
$Cr_2O_7^{2-}/Cr^{3+}$	$Cr_2O_7^{2-}+14H^++6e^- \rightleftharpoons 2Cr^{3+}+7H_2O$	1.33
ClO_4^-/Cl_2	$2ClO_4^-+16H^++14e^- \rightleftharpoons Cl_2+8H_2O$	1.34
Cl_2/Cl^-	$Cl_2+2e^- \rightleftharpoons 2Cl^-$	1.36
Au^{3+}/Au^+	$Au^{3+}+2e^- \rightleftharpoons Au^+$	1.41
BrO_3^-/Br^-	$BrO_3^-+6H^++6e^- \rightleftharpoons Br^-+3H_2O$	1.44
HIO/I_2	$2HIO+2H^++2e^- \rightleftharpoons I_2+2H_2O$	1.45
ClO_3^-/Cl^-	$ClO_3^-+6H^++6e^- \rightleftharpoons Cl^-+3H_2O$	1.45
PbO_2/Pb^{2+}	$PbO_2+4H^++2e^- \rightleftharpoons Pb^{2+}+2H_2O$	1.455
ClO_3^-/Cl_2	$2ClO_3^-+12H^++10e^- \rightleftharpoons Cl_2+6H_2O$	1.47
Mn^{3+}/Mn^{2+}	$Mn^{3+}+e^- \rightleftharpoons Mn^{2+}$	1.488
$HClO/Cl^-$	$HClO+H^++2e^- \rightleftharpoons Cl^-+H_2O$	1.49
Au^{3+}/Au	$Au^{3+}+3e^- \rightleftharpoons Au$	1.50
BrO_3^-/Br_2	$2BrO_3^-+12H^++10e^- \rightleftharpoons Br_2+6H_2O$	1.5
MnO_4^-/Mn^{2+}	$MnO_4^-+8H^++5e^- \rightleftharpoons Mn^{2+}+4H_2O$	1.51
$HBrO/Br_2$	$2HBrO+2H^++2e^- \rightleftharpoons Br_2+2H_2O$	1.6
H_5IO_6/IO_3^-	$H_5IO_6+H^++2e^- \rightleftharpoons IO_3^-+3H_2O$	1.6
$HClO/Cl_2$	$2HClO+2H^++2e^- \rightleftharpoons Cl_2+2H_2O$	1.63
$HClO_2/HClO$	$HClO_2+2H^++2e^- \rightleftharpoons HClO+H_2O$	1.64
MnO_4^-/MnO_2	$MnO_4^-+4H^++3e^- \rightleftharpoons MnO_2+2H_2O$	1.68
NiO_2/Ni^{2+}	$NiO_2+4H^++2e^- \rightleftharpoons Ni^{2+}+2H_2O$	1.68
$PbO_2/PbSO_4$	$PbO_2+SO_4^{2-}+4H^++2e^- \rightleftharpoons PbSO_4+2H_2O$	1.69
H_2O_2/H_2O	$H_2O_2+2H^++2e^- \rightleftharpoons 2H_2O$	1.77
Co^{3+}/Co^{2+}	$Co^{3+}+e^- \rightleftharpoons Co^{2+}$	1.80
XeO_3/Xe	$XeO_3+6H^++6e^- \rightleftharpoons Xe+3H_2O$	1.8
$S_2O_8^{2-}/SO_4^{2-}$	$S_2O_8^{2-}+2e^- \rightleftharpoons 2SO_4^2$	2.0
O_3/O_2	$O_3+2H^++2e^- \rightleftharpoons O_2+H_2O$	2.07
XeF_2/Xe	$XeF_2+2e^- \rightleftharpoons Xe+2F^-$	2.2
F_2/F^-	$F_2+2e^- \rightleftharpoons 2F^-$	2.87
H_4XeO_6/XeO_3	$H_4XeO_6+2H^++2e^- \rightleftharpoons XeO_3+2H_2O$	3.0
F_2/HF	$F_2(g)+2H^++2e^- \rightleftharpoons 2HF$	3.06

二、在碱性溶液中

电　对	电　极　反　应	$\varphi^{\ominus}/V$
$Mg(OH)_2/Mg$	$Mg(OH)_2+2e^- \rightleftharpoons Mg+2OH^-$	-2.69
$H_2AlO_3^-/Al$	$H_2AlO_3^-+H_2O+3e^- \rightleftharpoons Al+4OH^-$	-2.35
$H_2BO_3^-/B$	$H_2BO_3^-+H_2O+3e^- \rightleftharpoons B+4OH^-$	-1.79
$Mn(OH)_2/Mn$	$Mn(OH)_2+2e^- \rightleftharpoons Mn+2OH^-$	-1.55
$[Zn(CN)_4]^{2-}/Zn$	$[Zn(CN)_4]^{2-}+2e^- \rightleftharpoons Zn+4CN^-$	-1.26
ZnO_2^{2-}/Zn	$ZnO_2^{2-}+2H_2O+2e^- \rightleftharpoons Zn+4OH^-$	-1.216
$SO_3^{2-}/S_2O_4^{2-}$	$2SO_3^{2-}+2H_2O+2e^- \rightleftharpoons S_2O_4^{2-}+4OH^-$	-1.12
$[Zn(NH_3)_4]^{2+}/Zn$	$[Zn(NH_3)_4]^{2+}+2e^- \rightleftharpoons Zn+4NH_3$	-1.04
$[Sn(OH)_5]^-/HSnO_2^-$	$[Sn(OH)_5]^-+2e^- \rightleftharpoons HSnO_2^-+2OH^-+H_2O$	-0.93
SO_4^{2-}/SO_3^{2-}	$SO_4^{2-}+H_2O+2e^- \rightleftharpoons SO_3^{2-}+2OH^-$	-0.93
$HSnO_2^-/Sn$	$HSnO_2^-+H_2O+2e^- \rightleftharpoons Sn+3OH^-$	-0.91
H_2O/H_2	$2H_2O+2e^- \rightleftharpoons H_2+2OH^-$	-0.828
$Ni(OH)_2/Ni$	$Ni(OH)_2+2e^- \rightleftharpoons Ni+2OH^-$	-0.72
AsO_4^{3-}/AsO_2^-	$AsO_4^{3-}+2H_2O+2e^- \rightleftharpoons AsO_2^-+4OH^-$	-0.67
SO_3^{2-}/S	$SO_3^{2-}+3H_2O+4e^- \rightleftharpoons S+6OH^-$	-0.66
AsO_2^-/As	$AsO_2^-+2H_2O+3e^- \rightleftharpoons As+4OH^-$	-0.66
$SO_3^{2-}/S_2O_3^{2-}$	$2SO_3^{2-}+3H_2O+4e^- \rightleftharpoons S_2O_3^{2-}+6OH^-$	-0.58
S/S^{2-}	$S+2e^- \rightleftharpoons S^{2-}$	-0.48
$[Ag(CN)_2]^-/Ag$	$[Ag(CN)_2]^-+e^- \rightleftharpoons Ag+2CN^-$	-0.31
CrO_4^{2-}/CrO_2^-	$CrO_4^{2-}+2H_2O+3e^- \rightleftharpoons CrO_2^-+4OH^-$	-0.12
O_2/HO_2^-	$O_2+H_2O+2e^- \rightleftharpoons HO_2^-+OH^-$	-0.076
NO_3^-/NO_2^-	$NO_3^-+H_2O+2e^- \rightleftharpoons NO_2^-+2OH^-$	0.01
$S_4O_6^{2-}/S_2O_3^{2-}$	$S_4O_6^{2-}+2e^- \rightleftharpoons 2S_2O_3^{2-}$	0.09
HgO/Hg	$HgO+H_2O+2e^- \rightleftharpoons Hg+2OH^-$	0.098
$Mn(OH)_3/Mn(OH)_2$	$Mn(OH)_3+e^- \rightleftharpoons Mn(OH)_2+OH^-$	0.1
$[Co(NH_3)_6]^{3+}/[Co(NH_3)_6]^{2+}$	$[Co(NH_3)_6]^{3+}+e^- \rightleftharpoons [Co(NH_3)_6]^{2+}$	0.1
$Co(OH)_3/Co(OH)_2$	$Co(OH)_3+e^- \rightleftharpoons Co(OH)_2+2OH^-$	0.17
Ag_2O/Ag	$Ag_2O+H_2O+2e^- \rightleftharpoons 2Ag+2OH^-$	0.34
O_2/OH^-	$O_2+2H_2O+4e^- \rightleftharpoons 4OH^-$	0.41
MnO_4^-/MnO_2	$MnO_4^-+2H_2O+3e^- \rightleftharpoons MnO_2+4OH^-$	0.588
BrO_3^-/Br^-	$BrO_3^-+3H_2O+6e^- \rightleftharpoons Br^-+6OH^-$	0.61
BrO^-/Br^-	$BrO^-+H_2O+2e^- \rightleftharpoons Br^-+2OH^-$	0.76
H_2O_2/OH^-	$H_2O_2+2e^- \rightleftharpoons 2OH^-$	0.88
ClO^-/Cl^-	$ClO^-+H_2O+2e^- \rightleftharpoons Cl^-+2OH^-$	0.89
$HXeO_6^{3-}/HXeO_4^-$	$HXeO_6^{3-}+2H_2O+2e^- \rightleftharpoons HXeO_4^-+4OH^-$	0.9
$HXeO_4^-/Xe$	$HXeO_4^-+3H_2O+6e^- \rightleftharpoons Xe+7OH^-$	0.9
O_3/OH^-	$O_3+H_2O+2e^- \rightleftharpoons OH^-+2OH^-$	1.24

附录 4　金属配合物的稳定常数

金属离子	离子强度	n	$\lg\beta_n$
氨配合物			
Ag^+	0.1	1,2	3.40,7.40
Cd^{2+}	0.1	1,…,6	2.60,4.65,6.04,6.92,6.6,4.9
Co^{2+}	0.1	1,…,6	2.05,3.62,4.61,5.31,5.43,4.75
Cu^{2+}	2	1,…,4	4.13,7.61,10.48,12.59
Ni^{2+}	0.1	1,…,6	2.75,4.95,6.64,7.79,8.50,8.49
Zn^{2+}	0.1	1,…,4	2.27,4.61,7.01,9.06
氟配合物			
Al^{3+}	0.53	1,…,6	6.1,11.15,15.0,17.7,19.4,19.7
Fe^{3+}	0.5	1,2,3	5.2,9.2,11.9
Th^{4+}	0.5	1,2,3	7.7,13.5,18.0
TiO^{2+}	3	1,…,4	5.4,9.8,13.7,17.4
Sn^{4+}	*	6	25
Zr^{4+}	2	1,2,3	8.8,16.1,21.9
氯配合物			
Ag^+	0.2	1,…,4	2.9,4.7,5.0,5.9
Hg^{2+}	0.5	1,…,4	6.7,13.2,14.1,15.1
碘配合物			
Cd^{2+}	*	1,…,4	2.4,3.4,5.0,6.15
Hg^{2+}	0.5	1,…,4	12.9,23.8,27.6,29.8
氰配合物			
Ag^+	0～0.3	1,…,4	—,21.1,21.8,20.7
Cd^{2+}	3	1,…,4	5.5,10.6,15.3,18.9
Cu^+	0	1,…,4	—,24.0,28.6,30.3
Fe^{2+}	0	6	35.4
Fe^{3+}	0	6	43.6
Hg^{2+}	0.1	1,…,4	18.0,34.7,38.5,41.5
Ni^{2+}	0.1	4	31.3
Zn^{2+}	0.1	4	16.7
硫氰酸配合物			
Fe^{3+}	*	1,…,5	2.3,4.2,5.6,6.4,6.4
Hg^{2+}	1	1,…,4	—,16.1,19.0,20.9
硫代硫酸配合物			
Ag^+	0	1,2	8.82,13.5
Hg^{2+}	0	1,2	29.86,32.26
柠檬酸配合物			
Al^{3+}	0.5	1	20.0
Cu^{2+}	0.5	1	18
Fe^{3+}	0.5	1	25
Ni^{2+}	0.5	1	14.3
Pb^{2+}	0.5	1	12.3

金属离子	离子强度	n	$\lg\beta_n$
Zn^{2+}	0.5	1	11.4
磺基水杨酸配合物			
Al^{3+}	0.1	1,2,3	12.9,22.9,29.0
Fe^{3+}	3	1,2,3	14.4,25.2,32.2
乙酰丙酮配合物			
Al^{3+}	0.1	1,2,3	8.1,15.7,21.2
Cu^{2+}	0.1	1,2	7.8,14.3
Fe^{3+}	0.1	1,2,3	9.3,17.9,25.1
邻二氮杂菲配合物			
Ag^+	0.1	1,2	5.02,12.07
Cd^{2+}	0.1	1,2,3	6.4,11.6,15.8
Co^{2+}	0.1	1,2,3	7.0,13.7,20.1
Cu^{2+}	0.1	1,2,3	9.1,15.8,21.0
Fe^{2+}	0.1	1,2,3	5.9,11.1,21.3
Hg^{2+}	0.1	1,2,3	—,19.56,23.35
Ni^{2+}	0.1	1,2,3	8.8,17.1,24.8
Zn^{2+}	0.1	1,2,3	6.4,12.15,17.0
乙二胺配合物			
Ag^+	0.1	1,2	4.7,7.7
Cd^{2+}	0.1	1,2	5.47,10.02
Cu^{2+}	0.1	1,2	10.55,19.60
Co^{2+}	0.1	1,2,3	5.89,10.72,13.82
Hg^{2+}	0.1	2	23.42
Ni^{2+}	0.1	1,2,3	7.66,14.06,18.59
Zn^{2+}	0.1	1,2,3	5.71,10.37,12.08
EDTA 配合物			
Ag^+	0.1	1	7.32
Al^{3+}	0.1	1	16.3
Ba^{2+}	0.1	1	7.86
Be^{2+}	0.1	1	9.30
Bi^{3+}	0.1	1	27.94
Ca^{2+}	0.1	1	10.69
Ce^{3+}	0.1	1	15.98
Cd^{2+}	0.1	1	16.46
Co^{2+}	0.1	1	16.31
Co^{3+}	0.1	1	36.0
Cr^{3+}	0.1	1	23.4
Cu^{2+}	0.1	1	18.80
Fe^{2+}	0.1	1	14.33
Fe^{3+}	0.1	1	25.1
Hg^{2+}	0.1	1	21.8
La^{3+}	0.1	1	15.50

续表

金属离子	离子强度	n	$\lg\beta_n$
Mg^{2+}	0.1	1	8.69
Mn^{2+}	0.1	1	13.87
Na^+	0.1	1	1.66
Ni^{2+}	0.1	1	18.60
Pb^{2+}	0.1	1	18.04
Pt^{3+}	0.1	1	16.4
Sn^{2+}	0.1	1	22.1
Sr^{2+}	0.1	1	8.73
Th^{4+}	0.1	1	23.2
Ti^{3+}	0.1	1	21.3
TiO^{2+}	0.1	1	17.3
UO_2^{3+}	0.1	1	~10
U^{4+}	0.1	1	25.8
VO_2^+	0.1	1	18.1
VO^{2+}	0.1	1	18.8
Y^{3+}	0.1	1	18.09
Zn^{2+}	0.1	1	16.50
EGTA 配合物			
Ba^{2+}	0.1	1	8.4
Ca^{2+}	0.1	1	11.0
Cd^{2+}	0.1	1	15.6
Co^{2+}	0.1	1	12.3
Cu^{2+}	0.1	1	17
Hg^{2+}	0.1	1	23.2
La^{3+}	0.1	1	15.6
Mg^{2+}	0.1	1	5.2
Mn^{2+}	0.1	1	10.7
Ni^{2+}	0.1	1	17.0
Pb^{2+}	0.1	1	15.5
Sr^{2+}	0.1	1	6.8
Zn^{2+}	0.1	1	14.5
DCTA 配合物			
Al^{3+}	0.1	1	17.6
Ba^{2+}	0.1	1	8.0
Bi^{3+}	0.1	1	24.1
Ca^{2+}	0.1	1	12.5
Cd^{2+}	0.1	1	19.2
Co^{2+}	0.1	1	18.9
Cu^{2+}	0.1	1	21.3
Fe^{2+}	0.1	1	18.2
Fe^{3+}	0.1	1	29.3
Hg^{2+}	0.1	1	24.3
Mg^{2+}	0.1	1	10.3
Mn^{2+}	0.1	1	16.8
Ni^{2+}	0.1	1	19.4
Pb^{2+}	0.1	1	19.7
Sr^{2+}	0.1	1	10.0
Th^{4+}	0.1	1	23.2
Zn^{2+}	0.1	1	18.7

附录5　化合物式量表

化合物分子式	分子量	化合物分子式	分子量	化合物分子式	分子量
Ag_3AsO_4	462.52	$Ce(SO_4)_2 \cdot 4H_2O$	404.30	$Fe(OH)_3$	106.87
$AgBr$	187.77	CH_2O(甲醛)	30.03	FeS	87.91
$AgCl$	143.32	$C_{14}H_{14}N_3O_3SNa$(甲基橙)	327.33	Fe_2S_3	207.87
$AgCN$	133.89	$C_4H_8N_2O_2$(丁二酮肟)	116.12	$FeSO_4$	151.91
$AgSCN$	165.95	$(CH_2)_6N_4$(六亚甲基四胺)	140.19	$FeSO_4 \cdot 7H_2O$	278.01
Ag_2CrO_4	331.73	$C_7H_6O_6S \cdot 2H_2O$(磺基水杨酸)	254.22	$Fe(NH_4)_2(SO_4)_2 \cdot 6H_2O$	392.13
AgI	234.77	$C_{12}H_8N_2 \cdot H_2O$(邻二氮菲)	198.22	H_3AsO_3	125.94
$AgNO_3$	169.87	$C_2H_5NO_2$(氨基乙酸)	75.07	H_3AsO_4	141.94
$AlCl_3$	133.34	$C_6H_{12}N_2O_4S_2$(L-胱氨酸)	240.30	H_3BO_3	61.83
$Al(C_9H_6NO)_3$(8-羟基喹啉铝)	459.44	$C_4H_6O_4(OH)C=COH$(抗坏血酸)	176.12	HBr	80.09
$AlCl_3 \cdot 6H_2O$	241.43	$CoCl_2$	129.84	HCN	27.03
$Al(NO_3)_3$	213.00	$CoCl_2 \cdot 6H_2O$	237.93	$HCOOH$	46.03
$Al(NO_3)_3 \cdot 9H_2O$	375.13	$Co(NO_3)_2$	182.94	CH_3COOH	60.05
Al_2O_3	101.96	$Co(NO_3)_2 \cdot 6H_2O$	291.03	H_2CO_3	62.02
$Al(OH)_3$	78.00	CoS	90.99	$H_2C_4H_4O_6$	150.09
$Al_2(SO_4)_3$	342.14	$CoSO_4$	154.99	$H_2C_2O_4$	90.04
$Al_2(SO_4)_3 \cdot 18H_2O$	666.41	$CoSO_4 \cdot 7H_2O$	281.10	$H_2C_2O_4 \cdot 2H_2O$	126.07
As_2O_3	197.84	$CO(NH_2)_2$	60.06	$H_3C_6H_5O_7 \cdot H_2O$(柠檬酸)	210.14
As_2O_5	229.84	$CrCl_3$	158.36	$H_2C_4H_4O_5$(L、D-苹果酸)	134.09
As_2S_3	246.02	$CrCl_3 \cdot 6H_2O$	266.45	HCl	36.46
$BaCO_3$	197.34	$Cr(NO_3)_3$	238.01	HF	20.01
BaC_2O_4	225.35	Cr_2O_3	151.99	HI	127.91
$BaCl_2$	208.24	$CuCl$	99.00	HIO_3	175.91
$BaCl_2 \cdot 2H_2O$	244.27	$CuCl_2$	134.45	HNO_3	63.01
$BaCrO_4$	253.32	$CuCl_2 \cdot 2H_2O$	170.48	HNO_2	47.01
BaO	153.33	$CuSCN$	121.62	H_2O	18.015
$Ba(OH)_2$	171.34	CuI	190.45	H_2O_2	34.02
$BaSO_4$	233.39	$Cu(NO_3)_2 \cdot 3H_2O$	241.60	H_3PO_4	98.00
$BiCl_3$	315.34	CuO	79.55	H_2S	34.08
$BiOCl$	260.43	Cu_2O	143.09	H_2SO_3	82.07
CO_2	44.01	CuS	95.61	H_2SO_4	98.07
CaO	56.08	$CuSO_4$	159.06	$Hg(CN)_2$	252.63
$CaCO_3$	100.09	$CuSO_4 \cdot 5H_2O$	249.63	$HgCl_2$	271.50
CaC_2O_4	128.10	$FeCl_2$	126.75	Hg_2Cl_2	472.09
$CaCl_2$	110.99	$FeCl_2 \cdot 4H_2O$	198.81	HgI_2	454.40
$CaCl_2 \cdot 6H_2O$	219.08	$FeCl_3$	162.21	$Hg_2(NO_3)_2$	525.09
$Ca(NO_3)_2 \cdot 4H_2O$	236.15	$FeCl_3 \cdot 6H_2O$	270.30	$Hg_2(NO_3)_2 \cdot 2H_2O$	561.22
$Ca(OH)_2$	74.10	$FeNH_4(SO_4)_2 \cdot 12H_2O$	482.18	$Hg(NO_3)_2$	324.60
$Ca_3(PO_4)_2$	310.18	$Fe(NO_3)_3$	241.86	HgO	216.59
$CaSO_4$	136.14	$Fe(NO_3)_3 \cdot 9H_2O$	404.00	HgS	232.65
$CdCO_3$	172.42	FeO	71.85	$HgSO_4$	296.65
$CdCl_2$	183.32	Fe_2O_3	159.69	Hg_2SO_4	497.24
CdO	128.41	Fe_3O_4	231.54	$KAl(SO_4)_2 \cdot 12H_2O$	474.38
CdS	144.47			KBr	119.00
$Ce(SO_4)_2$	332.24			$KBrO_3$	167.00

续表

化合物分子式	分子量	化合物分子式	分子量	化合物分子式	分子量
KCl	74.55	$(NH_4)_2CO_3$	96.09	(丁二酮肟镍)	
$KClO_3$	122.55	$(NH_4)_2C_2O_4$	124.10	P_2O_5	141.95
$KClO_4$	138.55	$(NH_4)_2CO_3 \cdot H_2O$	142.11	$PbCO_3$	267.21
KCN	65.12	NH_4SCN	76.12	PbC_2O_4	295.22
KSCN	97.18	NH_4HCO_3	79.06	$PbCl_2$	278.11
K_2CO_3	138.21	$(NH_4)_2MoO_4$	196.01	$PbCrO_4$	323.19
K_2CrO_4	194.19	NH_4NO_3	80.04	$Pb(CH_3COO)_2$	325.29
$K_2Cr_2O_7$	294.18	$(NH_4)_2HPO_4$	132.06	$Pb(CH_3COO)_2 \cdot 3H_2O$	379.34
$K_3Fe(CN)_6$	329.25	$(NH_4)_3PO_4 \cdot 12MoO_3$	1876.34	PbI_2	461.01
$K_4Fe(CN)_6$	368.35	$(NH_4)_2S$	68.14	$Pb(NO_3)_2$	331.21
$KFe(SO_4)_2 \cdot 12H_2O$	503.24	$(NH_4)_2SO_4$	132.13	PbO	223.20
$KHC_8H_4O_4$(邻苯二甲酸氢钾)	204.22	$(NH_4)_2Fe(SO_4)_2 \cdot 6H_2O$	392.13	PbO_2	239.20
$KHC_2O_4 \cdot H_2O$	146.14	NH_4VO_3	116.98	$Pb_3(PO_4)_2$	811.54
$KHC_2O_4 \cdot H_2C_2O_4 \cdot 2H_2O$	254.19	Na_3AsO_3	191.89	PbS	239.26
$KHC_4H_4O_6$(酒石酸氢钾)	188.18	$Na_2B_4O_7$	201.22	$PbSO_4$	303.26
$KHSO_4$	136.16	$Na_2B_4O_7 \cdot 10H_2O$	381.37	SO_3	80.06
KI	166.00	$NaBiO_3$	279.97	SO_2	64.06
KIO_3	214.00	NaCN	49.01	$SbCl_3$	228.11
$KIO_3 \cdot HIO_3$	389.91	NaSCN	81.07	$SbCl_5$	299.02
$KMnO_4$	158.03	Na_2CO_3	105.99	Sb_2O_3	291.50
$KNaC_4H_4O_6 \cdot 4H_2O$	282.22	$Na_2CO_3 \cdot 10H_2O$	286.14	Sb_2S_3	339.68
KNO_3	101.10	$Na_2C_2O_4$	134.00	SiO_2	60.08
KNO_2	85.10	CH_3COONa	82.03	$SnCl_2$	189.60
K_2O	94.20	$CH_3COONa \cdot 3H_2O$	136.08	$SnCl_2 \cdot 2H_2O$	225.63
KOH	56.11	$Na_3C_6H_5O_7$(柠檬酸钠)	258.07	$SnCl_4$	260.50
K_2PtCl_2	485.99	NaCl	58.44	$SnCl_4 \cdot 5H_2O$	350.58
K_2SO_4	174.25	NaClO	74.44	SnO_2	150.69
$K_2S_2O_7$	254.31	$NaHCO_3$	84.01	SnS_2	150.75
$MgCO_3$	84.31	$Na_2HPO_4 \cdot 12H_2O$	358.14	$SrCO_3$	147.63
$MgCl_2$	95.21	$Na_2H_2Y_2 \cdot H_2O$(EDTA 二钠盐)	372.24	SrC_2O_4	175.64
$MgCl_2 \cdot 6H_2O$	203.30	$NaNO_2$	69.00	$Sr(NO_3)_2$	211.63
MgO	40.30	$NaNO_3$	85.00	$Sr(NO_3)_2 \cdot 4H_2O$	283.69
$Mg(OH)_2$	58.32	Na_2O	61.98	$SrSO_4$	183.69
$Mg_2P_2O_7$	222.55	Na_2O_2	77.98	$UO_2(CH_3COO)_2 \cdot 2H_2O$	424.15
$MgSO_4 \cdot 7H_2O$	246.47	NaOH	40.00	$TiCl_3$	154.24
$MnCO_3$	114.95	Na_3PO_4	163.94	TiO_2	79.88
$MnCl_2 \cdot 4H_2O$	197.91	Na_2S	78.04	$ZnCO_3$	125.39
$Mn(NO_3)_2 \cdot 6H_2O$	287.04	$Na_2S \cdot 9H_2O$	240.18	ZnC_2O_4	153.40
MnO	70.94	Na_2SO_3	126.04	$ZnCl_2$	136.29
MnO_2	86.94	Na_2SO_4	142.04	$Zn(CH_3COO)_2$	183.47
MnS	87.00	$Na_2S_2O_3$	158.19	$Zn(CH_3COO)_2 \cdot 2H_2O$	219.50
$MnSO_4$	151.00	$Na_2S_2O_3 \cdot 5H_2O$	248.17	$Zn(NO_3)_2$	189.39
$MnSO_4 \cdot 4H_2O$	223.06	$NiCl_2 \cdot 6H_2O$	237.70	$Zn(NO_3)_2 \cdot 6H_2O$	297.48
NO	30.01	NiO	74.70	ZnO	81.38
NO_2	46.01	$Ni(NO_3)_2 \cdot 6H_2O$	290.80	ZnS	97.44
NH_3	17.03	NiS	90.76	$ZnSO_4$	161.44
CH_3COONH_4	77.08	$NiSO_4 \cdot 7H_2O$	280.86	$ZnSO_4 \cdot 7H_2O$	287.55
NH_4Cl	53.49	$Ni(C_4H_7N_2O_2)_2$	288.91		

附录6 国际相对原子质量表

元素	符号	相对原子质量	元素	符号	相对原子质量
银	Ag	107.8682	氮	N	14.006747
铝	Al	26.98154	钠	Na	22.98997
氩	Ar	39.948	铌	Nb	92.90638
砷	As	74.92159	钕	Nd	144.24
金	Au	196.96654	氖	Ne	20.1797
硼	B	10.811	镍	Ni	58.69
钡	Ba	137.327	镎	Np	237.0482
铍	Be	9.01218	氧	O	15.9994
铋	Bi	208.98037	锇	Os	190.23
溴	Br	79.904	磷	P	30.97376
碳	C	12.011	铅	Pb	207.2
钙	Ca	40.078	钯	Pd	106.42
镉	Cd	112.411	谱	Pr	140.90765
铈	Ce	140.115	铂	Pt	195.08
氯	Cl	35.4527	镭	Ra	226.0254
钴	Co	58.93320	铷	Rb	85.4678
铬	Cr	51.9961	铼	Re	186.207
铯	Cs	132.90543	铑	Rh	102.90550
铜	Cu	63.546	钌	Ru	101.07
镝	Dy	162.50	硫	S	32.066
铒	Er	167.26	锑	Sb	121.7601
铕	Eu	151.965	钪	Sc	44.955910
氟	F	18.998403	硒	Se	78.96
铁	Fe	55.845(2)	硅	Si	28.0855
镓	Ga	69.723	钐	Sm	150.36
钆	Gd	157.25	锡	Sn	118.710
锗	Ge	72.61	锶	Sr	87.62
氢	H	1.00794	钽	Ta	180.9479
氦	He	4.002602	铽	Tb	158.92534
铪	Hf	178.94	碲	Te	127.60
汞	Hg	200.59	钍	Th	232.0381
钬	Ho	164.93032	钛	Ti	47.867(1)
碘	I	126.90447	铊	Tl	204.3833
铟	In	114.8	铥	Tm	168.93421
铱	Ir	192.217(3)	铀	U	238.0289
钾	K	39.0983	钒	V	50.9415
氪	Kr	83.80	钨	W	183.84
镧	La	138.9055	氙	Xe	131.29
锂	Li	6.941	钇	Y	88.90585
镥	Lu	174.967	镱	Yb	173.04
镁	Mg	24.3050	锌	Zn	65.39
锰	Mn	54.9380	锆	Zr	91.224
钼	Mo	95.94			

附录7 常用缓冲溶液及其配制方法

缓冲溶液组成	pK_a	缓冲液 pH	配 制 方 法
H$_3$PO$_4$-柠檬酸盐		2.5	Na$_2$HPO$_4$·12H$_2$O 固体 113g 溶于 200mL 水后,加柠檬酸 387g,溶解,过滤后,稀释至 1L
一氯乙酸-NaOH	2.86	2.8	200g 一氯乙酸溶于 200mL 水中,加 NaOH 固体 40g,溶解后,稀释至 1L
甲酸-NaOH	3.76	3.7	95g 甲酸和 40g 固体 NaOH 于水中溶解,稀释至 1L
NH$_4$Ac-HAc	4.74	4.5	NH$_4$Ac 固体 77g 溶于水中,加 59mL 冰醋酸,稀释至 1L
NH$_4$Ac-HAc	4.74	5.0	NH$_4$Ac 固体 250g 溶于水中,加 25mL 冰醋酸,稀释至 1L
NH$_4$Ac-HAc	4.74	6.0	NH$_4$Ac 固体 600g 溶于水中,加 20mL 冰醋酸,稀释至 1L
NaAc-HAc	4.74	4.7	83g 无水 NaAc 溶于水中,加 60mL 冰醋酸,稀释至 1L
NaAc-HAc	4.74	5.0	160g 无水 NaAc 溶于水中,加 60mL 冰醋酸,稀释至 1L
六亚甲基四胺-HCl	5.15	5.4	六亚甲基四胺 40g 溶于水中,加 10mL 浓 HCl,稀释至 1L
NaAc-Na$_2$HPO$_4$		8.0	50g 无水 NaAc 和 50g Na$_2$HPO$_4$·12H$_2$O 溶解,稀释至 1L
NH$_3$-NH$_4$Cl	9.26	9.2	NH$_4$Cl 固体 54g 溶于水中,加浓氨水 63mL,稀释至 1L
NH$_3$-NH$_4$Cl	9.26	9.5	NH$_4$Cl 固体 54g 溶于水中,加浓氨水 126mL,稀释至 1L
NH$_3$-NH$_4$Cl	9.26	10.0	NH$_4$Cl 固体 54g 溶于水中,加浓氨水 350mL,稀释至 1L

附录8 常用酸碱指示剂及配制方法

名　　称	变色范围(pH)	颜色变化	配 制 方 法
0.1%百里酚蓝	1.2~2.8	红~黄	0.1g 百里酚蓝溶于 20mL 乙醇中,加水至 100mL
0.1%甲基橙	3.1~3.4	红~黄	0.1g 甲基橙溶于 100mL 热水中
0.1%溴酚蓝	3.0~1.6	黄~紫蓝	0.1g 溴酚蓝溶于 20mL 乙醇中,加水至 100mL
0.1%溴甲酚绿	4.0~5.4	黄~蓝	0.1g 溴甲酚绿溶于 20mL 乙醇中,加水至 100mL
0.1%甲基红	4.8~6.2	红~黄	0.1g 甲基红溶于 60mL 乙醇中,加水至 100mL
0.1%溴百里酚蓝	6.0~7.6	黄~蓝	0.1g 溴百里酚蓝溶于 20mL 乙醇中,加水至 100mL
0.1%中性红	6.8~8.0	红~黄橙	0.1g 中性红溶于 60mL 乙醇中,加水至 100mL
0.2%酚酞	8.0~9.6	无~红	0.2g 酚酞溶于 90mL 乙醇中,加水至 100mL
0.1%百里酚蓝	8.0~9.6	黄~蓝	0.1g 百里酚蓝溶于 20mL 乙醇中,加水至 100mL
0.1%百里酚酞	9.4~10.6	无~蓝	0.1g 百里酚酞溶于 90mL 乙醇中,加水至 100mL
0.1%茜素黄	10.1~12.1	黄~紫	0.1g 茜素黄溶于 100mL 水中

附录9 酸碱混合指示剂

指示剂溶液的组成	变色pH值	颜色		备 注
		酸色	碱色	
一份 0.1%甲基黄乙醇溶液 一份 0.1%亚甲基蓝乙醇溶液	3.25	蓝紫	绿	pH=3.2 蓝紫色 pH=3.4 绿色
一份 0.1%甲基橙水溶液 一份 0.25%靛蓝二磺酸水溶液	4.1	紫	黄绿	
一份 0.1%溴甲酚绿钠盐水溶液 一份 0.2%甲基橙水溶液	4.3	橙	蓝绿	pH=3.5 黄色,pH=4.05 绿色 pH=4.3 浅绿色
三份 0.1%溴甲酚绿乙醇溶液 一份 0.2%甲基红乙醇溶液	5.1	酒红	绿	
一份 0.1%溴甲酚绿钠盐水溶液 一份 0.1%氯酚钠盐水溶液	6.1	黄绿	蓝紫	pH=5.4 蓝绿色,pH=5.8 蓝色, pH=6.0 蓝带紫,pH=6.2 蓝紫色
一份 0.1%中性红乙醇溶液 一份 0.1%亚甲基蓝乙醇溶液	7.0	蓝紫	绿	pH=7.0 紫蓝
一份 0.1%甲酚红钠盐水溶液 三份 0.1%百里酚蓝钠盐水溶液	8.3	黄	紫	pH=8.2 玫瑰红 pH=8.4 清晰的紫色
一份 0.1%百里酚蓝 50%乙醇溶液 三份 0.1%酚酞 50%乙醇溶液	9.0	黄	紫	从黄到绿,再到紫
一份 0.1%酚酞乙醇溶液 一份 0.1%百里酚酞乙醇溶液	9.9	无	紫	pH=9.6 玫瑰红 pH=10 紫红
二份 0.1%百里酚酞乙醇溶液 一份 0.1%茜素黄乙醇溶液	10.2	黄	紫	

附录10 常用的氧化还原指示剂及配制方法

指示剂名称	变色电位 φ/V	颜色		配 制 方 法
		氧化态	还原态	
二苯胺,1%	0.76	紫	无色	1g 二苯胺在搅拌下溶于 100mL 浓硫酸和 100mL 浓磷酸,贮于棕色瓶中
二苯胺磺酸钠,0.5%	0.85	紫	无色	0.5g 二苯胺磺酸钠溶于 100mL 水中,必要时过滤
邻苯氨基苯甲酸,0.2%	1.08	红色	无色	0.2g 邻苯氨基苯甲酸加热溶解在 100mL 0.2% Na_2CO_3 溶液中,必要时过滤
淀粉,0.2%				2g 可溶性淀粉,加少许水调成浆状,在搅拌下注入 1000mL 沸水中,微沸 2min,放置,取上层溶液使用(若要保持稳定,可在研磨淀粉时加入 10mg HgI_2)
中性红	0.24	红	无	0.05%的 60%乙醇溶液
次甲基蓝	0.36	蓝	无	0.05%水溶液

附录11　沉淀及金属指示剂

名　　称	颜　　色		配　制　方　法
	游离	化合物	
铬酸钾	黄	砖红	5%水溶液
硫酸铁铵	无色	血红	$NH_4Fe(SO_4) \cdot 12H_2O$ 饱和水溶液,加数滴浓硫酸
荧光黄	绿色荧光	玫瑰红	0.5%乙醇溶液
铬黑 T	蓝	酒红	(1)0.2g 铬黑 T 溶于 15mL 三乙醇胺及 5 mL 甲醇 (2)1g 铬黑 T 与 100g NaCl 研细、混匀(1∶100)
钙指示剂	蓝	红	0.5g 钙指示剂与 100g NaCl 研细、混匀
二甲酚橙	黄	红	0.5%水溶液
K-B指示剂	蓝	红	(1) 酸性铬蓝 K∶萘酚绿 B∶K_2SO_4＝1∶2.5∶50(质量比),研细、混匀 (2) 0.2g 酸性铬蓝 K、0.4g 萘酚绿 B 溶于 100mL 水中
PAN	黄	红	0.2%乙醇溶液
邻苯二酚紫	紫	蓝	0.1%水溶液
磺基水杨酸	浅黄	红	1%水溶液
钙黄绿素	黄	荧光绿	钙黄绿素∶百里酚酞∶KCl ＝1∶1∶100 (质量比),研细、混匀
紫脲酸胺	黄	紫	紫脲酸胺∶NaCl＝1∶100(质量比),研细、混匀

思考题解答

实验一　思考题解答

① 焰色反应，也称作焰色测试及焰色试验，指某些金属或它们的化合物在无色火焰中灼烧时使火焰呈现特征颜色的反应。

火焰提供能量使核外电子跃迁到高能级轨道上，此状态是不稳定的，当电子从高能级轨道返回低能级轨道时，以光的形式放出能量。能量不同，光的波长也不一样。若光的波长在可见光区，就会产生不同颜色的光，这称作"焰色反应"。元素都有其特征的光谱。利用这一性质，可鉴定一些有焰色反应的元素。

因为纯的 K^+ 不存在，存在 K^+ 的地方往往都会存在 Na^+，在进行焰色反应时，Na^+ 燃烧的黄色干扰了对 K^+ 焰色反应（紫色）的观察，所以必须把黄色的光滤去。蓝色的钴玻璃可将黄光全部吸收即全部滤掉，可清楚地看到钾的焰色——紫色。

② 因为钠与水反应剧烈，产生氢气，会引起更大的火灾或爆炸，灭火不能用水或灭火器而应用干沙、土灭火。

③ Na^+ 和 K^+ 为具有惰性气体构型的阳离子，有空轨道，易与水分子中的氧形成水合离子。而碱金属离子与水的配合能力依 Li^+、Na^+、K^+、Rb^+、Cs^+ 顺序减弱，即 Na^+、K^+ 水合能力较强，所以溶解性较大，不易形成沉淀。

实验记录 4　鉴定 Na^+、Mg^{2+} 方案：利用焰色反应。Na^+ 焰色是黄色，而 Mg^{2+} 无焰色反应。

实验记录 5　鉴定 Ca^{2+}、Ba^{2+} 方案：利用焰色反应。Ca^{2+} 焰色是砖红色，Ba^{2+} 焰色是黄绿色。

实验二　思考题解答

① 硼酸是一元弱酸，而不是三元酸，它的结构式可写成 $B(OH)_3$。硼酸呈酸性并不是它本身可以给出 H^+，而是硼是缺电子原子，能够接受水中的 OH^-，使水解离出 H^+：

$$B(OH)_3 + H_2O \Longrightarrow B(OH)_4^- + H^+$$

② 铝与盐酸的反应方程式：　　　　　　　$2Al + 6H^+ \Longrightarrow 2Al^{3+} + 3H_2\uparrow$

铝与氢氧化钠的反应方程式：　　$2Al + 2H_2O + 2OH^- \Longrightarrow 2AlO_2^- + 3H_2\uparrow$

③ 第ⅣA族元素自上而下可形成 +2 和 +4 氧化数的化合物，对 Ge、Sn、Pb 的 +2 和 +4 氧化态化合物，由于惰性电子对效应，两种氧化态的稳定性如下：

$$+4：Ge > Sn > Pb \qquad +2：Ge < Sn < Pb$$

其中，氧化数为 +4 的氧化物的氧化性依 $GeO_2 \rightarrow SnO_2 \rightarrow PbO_2$ 顺序增强。氢氧化物碱性依 $Pb(OH)_4 \rightarrow Sn(OH)_4 \rightarrow Ge(OH)_4$ 顺序减弱。

④ 实验室盛放碱液的试剂瓶要用橡胶塞而不能用玻璃塞，原因是玻璃成分中的 SiO_2 和

NaOH 反应生成 Na_2SiO_3。试剂瓶虽然是玻璃的，但是表面光滑，于是二氧化硅暴露面较小；而玻璃瓶塞由于是磨口的，表面积较大，接触碱液后瓶塞就会粘住，所以用橡胶塞。

实验三　思考题解答

①
$$PbO_2 + H_2O + 2e^- \mathrm{=\!\!=} PbO + 2OH^- \qquad \varphi^\ominus = 0.247V$$
$$MnO_4^- + 2H_2O + 3e^- \mathrm{=\!\!=} MnO_2 + 4OH^- \qquad \varphi^\ominus = 0.588V$$

所以，碱性条件下，PbO_2 不能将 MnO_2 氧化成 $KMnO_4$。

② 分离：在 Sb^{3+} 和 Bi^{3+} 混合液中加入过量 NaOH 溶液

$$Bi^{3+} + 3OH^- \mathrm{=\!\!=} Bi(OH)_3 \downarrow \text{（白色）}$$
$$Sb^{3+} + 3OH^- \mathrm{=\!\!=} Sb(OH)_3 \downarrow \text{（白色）}$$

但 $Sb(OH)_3$ 是两性氢氧化物，可溶解在过量的 NaOH 溶液中

$$Sb(OH)_3 \downarrow \text{（白色）} + 3OH^- \mathrm{=\!\!=} SbO_3^{3-} + 3H_2O$$

离心分离。上清液为 SbO_3^{3-}，白色沉淀为 $Bi(OH)_3$。

鉴定：在上清液中加入 HCl 和 Sn 片，有黑色 Sb 析出

$$SbO_3^{3-} + 6H^+ \mathrm{=\!\!=} Sb^{3+} + 3H_2O$$
$$2Sb^{3+} + 3Sn \mathrm{=\!\!=} 3Sn^{2+} + 2Sb \downarrow$$

在白色沉淀 $Bi(OH)_3$ 中加入 HCl 和 $SnCl_2$，即有黑色 Bi 析出

$$2Bi(OH)_3 + 6H^+ + 3Sn^{2+} \mathrm{=\!\!=} 3Sn^{4+} + 6H_2O + 2Bi \downarrow$$

③
$$BiO_3^- + 2HCl + 4H^+ \mathrm{=\!\!=} Bi^{3+} + Cl_2 \uparrow + 3H_2O$$

所以，不能用盐酸酸化溶液而要用不具氧化性和还原性的 H_2SO_4 或 H_3PO_4 酸化溶液。

④ $SnCl_2$ 易水解

$$SnCl_2 + H_2O \mathrm{=\!\!=} Sn(OH)Cl \downarrow \text{（白色）} + HCl$$

所以配制 $SnCl_2$ 溶液时，要先将 $SnCl_2$ 固体溶解在浓盐酸中再加水稀释。

$SnCl_2$ 是强还原剂，在酸性条件下易被氧气氧化

$$2Sn^{2+} + 4H^+ + O_2 \mathrm{=\!\!=} 2Sn^{4+} + 2H_2O$$

为防止 Sn^{2+} 氧化，常在新配制的 $SnCl_2$ 溶液中加少量锡粒。

实验四　思考题解答

① $NaNO_2$ 或 $NaNO_3$：取少量未知晶体配成溶液，分别滴加硝酸银，有浅黄色沉淀者为 $NaNO_2$。方程式为：$Ag^+ + NO_2^- \mathrm{=\!\!=} AgNO_2 \downarrow$（浅黄色）。

$NaNO_3$ 或 NH_4NO_3：取少量未知晶体配成溶液，可用两种方法鉴定。

第一种为蒸出法：在未知溶液中加 NaOH，在试管口用潮湿的石蕊试纸检验，呈蓝色者为 NH_4NO_3。

$$NH_4NO_3 + NaOH \mathrm{=\!\!=} NaNO_3 + H_2O + NH_3 \uparrow \text{（使石蕊试纸变蓝）}$$

第二种为奈氏试剂法：向溶液中滴入奈氏试剂即 $K_2[HgI_4]$ 的碱性溶液，溶液呈黄色者为 NH_4NO_3。

$$NH_4^+ + 2K_2[HgI_4] + 4KOH \mathrm{=\!\!=} \left[O \overset{\displaystyle Hg}{\underset{\displaystyle Hg}{\diamond}} NH_2 \right] I + 7KI + 3H_2O$$

$NaNO_3$ 或 Na_3PO_4：取少量未知晶体配成溶液，分别滴加硝酸银，有黄色沉淀者为 Na_3PO_4。

$$3Ag^+ + PO_4^{3-} = Ag_3PO_4\downarrow（黄色）$$

②

P_4O_{10}　　　　$(HPO_3)_n$　　　　$P_2O_7^{4-}$

③ NO_2^- 对 NO_3^- 的鉴定有干扰，可通过加入尿素或铵盐破坏 NO_2^- 来消除干扰。

实验五　思考题解答

① 取少量晶体配成溶液于试管中，各自滴加稀盐酸，并在试管口放上潮湿的 Pb（Ac）$_2$ 试纸和品红试纸。

能使 Pb（Ac）$_2$ 试纸变黑、品红试纸褪色的是 Na_2S：

$$Na_2S + 2H^+ = 2Na^+ + H_2S\uparrow（使品红试纸褪色）$$
$$H_2S + Pb(Ac)_2 = PbS\downarrow（黑色）+ 2HAc$$

仅使品红试纸褪色的是 Na_2SO_3：

$$Na_2SO_3 + 2HCl = 2NaCl + H_2O + SO_2\uparrow（使品红试纸褪色）$$

溶液变浑浊、使品红试纸褪色的是 $Na_2S_2O_3$：

$$S_2O_3^{2-} + 2H^+ = SO_2\uparrow（使品红试纸褪色）+ S\downarrow + H_2O$$

无现象者为 Na_2SO_4。

② 如果不用蒸馏水洗涤至没有 Cl^-，残留的 Cl^- 与硝酸混合后，强度类似"王水"，会将金属硫化物沉淀溶解。

③ 这是因为 $AgNO_3$ 滴入的瞬间 Ag^+ 局部过浓，发生反应

$$2Ag^+ + S_2O_3^{2-} = Ag_2S_2O_3\downarrow$$

振荡摇匀后，$Ag_2S_2O_3$ 与多余的 $S_2O_3^{2-}$ 生成配离子 $[Ag(S_2O_3)_2]^{3-}$：

$$Ag_2S_2O_3\downarrow + S_2O_3^{2-} = 2[Ag(S_2O_3)_2]^{3-}$$

沉淀溶解。

④ Na_2S 中 S 的氧化数是 -2，它是强还原剂。Na_2S 溶液在空气中会缓慢地氧化成硫代硫酸钠、亚硫酸钠、硫酸钠和多硫化钠。由于硫代硫酸钠的生成速度较快，所以氧化的主要产物是硫代硫酸钠。Na_2SO_3 中 S 的氧化数是 $+4$，常用作还原剂，但遇到强还原剂时，它也能起氧化剂作用，Na_2SO_3 溶液放置于空气中时逐渐氧化为硫酸钠。

实验六　思考题解答

① 不能用浓硫酸分别与固体 KBr 和固体 KI 反应制备 HBr 和 HI。

浓硫酸与固体 KBr 或 KI 反应：

$$KBr(s) + H_2SO_4（浓）= KHSO_4 + HBr$$
$$KI(s) + H_2SO_4（浓）= KHSO_4 + HI$$

浓硫酸有较强的氧化性，可氧化 HBr 或 HI：

$$2HBr+H_2SO_4(浓)=\!\!=\!\!=SO_2\uparrow+Br_2+2H_2O$$
$$8HI+H_2SO_4(浓)=\!\!=\!\!=H_2S\uparrow+4I_2+4H_2O$$

② KI-淀粉试纸遇氯气变蓝，可用于 Cl_2 的鉴定：

$$2KI+Cl_2=\!\!=\!\!=2KCl+I_2（使淀粉试纸变蓝）$$

因此过量的氯气会氧化 I_2：

$$5Cl_2+I_2+6H_2O=\!\!=\!\!=2HIO_3+10HCl$$

I_2 已不存在，淀粉试纸不再变蓝，褪色。

③ 因为 $\varphi^{\ominus}_{ClO_3^-/Cl_2}=1.47V$，$\varphi^{\ominus}_{Cl_2/Cl^-}=1.36V$，还原端电位 $\varphi^{\ominus}_{Cl_2/Cl^-}<$氧化端电位 $\varphi^{\ominus}_{ClO_3^-/Cl_2}$，会产生"汇中"反应：

$$2KClO_3+12HCl=\!\!=\!\!=6Cl_2\uparrow+2KCl+6H_2O$$

硝酸会氧化 KI：

$$I^-+2HNO_3=\!\!=\!\!=IO_3-+2NO\uparrow+H_2O$$

所以，不能用盐酸或硝酸来酸化。

④ 直接加氨水特别是浓度较大的氨水，可能会导致局部碱浓度过大而生成 $AgOH$，$AgOH$ 不稳定，会分解为 Ag_2O。加 $(NH_4)_2CO_3$ 溶液后使生成的银氨配离子稳定性更好。

实验七　思考题解答

① 钛酰 TiO^{2+} 配制是在稀硫酸体系中的，因此锌粉与 TiO^{2+} 反应的同时，也与稀酸反应生成氢气。

② 鉴定 Cr^{3+} 的反应中，加入双氧水起两个作用。

a. 在碱性条件下，CrO_2^- 被双氧水氧化为 CrO_4^{2-}：

$$2CrO_2^-+3H_2O_2+2OH^-=\!\!=\!\!=2CrO_4^{2-}+4H_2O$$

双氧水是氧化剂。

b. 加硝酸调节成酸性，CrO_4^{2-} 转化为 $Cr_2O_7^{2-}$，由 $Cr_2O_7^{2-}$ 与双氧水反应生成过氧化铬：

$$Cr_2O_7^{2-}+4H_2O_2+2H^+=\!\!=\!\!=2CrO_5+5H_2O$$

H_2O_2 中 O 的氧化数是 -1，生成物 H_2O 中 O 的氧化数是 -2，H_2O_2 是氧化剂。反应物 $Cr_2O_7^{2-}$ 中 Cr 的氧化数是 $+6$，生成物 CrO_5 中 Cr 的氧化数是 $+10$，$Cr_2O_7^{2-}$ 是还原剂。生成 CrO_5 的反应也是氧化还原反应。

③ 碱性条件：$CrO_4^{2-}+4H_2O+3e^-=\!\!=\!\!=Cr(OH)_4^-+4OH^-$　　　$\varphi^{\ominus}=-0.12V$

电对 $CrO_4^{2-}/Cr(OH)_4^-$ 的电极电位很小，说明电对中还原态 $Cr(OH)_4^-$ 的还原性很强。

酸性条件：　　$Cr_2O_7^{2-}+14H^++6e^-=\!\!=\!\!=2Cr^{3+}+7H_2O$　　　$\varphi^{\ominus}=1.33V$

电对 $Cr_2O_7^{2-}/Cr^{3+}$ 的电极电位很大，说明电对中氧化态 $Cr_2O_7^{2-}$ 的氧化性很强。

④ $Mn(OH)_2$ 应该是白色沉淀，不溶于水。但 $Mn(OH)_2$ 不稳定，易与空气中的氧发生反应生成棕色的水合二氧化锰 $MnO_2 \cdot H_2O$，使得刚生成的 $Mn(OH)_2$ 颜色有点泛棕黄色。

实验八　思考题解答

① 可加入碎瓷片，由于碎瓷片结构疏松，存在很多小气孔，能够在加热的试管中起到

很好的搅拌作用，使得加热均匀而不至于暴沸。

② $$CoCl_2 + NH_3 + H_2O \Longrightarrow Co(OH)Cl \downarrow (蓝色) + NH_4Cl$$

该蓝色物质是 $Co(OH)Cl$。

③ $CoCl_2 \cdot 6H_2O(粉红) \rightarrow CoCl_2 \cdot 2H_2O(浅红紫) \rightarrow CoCl_2 \cdot H_2O(蓝紫) \rightarrow CoCl_2(蓝)$

变色硅胶配有 $CoCl_2$。未吸水时，硅胶呈现 $CoCl_2$ 的蓝色。当吸水饱和时，硅胶呈现 $CoCl_2 \cdot 6H_2O$ 的粉红色，硅胶已失效。

④ 因为放置较久的 $FeSO_4$，易被氧气部分氧化为 $Fe_2(SO_4)_3$，而硫酸铁与硫化氢反应：

$$Fe_2(SO_4)_3 + H_2S \Longrightarrow 2FeSO_4 + H_2SO_4 + S \downarrow$$

浅色不能溶解的沉淀是单质 S。

实验九　思考题解答

① 铬、锌金属的氢氧化物具有明显两性，镉、铜、钛的氢氧化物呈两性，以碱性为主，酸性不明显。

② 在 $Hg_2(NO_3)_2$ 溶液中滴加 KI，应首先观察到黄绿色的 Hg_2I_2 沉淀：

$$Hg_2(NO_3)_2 + 2KI \Longrightarrow Hg_2I_2 \downarrow (黄绿色) + 2KNO_3$$

如果 KI 过量，则 Hg_2I_2 发生歧化，Hg^{2+} 与 I^- 形成配合物而呈橙色：

$$Hg_2I_2 + 2KI \Longrightarrow K_2[HgI_4] \downarrow (橙红色) + Hg$$

③ 在 $Cu(II)$、$Ag(I)$ 和 $Zn(II)$ 的硝酸盐混合溶液中加入适量稀盐酸，离心沉降，分为白色沉淀 a($AgCl$) 和上清液 b(Cu^{2+}、Zn^{2+}) 两部分。在 a 中加入过量的 $6mol \cdot L^{-1}$ $NH_3 \cdot H_2O$，此时沉淀溶解为 $[Ag(NH_3)_2]^+$，加入 $0.1mol \cdot L^{-1}$ KI，出现黄色沉淀 (AgI)。a 为 $AgNO_3$。

在 b 中加入过量的 $2mol \cdot L^{-1}$ NaOH，离心沉降，分为天蓝色沉淀 c$[Cu(OH)_2]$ 和上清液 d($[Zn(OH)_4]^{2-}$) 两部分。

在沉淀 c 中加入 $1mol \cdot L^{-1}$ HNO_3，沉淀溶解，为蓝色溶液 (Cu^{2+})，加入 $0.1mol \cdot L^{-1}$ 黄血盐 $K_4[Fe(CN)_6]$，出现棕红色沉淀 $Cu_2[Fe(CN)_6]$。c 为 $Cu(II)$。

在 d 中加入 $1mol \cdot L^{-1}$ HCl，此时溶液呈酸性，加入二苯硫腙 $(C_6H_5)_2N_4H_2CS$，溶液呈粉红色。d 为 $Zn(II)$。

④ 查表得元素铜和汞在酸性溶液中的标准电极电位：

$$\varphi^{\ominus}_{Cu^{2+}/Cu^+} = 0.158V < \varphi^{\ominus}_{Cu^+/Cu} = 0.522V$$

还原端电位大于氧化端的电位，Cu^+ 在水溶液中容易发生歧化反应：

$$2Cu^+ \Longrightarrow Cu^{2+} + Cu$$

$$\varphi^{\ominus}_{Hg^{2+}/Hg_2^{2+}} = 0.907V > \varphi^{\ominus}_{Hg_2^{2+}/Hg} = 0.792V$$

还原端电位小于氧化端电位，Hg_2^{2+} 在水溶液中不会发生歧化反应，可以稳定存在。

实验十　思考题解答

① 在常见阳离子的分离与鉴定中，一般原则是容易"逃逸"或易被改变氧化数的物质要首先单独鉴定。

只要酸度改变，溶液的碱性增大时，NH_4^+ 易变为气体 NH_3 溢出，鉴于此，NH_4^+ 要首先单独鉴定。

Fe^{2+} 很容易被氧化成 Fe^{3+}，Fe^{3+} 较易形成沉淀或形成配合物等而改变形态，也要首先单独鉴定，否则容易造成干扰。

② 调节溶液的 pH 约 4，加入 CuO：

$$2Fe^{3+}+3CuO+3H_2O \Longrightarrow 2Fe(OH)_3\downarrow+3Cu^{2+}$$

③ 因为混合离子的硝酸盐往往都是可溶的，而部分盐酸盐或硫酸盐则是难溶或微溶的，不利于后续的分离鉴定。

实验十一　思考题解答

① 可减小误差。前一个测定的操作会对后一个测定产生影响，先测定浓度高的醋酸溶液，醋酸或多或少会附着在 pH 计的玻璃电极上，被带到下一个测定的溶液里面。因前一个试样浓度较大，残留液对后一个稀浓度样品产生的误差较大。若先稀后浓，稀的残留液对浓溶液的测定产生的误差要小得多。

② 测得浓度为 $c(mol \cdot L^{-1})$ 的醋酸溶液 pH 值，则 $pH=-lg[H^+]$。$[H^+]=10^{-pH}$ $mol \cdot L^{-1}$。

根据化学平衡原理　　　　　　　$HAc \Longrightarrow H^+ + Ac^-$

　　　　　　　　　　　　　　　$[Ac^-]=[H^+]$

平衡时　　　　　　　　　　　　$[HAc]=c-[Ac^-]=c-[H^+]$

醋酸电离平衡常数：$K_a=[Ac^-][H^+]/[HAc]=[H^+]^2/(c-[H^+])$

③ 电离常数 K_a 是平衡常数的一种，是温度的函数，改变温度电离常数 K_a 也会改变。而电离度 α 则是 K_a 和浓度 c 的函数，当然亦随温度而改变。改变酸的浓度，电离度 α 当然也会改变，而 K_a 则不受影响。

④ 测定去离子水时，难免水会与空气接触，空气中的二氧化碳溶解到水中形成碳酸，从而使去离子水的 pH 降低。一般去离子水从其设备当中出来时在线检测（没有流出管道接触空气时）pH 为中性 6.8～7.2 之间，一旦接触空气，即取样出来检测，pH 为 6.0～6.5，最低时可达到 5.5 左右。

⑤ 理论上推测其测量值与实验条件下的测量值应相同。因为电离常数 K_a 是温度的函数，不受浓度改变的影响。但是，浓度的改变使溶液的离子强度发生了改变，各成分的活度系数也发生改变，测得的值实际上不会相同。若浓度变化不大，二者的测量值变化会很小。但浓度变化了 10 倍，二者的测量值一定有较明显的不同。

实验十二　思考题解答

① 根据缓冲溶液 pH 的计算式：　　　　　$pH=pK_a+p(c_A/c_B)$

选择的缓冲溶液中弱酸的 pK_a 等于或接近于需控制的 pH。当共轭酸碱对的浓度相同时，缓冲溶液的缓冲能力最强。所以，配制缓冲溶液时，c_A/c_B 尽量靠近 1。

② pH 试纸包括广泛 pH 试纸和精密 pH 试纸两类。广泛 pH 试纸的变色范围 pH＝1～14，它只能粗略地估计溶液的 pH 值。精密 pH 试纸可以较精确地估计溶液的 pH 值，根据其变色范围可分为多种。如变色范围为 pH＝3.8～5.4、pH＝8.2～10 等。根据待测溶液的酸碱性，可选用某一变色范围的试纸。

pH 试纸的使用方法：常用 pH 试纸为广泛 pH 试纸，测试溶液的 pH 值为 1～14。测试溶液的酸碱性时，先将小片 pH 试纸放于洁净的表面皿上，用玻璃棒蘸取溶液靠在试纸上，观察试纸颜色，与标准比色卡对照，得出溶液的 pH 值。测试挥发性物质的酸碱性时，可将 pH 试纸用蒸馏水润湿，再置于存放挥发性物质的试管上方，观察试纸颜色的变化。

③ 用酸度计测定溶液 pH 值的正确步骤如下。

a. 一点定位法

ⅰ. 将温度补偿旋钮调至溶液温度值。

ⅱ. 向左将斜率补偿旋钮旋转至头。

ⅲ. 将电极系统移入标准液中，调节定位旋钮使仪器显示标准液的 pH 值。

ⅳ. 取出电极并用纯水冲洗电极球部，用软质物吸干电极球部的水分。再将电极移至待测溶液中，仪器响应稳定后显示的数值即为待测溶液的 pH 值。

b. 两点定位法

ⅰ. 连接好电极线路，将参比电极及活化满 24h 以上清洁的 pH 电极移入第一标准缓冲液（pH_1）中，待仪器响应稳定后，调节定位旋钮至仪器显示为"0.00"。

ⅱ. 将电极系统从第 1 标准液中取出，用去离子水冲洗干净，以软质物吸干电极表面，移入第 2 种标准液（pH_2）中，响应稳定后，调节斜率旋钮，使其显示为 $\Delta pH = pH_1 - pH_2$。此后斜率旋钮不可再动，除非更换电极系统。

ⅲ. 斜率调节完成后，重新调节定位旋钮，使仪器显示第 2 种标准液的实际 pH 值，至此两点定位结束。

ⅳ. 将电极从第 2 种标准液中取出冲洗、吸干后移入待测溶液中，仪器响应稳定后显示的数值即为待测溶液的 pH 值。

④ 缓冲溶液的 pH 值与体系中弱酸的电离常数 K_a 及酸、共轭碱的浓度有关。

⑤ pH 计的原理是利用玻璃泡内的 H^+ 浓度与溶液中 H^+ 浓度差形成的电势差来测量的。若是先测量 pH 值高的溶液，其形成的高电势对测量低 pH 值溶液有较大影响，形成较大误差。先测 pH 值低的，再测 pH 值高的则误差可忽略不计。

实验十三　思考题解答

① 可以根据电导率确定蒸馏水的纯度，因为纯水是不导电的。如果有其他的可溶些杂质存在，电导率会增加，因此根据电导率可以判断纯水是否已达到所需要的纯度。

② 在无限稀释的溶液中，离子独立存在，互不影响。因此，在无限稀释的溶液中每个离子的导电能力不受其它离子的影响，故可认为电解质的摩尔电导率为正、负离子的摩尔电导率之和。

③ 在极稀的溶液中，离子间的相互作用可以忽略，此种溶液可近似被认为是"理想溶液"。"理想溶液"中的电荷浓度为各种离子电荷浓度之和，溶液的电导率为各种离子单独存在时的电导率之和。

例如：$BaSO_4$ 饱和溶液的电导率

$$\kappa(BaSO_4) = \Lambda_m(Ba^{2+})c(Ba^{2+}) + \Lambda_m(SO_4^{2-})c(SO_4^{2-})$$

$$c(Ba^{2+}) = c(SO_4^{2-}) = c(BaSO_4)$$

$$K_{sp}(BaSO_4) = c(BaSO_4)[\Lambda_m(Ba^{2+}) + \Lambda_m(SO_4^{2-})]$$

只要求出电导率，便可得到 $BaSO_4$ 的溶解度 $c(BaSO_4)$，从而求出 $K_{sp}(BaSO_4)$。

④ 电导率与溶液的体积无关。液体的电导 $G = \kappa A/l$，式中，A 为电导电极的截面积；l 为电导两电极平面间的距离（一般为 1.00cm）；κ 为常数，称为"电导率"。即当溶液中离

子的电荷浓度为 1mol·m^{-3}、电极的截面积为 1cm^2、两电极平面间的距离为 1m 时，溶液的电导率为 1S·m^{-1}。

⑤ 在理想溶液（在极稀的溶液中，离子间的相互作用可以忽略，为理想溶液）中，浓度为 1mol·m^{-3} 的溶液的电导率称作摩尔电导率 Λ_m，单位为 S·m^2·mol^{-1}。

实验十四　思考题解答

① 由一个具有空轨道的中心离子或原子与带有孤对电子的配位原子以配位键结合形成的离子叫"配离子"。大多数配离子离解常数很小，相似于弱电解质。而由简单离子形成的离子化合物在水溶液中是完全离解的。

② 根据平衡移动原理，改变平衡体系的 pH 值、金属离子和配体的浓度，如加入沉淀剂、氧化剂或还原剂、其它配位剂等，均可使平衡移动。

③ Cu^{2+} 为蓝色，而 $[Cu(NH_3)_4]^{2+}$ 为深蓝色。Ag^+ 遇 $S_2O_3^{2-}$ 会生成 $Ag_2S_2O_3$ 沉淀，一旦 $S_2O_3^{2-}$ 过量，进一步生成配离子 $[Ag(S_2O_3)_2]^{3-}$，沉淀溶解。Fe^{3+} 可将 I^- 氧化成 I_2，而在 Fe^{3+} 中加入 NH_4F，生成 $[FeF_6]^{3-}$ 后，$[Fe^{3+}]$ 减小，电极电位降低，便不再能将 I^- 氧化成 I_2。

④ 一般情况是由一种配合物自发向另一种更稳定的配合物方向转化。如：

$$Fe^{3+} + 6Cl^- \Longrightarrow [FeCl_6]^{3-}$$

$$[FeCl_6]^{3-} + nSCN^- \Longrightarrow [Fe(SCN)_n]^{(3-n)-} + 6Cl^-$$

⑤ 当同一配体提供 2 个或 2 个以上的配位原子与一个中心原子配位时，若形成具有环状结构的配合物，称为螯合物。具有五元环或六元环的螯合物张力小，很稳定，而且所形成的环数愈多，螯合物愈稳定。

实验十五　思考题解答

① 八面体配合物在基态时有电子处于能量较低的 t_{2g} 轨道，当它吸收一定波长的可见光的能量时，就会在分裂的 d 轨道之间跃迁，即由低能级的 t_{2g} 轨道跃迁到高能级的 e_g 轨道。其 t_{2g} 轨道到 e_g 轨道的能级差 $[E(e_g)-E(t_{2g})]=hc/\lambda$。即为分裂能 Δ_o。

② 使用分光光度计的注意事项如下。

a. 在仪器尚未接电源时，电表指针必须在"0"刻度线上。否则，可以用电表上的校正螺丝调节至"0"刻度线上。

b. 为了防止光电管疲劳，不测定时必须将试样室盖打开，使光路切断，以延长光电管的使用寿命。

c. 比色皿中的液体最好不要超过容积的 3/4。

d. 取拿比色皿时，手指只能捏住比色皿的毛玻璃面，而不能碰比色皿的光学表面。比色皿不能用碱溶液或氧化性强的洗涤液洗涤，也不能用毛刷清洗。比色皿外壁附着的水或溶液应用擦镜纸或细而软的吸水纸吸干，不要擦拭，以免损伤它的光学表面

e. 更换待测溶液时，分光光度计的盖子要及时盖上，保持里面黑暗环境

③ 一个光子的分裂能计算：

$$\Delta_o = E_光 = hc/\lambda = 6.626\times10^{-34}\times2.9989\times10^8/\lambda = 1.987\times10^{-25}/\lambda(J)$$

λ 的单位为 m，则 Δ_o 的单位为 J。分裂能的单位也可用波数 cm^{-1} 表示。$n$cm^{-1} 表示每

厘米有 n 个波，则波长 $\lambda = 1/n$。$\Delta_o = E_{光} = hc/\lambda = hcn \times 10^{-2}$。

分裂能 Δ_o 的单位一般用 $J \cdot mol^{-1}$。

$$\Delta_o = 1.987 \times 10^{-25} \times A/\lambda = 1.987 \times 10^{-25} \times 6.023 \times 10^{23}/\lambda = 12.0/\lambda \ (J \cdot mol^{-1})$$

④ 测定分裂能 Δ_o 时和配离子浓度没有关系。配离子浓度大小影响吸光度的大小，但不会改变最大吸收波长，也即不会改变分裂能 Δ_o 的大小。

⑤ 不用除以 3。因为分裂能是强度因子，不具有加和性。

⑥ $[Cr(H_2O)_6]^{3+}$、$(Cr\text{-}EDTA)^-$ 的最大吸收波长是不一致的，说明配合物晶体场分裂能不仅仅跟中心原子有关，还跟配体有关。根据光谱化学序列，相应地强场配体分裂能就大。

实验十六　思考题解答

① 使测试溶液的离子强度大致相等，扣除了由离子强度引起的干扰。

② K 的实验结果可能会与文献值不一致，主要原因是磺基水杨酸的纯度和酸效应。

③ 根据实验原理，若不用 pH 值测得滴定曲线，还可用配位滴定法、分光光度法等测定。

④ 不必提前标定。在酸碱滴定中，磺基水杨酸给出 2 个氢质子：

$$H_3L \Longrightarrow HL^{2-} + 2H^+$$

实验中用 NaOH 标准溶液滴定时就可知道磺基水杨酸的原始浓度：

$$c_L = c_{NaOH} V_{NaOH,1}/2V_L$$

实验十七　思考题解答

① 不同的氧化剂或还原剂其氧化或还原能力是有差别的。氧化还原能力的高低可以用该物质的氧化态/还原态所组成的电对的电极电位的相对高低来衡量。一个电对的 φ 代数值越大，表示相应的氧化还原电对中氧化态的氧化性越强，而对应的还原态的还原性越弱。反之亦然。

② 电极电位的大小与氧化态和还原态的浓度、溶液的温度及介质的酸碱度等因素有关。

③ 构成通路；维持盐桥两边溶液的电中性。

④ 在电解池中，与电源负极相连的阴极进行还原反应；与电源正极相连的阳极进行氧化反应。一般讲，电解液中的阴离子在阳极析出，如：$Cl^- \rightarrow Cl_2$，$PbO_2^{2-} \rightarrow PbO_2$。电解液中的阳离子在阴极析出，如：$OH^- \rightarrow O_2$，$Na^+ \rightarrow Na$。

实验十八　思考题解答

① 溶液中的离子浓度幂乘积 $Q > K_{sp}$（溶度积），沉淀生成。$Q \leqslant K_{sp}$，沉淀溶解。

② 影响沉淀-溶解平衡的因素有同离子效应、盐效应、酸效应、配位效应、氧化还原效应等。当然溶剂、温度也影响沉淀-溶解平衡。

③ $K_{sp}(AgCl) = 1.8 \times 10^{-10}$，$0.1 \ mol \cdot L^{-1}$ 的 Cl^- 的溶液中 AgCl 要沉淀时：

$$[Ag^+] = 1.8 \times 10^{-10}/0.1 = 1.8 \times 10^{-9} \ mol \cdot L^{-1}$$

$K_{sp}(Ag_2CrO_4) = 1.1 \times 10^{-12}$，$0.1 \ mol \cdot L^{-1}$ 的 CrO_4^{2-} 的溶液中：

$$[Ag^+]^2[CrO_4^{2-}] = (1.8 \times 10^{-9})^2 \times 0.1 = 3.24 \times 10^{-17} < K_{sp}(Ag_2CrO_4)$$

Ag_2CrO_4 不会沉淀，由此可见 Cl^- 先被沉淀下来。

④ 要使沉淀溶解可采取如下方法。

a. 有些难溶物质如 $PbSO_4$ 受盐效应影响明显，为了促使其溶解，可加入强电解质。

b. 有些弱酸盐难溶物质如 ZnS 受酸效应影响明显，可增加酸度，使 $[S^{2-}]$ 降低，使其溶解。

c. 易生成配合物的难溶物质可通过加配位剂增大溶解度，如在 $AgCl$ 中加氨水使其生成 $[Ag(NH_3)_2]^+$ 溶解。

d. 还可通过氧化还原反应，改变氧化数或形态使其溶解。可在 CuS 中加氧化剂硝酸，使 S^{2-} 被氧化成 SO_4^{2-}，而使 CuS 溶解。

实验记录 5

（1）Ag^+，Fe^{3+}，Cu^{2+}

设计流程：混合离子中加入稀盐酸，离心沉降，分为白色沉淀 a（$AgCl$）和上清液 b（Fe^{3+}，Cu^{2+}）两部分。在 b 中加氨水，离心沉降，分为红棕色沉淀 c（$Fe(OH)_3$）和深蓝色溶液 d（$[Cu(NH_3)_4]^{2+}$）。

（2）Zn^{2+}，Al^{3+}，Ag^+

设计流程：混合离子中加入稀盐酸，离心沉降，分为白色沉淀 a（$AgCl$）和上清液 b（Al^{3+}，Zn^{2+}）两部分。在 b 中加氨水，离心沉降，分为白色沉淀 c（$Al(OH)_3$）和无色溶液 d（$[Zn(NH_3)_4]^{2+}$）。

（3）Mg^{2+}，Na^+，Ag^+

设计流程：混合离子中加入稀盐酸，离心沉降，分为白色沉淀 a（$AgCl$）和上清液 b（Mg^{2+}，Na^+）两部分。在 b 中加氨水，离心沉降，分为白色沉淀 c（$Mg(OH)_2$）和无色溶液 d（Na^+）。

实验十九　思考题解答

① 离子交换法制备去离子水就是利用 H 型阳离子交换树脂将水中的阳离子杂质截留在树脂上，交换出 H^+。利用 OH 型阴离子交换树脂将水中的阴离子杂质截留在树脂上，交换出 OH^-。交换出来的 OH^- 与 H^+ 中和生成纯水，使水得到了净化。

② 用烧杯将离子交换树脂带水装入柱内，一直填满到离柱口大约 2cm 处。装填过程中一定要装实，不能让柱子内部出现气泡，出现以上情况可以拿玻璃棒伸入树脂内部上下抽动，使气泡溢出。柱子底部垫有玻璃纤维，以防树脂颗粒掉出柱外。

③ 用钙指示剂检验水样中的钙离子时，Mg^{2+} 通常对其有干扰。为消除 Mg^{2+} 的干扰，常将溶液调至 pH 值至 12 以上，此时 Mg^{2+} 已生成 $Mg(OH)_2$ 沉淀，不干扰 Ca^{2+} 的鉴定。

④ 如果树脂层离开水，会有气体进入，树脂与需交换的水溶液会接触不良，离子交换变得困难，交换速度降低、交换效果变差。若树脂层离开水时间过长，树脂会干燥破裂以致完全失效。

⑤ 去离子水的电导率应立即测定，速度要快，更不要搅动水。否则水会溶解大气中的可溶性物质如 CO_2 等，使电导率上升。

⑥ 滴加三乙醇胺可掩蔽水中少量的 Fe^{3+}、Al^{3+}、Ti^{4+}，消除对铬黑 T 指示剂的封闭作用。

实验二十　思考题解答

① 在水溶液中，$K_2S_2O_8$ 和 KI 反应如下：

$$S_2O_8^{2-} + 3I^- \Longrightarrow 2SO_4^{2-} + I_3^- \tag{1}$$

为了能够测出在一定时间 Δt 内的浓度变化值 $\Delta[S_2O_8^{2-}]$，需要在混合 $K_2S_2O_8$ 和 KI 溶液的同时，加入一定体积的已知浓度的 $Na_2S_2O_3$ 溶液和淀粉。这样在反应（1）进行的同时，还有以下反应发生：

$$2S_2O_3^{2-} + I_3^- \Longrightarrow S_4O_6^{2-} + 3I^- \tag{2}$$

反应（2）比反应（1）快得多，几乎瞬间完成。因此在反应开始的一段时间内，看不到碘与淀粉作用而显示的特有蓝色。一旦 $Na_2S_2O_3$ 耗尽，反应（1）继续产生的 I_3^- 就立即与淀粉作用而呈现出特有的蓝色。

从反应开始到溶液蓝色出现，表示 $S_2O_3^{2-}$ 全部耗尽，所以从反应开始到溶液出现蓝色这段时间 Δt 内，$[S_2O_3^{2-}]$ 的改变量 $\Delta[S_2O_3^{2-}]$ 实际上就是 $Na_2S_2O_3$ 的起始浓度。

由反应式（1）、（2）得 $\Delta[S_2O_8^{2-}] = \Delta[S_2O_3^{2-}]/2$

因此，平均反应速率 $\qquad v(S_2O_8^{2-}) = \Delta[S_2O_8^{2-}]/\Delta t = \Delta[S_2O_3^{2-}]/(2\Delta t)$

② a. 若量筒混用，在未计时前就有少量 $K_2S_2O_8$ 与 KI 已经反应了，影响计时的准确性。

b. 先加 $K_2S_2O_8$ 溶液的话，混合液中 $K_2S_2O_8$ 会与 $Na_2S_2O_3$ 反应，影响 $K_2S_2O_8$ 与 KI 的反应。

c. 慢慢加入 $K_2S_2O_8$ 溶液，计时的起始点不好确定，影响计时的准确性。

实验二十一 思考题解答

① 粗硫酸铜中含有的不溶性杂质，可在常压过滤步骤中与 $Fe(OH)_3$ 沉淀一起作为滤渣除去；其中的可溶性杂质，可在减压抽滤中随滤液弃去。

② 在粗硫酸铜溶液中加入 H_2O_2，可以将 Fe^{2+} 氧化为 Fe^{3+}：

$$2Fe^{2+} + 2H^+ + H_2O_2 \Longrightarrow 2Fe^{3+} + 2H_2O$$

然后将溶液的 pH 值调节在 $3\sim4$，使 Fe^{3+} 生成 $Fe(OH)_3$ 沉淀除去：

$$Fe^{3+} + 3H_2O \Longrightarrow Fe(OH)_3 \downarrow + 3H^+$$

③ 将溶液的 pH 值调节在约为 4，Fe^{3+} 水解生成 $Fe(OH)_3$ 沉淀，在溶液中存在如下平衡：

$$Fe(OH)_3 \Longrightarrow Fe^{3+} + 3OH^-$$

$K_{sp}[Fe(OH)_3] = 3.5 \times 10^{-38}$，当 $[Fe^{3+}] \leqslant 10^{-5}\,mol \cdot L^{-1}$ 时，可认为 Fe 杂质被清除完毕：

$$[OH^-] = (K_{sp}[Fe(OH)_3]/[Fe^{3+}])^{1/3} = (3.5 \times 10^{-38}/10^{-5})^{1/3} = 1.5 \times 10^{-11}$$
$$pH = 3.18$$

即 pH=4 时，残留在溶液中的 $[Fe^{3+}] < 10^{-5}\,mol \cdot L^{-1}$。

同时，由 $K_{sp}[Cu(OH)_2] = 2.2 \times 10^{-20}$ 可知，此时 Cu^{2+} 不会被沉淀而留在溶液中。

④ 普通过滤操作注意事项为"一贴二低三靠"。

一贴：按漏斗大小折好滤纸，通常在三层滤纸折痕处撕去一毛边角以保证滤纸能紧贴漏斗壁，同时将滤纸贴在漏斗壁时先用水润湿并挤出气泡，因为有气泡会影响过滤速度。

二低：一是滤纸的边缘要稍低于漏斗的边缘；二是在整个过滤过程中还要始终注意到滤液的液面要低于滤纸的边缘。否则的话，被过滤的液体会从滤纸与漏斗之间的间隙流下，直接流到下面的接收器中，这样未经过滤的液体与滤液混在一起，而使滤液浑浊，达不到过滤的目的。

三靠：一是待过滤的液体倒入漏斗时，须将盛有待过滤液体的烧杯的杯嘴靠在倾斜的玻棒上（玻棒引流）；二是玻棒下端要靠在三层滤纸侧（三层滤纸侧比单层滤纸侧厚，不易被弄破）；三是指漏斗的颈部要紧靠接收器内壁。

减压过滤操作注意事项：滤纸大小要适当，略小于布氏漏斗，但要盖满所有孔，用溶剂润湿，保证滤纸紧贴布氏漏斗，布氏漏斗尖嘴与抽气方向相反，避免滤液被抽走。过滤溶液液面不可过高。当停止抽滤时，须先拔掉连接抽滤瓶和泵或水龙头的橡皮管，再关泵或水龙头，以防滤液倒吸。也可在抽滤瓶和泵或水龙头之间装上一个安全瓶，防止倒吸。

⑤ 氧化剂用 H_2O_2 可将 Fe^{2+} 氧化为 Fe^{3+} 而不产生另外的杂质。若采用 $KMnO_4$、$K_2Cr_2O_7$ 作氧化剂，会产生杂质 MnO_2、Cr^{3+} 等，影响最终产物的纯度。

⑥ 不能。因为 $K_{sp}[Fe(OH)_2]=8.0\times10^{-16}$，pH＝4 时，则残留在溶液中的 $[Fe^{2+}]$：

$$[Fe^{2+}]=K_{sp}[Fe(OH)_2]/[OH^-]^2=8.0\times10^{-16}/(1.0\times10^{-10})^2=8.0\times10^4\,mol\cdot L^{-1}$$

在此酸度下，Fe^{2+} 没有沉淀，没有去除杂质 Fe。

⑦ 纸层析斑点为酸性的 Fe^{3+} 的斑点，颜色很淡，肉眼不好观察。若能借助显色剂，用 NH_3 熏蒸，变为 $Fe(OH)_3$ 斑点，Fe^{3+} 的斑点颜色加深，利于观察比较。

⑧ $CuSO_4\cdot5H_2O$ 产品的标准规定，铁杂质＜0.02％为化学纯（C.P.），铁杂质＜0.003％为分析纯（A.R.），铁杂质＜0.001％为优级纯（G.R.）。

若要检验提纯后的 $CuSO_4\cdot5H_2O$ 是否达到 G.R. 级，用 $(NH_4)_2Fe(SO_4)_2\cdot6H_2O$ 配制 Fe^{3+} "对照溶液"：称取 $(NH_4)_2Fe(SO_4)_2\cdot6H_2O$ 0.07g 置于 100mL 烧杯中，加 2～3mL 浓硫酸和适量水（5～10mL），加热煮沸保持微沸 5min，冷却后配成 1L 水溶液，所得溶液 $[Fe^{3+}]＝0.001％$。

实验二十二 思考题解答

① 在第一个化学计量点前 0.1％，溶液是由 CO_3^{2-} 和 HCO_3^- 组成的缓冲溶液。化学计量点后 0.1％，溶液是由 HCO_3^- 和 H_2CO_3 组成的缓冲溶液。滴入 HCl，溶液 pH 变化非常小，即滴定突跃很小，指示剂变色不敏锐，会导致较大误差。

在第二个化学计量点前 0.1％，溶液虽也是由 HCO_3^- 和 $H_2CO_3^-$ 组成的缓冲溶液。化学计量点后 0.1％，却是 H_2CO_3 溶液。因此，滴定突跃比第一个化学计量点附近的突跃大，指示剂变色较明显，误差较小。

由于第二个化学计量点的 pH＝3.89，在甲基橙的变色范围 4.4(黄色)～3.1(红色) 内，所以选用甲基橙为指示剂。

② 容量分析的滴定误差为±0.1％。滴定分析时所用滴定管的最小刻度为±0.1mL，即读数的绝对误差为±0.01mL。为了保证滴定的相对误差 $E\leqslant\pm0.1％$：

$$\Delta V/V=0.02mL/V\leqslant\pm0.1\%$$

$$V\geqslant20mL$$

因此基准物 Na_2CO_3 的称量质量必须保证 $V\geqslant20mL$。因为以甲基橙为指示剂，碳酸钠的计量单元 $N_{Na_2CO_3}=M_{Na_2CO_3}/2=105.99/2=53.00$。$[HCl]\approx0.2\,mol\cdot L^{-1}$：

$$m_{Na_2CO_3}/53.00\geqslant0.2\times20\times10^{-3}$$

$$m_{Na_2CO_3}\geqslant0.22g$$

同时 Na_2CO_3 的称量也不能过多，否则会造成消耗体积大于滴定管的容积 $50mL$。重新补加标准溶液会给实验带来较大误差。即：

$$m_{Na_2CO_3}/53.00 \leq 0.2 \times 50 \times 10^{-3}$$
$$m_{Na_2CO_3}/53.00 \leq 0.53g$$

由于盐酸浓度的不确定性，称量不要太靠近两端极值，选择中间值 $0.35g$ 既满足要求，安全系数也比较大。

③ 因为 Na_2CO_3 中含有少量的 H_2O，而 H_2O 与 HCl 不反应，滴定相同质量的这种物质比滴定纯 Na_2CO_3 所用 HCl 体积要小，根据 $m_{基准物}/N_{Na_2CO_3} = c_{HCl}V_{HCl}$，$V_{HCl}$ 小了，计算得到的 c_{HCl} 就大了。即 $c_{标定} > c_{实际}$，结果偏高。

也可用误差传递的微分式求得。$m/M_{Na_2CO_3} = c_{HCl}V_{HCl}$，$m$ 对 c_{HCl} 求导。

$m' = N_{Na_2CO_3}V_{HCl}$，$\Delta m = m' \Delta c_{HCl}$。$\Delta m =$ 计算中反应物质量－实际反应物质量 > 0，所以，$\Delta c_{HCl} > 0$，即 $c_{标定} > c_{实际}$，结果偏高。

④ $$Na_2B_4O_7 + 2HCl + 5H_2O == 2NaCl + 4H_3BO_3$$

在化学计量点的产物是很弱的硼酸（$K_a = 5.7 \times 10^{-10}$）：

$$[H^+] = (cK_a)^{1/2} = (0.1 \times 5.7 \times 10^{-10})^{1/2} = 7.5 \times 10^{-6} mol \cdot L^{-1}$$
$$pH = 5.12$$

根据酸碱指示剂的选择原则，可选用甲基红（$4.4 \sim 5.6$）作指示剂，终点由黄色变为红色。

HCl 标准溶液浓度的计算：

因为硼砂得到 2 个 H^+，硼砂计量单元 $N_{Na_2B_4O_7 \cdot 10H_2O} = M_{Na_2B_4O_7 \cdot 10H_2O}/2 = 381.37/2 = 190.7$；$m_{Na_2B_4O_7 \cdot 10H_2O}/N_{Na_2B_4O_7 \cdot 10H_2O} = c_{HCl}V_{HCl} \times 10^{-3}$

$$c_{HCl} = m_{Na_2B_4O_7 \cdot 10H_2O}/(190.7 \times V_{HCl} \times 10^{-3})$$

⑤ 因为 $Na_2C_2O_4 \cdot 2H_2O$ 的 $K_{a1} = 5.9 \times 10^{-2}$，$K_{a2} = 6.4 \times 10^{-5}$。$K_{b1} = K_w/K_{a2} = 1.6 \times 10^{-10}$，$K_{b2} = K_w/K_{a1} = 1.7 \times 10^{-13}$，$cK_{b1} < 10^{-8}$，$cK_{b2} < 10^{-8}$，不能满足滴定的基本要求，不能以 $Na_2C_2O_4 \cdot 2H_2O$ 为基准物直接标定 HCl。

实验二十三　思考题解答

① 混合碱试液组成为 $NaOH + Na_2CO_3$ 或为 $Na_2CO_3 + NaHCO_3$。若放置 1 天后，组成为 $NaOH + Na_2CO_3$，因 $NaOH$ 与空气中的 CO_2 反应，生成更多的 Na_2CO_3：

$$2NaOH + CO_2 == Na_2CO_3 + H_2O$$

第一终点消耗的盐酸体积减小。从第一终点到第二终点消耗的盐酸仅与 Na_2CO_3 有关，Na_2CO_3 增加了，故消耗的 HCl 增加。总体积不变。

继续放置，组成为 $Na_2CO_3 + NaHCO_3$，会导致：

$$Na_2CO_3 + CO_2 + H_2O == 2NaHCO_3$$

第一终点盐酸消耗在 Na_2CO_3 上，Na_2CO_3 减少，故消耗的 HCl 也减少。从第一终点到第二终点盐酸消耗在 $NaHCO_3^-$ 上，$NaHCO_3$ 增加，消耗的 HCl 也增加。总体积不变。

② 磷酸钠的 $K_{b1} = K_w/K_{a3} = 10^{-14}/(4.35 \times 10^{-13}) = 2.3 \times 10^{-2}$，磷酸氢二钠的 $K_{b2} = K_w/K_{a2} = 10^{-14}/(6.3 \times 10^{-8}) = 1.6 \times 10^{-7}$，均满足滴定的基本要求。二者比值大于 10^4，可以逐步滴定。

在第一化学计量点，是 Na_2HPO_4 溶液：

$$[H^+] = (K_{a2}K_{a3})^{1/2} = (6.3 \times 10^{-8} \times 4.35 \times 10^{-13})^{1/2} = 1.6 \times 10^{-10} \, mol \cdot L^{-1}$$
$$pH = 9.78$$

可选用百里酚酞（变色范围 10.6～9.4）为指示剂，终点由蓝色变为无色。

继续用 HCl 滴定，在第二化学计量点，是 NaH_2PO_4 溶液：

$$[H^+] = (K_{a1}K_{a2})^{1/2} = (7.6 \times 10^{-3} \times 6.3 \times 10^{-8})^{1/2} = 2.2 \times 10^{-5} \, mol \cdot L^{-1}$$
$$pH = 4.75$$

可选用甲基红（变色范围 5.6～4.4）为指示剂，终点由黄色变为橙色。

③ 第二计量点的 pH＝3.89，指示剂甲基红的变色范围为 4.4（红色）～5.6（黄色），若采用甲基红作指示剂，滴定终点大大提前。若必须用甲基红作指示剂，可在溶液变红之后，加热煮沸溶液：

$$H_2CO_3 \Longrightarrow H_2O + CO_2 \uparrow$$

溶液由 H_2CO_3 与 $NaHCO_3$ 组成的缓冲溶液变为 $NaHCO_3$ 溶液，pH 值又回到了 8 以上，溶液回到黄色，冷却后，继续用 HCl 滴定，重复上述过程，直到溶液不再变为黄色为止。

④ 多元酸碱连续准确滴定的条件为：ΔpK_b（或 ΔpK_a）＞4.0。$Na_2C_2O_4$ 的 $pK_{b1} = 9.81$，$pK_{b2} = 12.78$，$\Delta pK_b = 2.97 < 4.0$，故无法实现连续测定。

实验二十四　思考题解答

① 属于强碱滴定弱酸，滴定反应为 $NaOH + HAc \Longrightarrow NaAc + H_2O$
在化学计量点，溶液的

$$[OH^-] = (cK_b)^{1/2} = (0.1 \times 5.6 \times 10^{-10})^{1/2} = 7.5 \times 10^{-6} \, mol \cdot L^{-1}$$
$$pH = 8.87$$

可选用酚酞作指示剂。

② NaOH 与 CO_2 发生反应，生成 Na_2CO_3，多消耗 NaOH，使结果误差增大。

③ 药品与食品测定时，除了基本测定条件外，还需考虑产品是否含有其他杂质，如辅料及添加剂。此外，如果产品本身具有颜色，为了不影响终点观察，还应进行消色处理。

④ 可以。因为草酸能与 NaOH 定量反应，且反应速度快，无副反应。

$$H_2C_2O_4 + 2NaOH \Longrightarrow Na_2C_2O_4 + 2H_2O$$

因草酸的两级电离常数相差不很大，不能分步滴定，滴定只有一个终点。草酸的计量单元 $N_{H_2C_2O_4} = M_{H_2C_2O_4}/2 = 90.04/2 = 45.02$：

$$m_{H_2C_2O_4}/N_{H_2C_2O_4} = c_{NaOH}V_{NaOH}$$
$$c_{NaOH} = m_{H_2C_2O_4}/(45.02V_{NaOH})$$

⑤ 做空白试验。取与试样液同体积的水，用 NaOH 标准溶液滴定，消耗 V_0 体积的 NaOH 标准溶液。再取试样液，用 NaOH 标准溶液滴定，消耗 V_1 体积的 NaOH 标准溶液。消耗在总酸度上的 NaOH 标准溶液体积

$$V_{NaOH} = V_1 - V_0$$

实验二十五　思考题解答

① 因为 EDTA 是有机物，在水中溶解度较小。为加大 EDTA 的溶解，配制 EDTA 溶液时，可加少量 NaOH 使 EDTA 形成钠盐易于溶解。

② 在溶解 $CaCO_3$ 时，应该注意：

a. 加少量水湿润 $CaCO_3$ 后再加 HCl，不可直接加 HCl 溶解。因为 $CaCO_3$ 与 HCl 反应生成 CO_2 逸出时粉状 $CaCO_3$ 会飞溅损失。

b. 烧杯要盖上表面皿，并从杯嘴缓缓加入盐酸，不要过快，防止反应过于激烈而产生大量 CO_2 气泡，使 $CaCO_3$ 粉末飞溅损失。

c. 待 $CaCO_3$ 完全溶解后，继续加热微沸至不冒气泡为止，除尽溶液中的 CO_2。

d. 冷却后，淋洗表面皿和烧杯内壁，并将淋洗液也一并转入容量瓶中。

③ 应控制溶液酸度为 pH>12。因为钙黄绿素与 Ca^{2+} 的配合物在 pH>12 时才有绿色荧光，才能遮住百里酚酞的紫色，所以混合指示剂钙黄绿素－百里酚酞的适用范围为 pH>12。加入 KOH 溶液而不是加 NaOH 溶液控制溶液的酸度，因为 K 盐的荧光强度普遍比 Na 盐强，更有利于终点观察。

④ 二甲酚橙是紫色结晶，易溶于水。它在 pH>6.3 时显红色，pH<6.3 时显黄色。而二甲酚橙与金属离子的络合物则是紫红色的，故它只能在 pH<6.3 的酸性溶液中作用。

根据林邦曲线，EDTA 滴定 Zn^{2+} 的最低 pH 值为 4.0，故用 ZnO 标定 EDTA 的 pH≈5~6 范围内，可用 HAc-NaAc 缓冲溶液控制酸度。

滴定终点前：
$$Zn^{2+} + Ox(二甲酚橙) \Longrightarrow Zn\text{-}Ox(红色)$$

滴定终点：
$$Zn\text{-}Ox(红色) + EDTA \Longrightarrow Zn\text{-}EDTA + Ox(黄色)$$

溶液由红色突变成黄色为滴定终点。

⑤ 不一致。由于 ZnY^{2-} 的稳定性大于 CaY^{2-}、MgY^{2-}，若在 pH=5~6 的酸性溶液中采用 Zn^{2+} 标准溶液标定，Zn^{2+} 会发生置换反应：
$$Zn^{2+} + CaY^{2-} \Longrightarrow ZnY^{2-} + Ca^{2+}$$
$$Zn^{2+} + MgY^{2-} \Longrightarrow ZnY^{2-} + Mg^{2+}$$
置换反应的发生，导致 EDTA 的消耗体积减小，标定的 EDTA 浓度偏大。

⑥ 因为 EDTA 的溶解度较小以及许多副族元素的 EDTA 配合物有较深的颜色，用 EDTA 滴定时，溶液浓度都不宜太大，一般在 $0.02 \text{mol} \cdot L^{-1}$ 左右。而不像酸碱滴定那样，溶液浓度在 $0.2 \text{mol} \cdot L^{-1}$ 左右。

若 EDTA 溶液消耗 30mL：
$$m_{CaCO_3}/M_{CaCO_3} \approx 0.02 \times 30 \times 10^{-3}$$
$$m_{CaCO_3} \approx 100.0 \times 0.02 \times 30 \times 10^{-3} = 0.06 \text{g}$$

天平的绝对误差为 $\pm 0.1 \times 10^{-3}$g，对于 0.06g 而言，相对误差超过 $\pm 0.1\%$，不符合滴定分析的要求。所以不能直接称取 $CaCO_3$ 溶解后标定 EDTA。

称约 0.6g $CaCO_3$ 可保证称量相对误差不超过 $\pm 0.1\%$，溶解后配成溶液，取其 1/10 进行标定。由于容量瓶、移液管均是定量器皿，相对误差均小于 $\pm 0.1\%$，如此也可保证滴定的最后结果符合滴定分析的要求。

实验二十六　思考题解答

① 测定 Bi^{3+}、Pb^{2+} 含量是在酸性溶液中进行的，则可用 ZnO 或是金属锌做基准物质、二甲酚橙为指示剂，在六亚甲基四胺缓冲溶液（pH=5~6）中进行标定。这样可消除不同

pH 值引起 EDTA 产生不同酸效应，减免标定时的系统误差。

② 如果先在 pH＝5～6 时测定 Pb^{2+} 的含量，Bi^{3+} 不仅会发生水解，同时由于稳定性较大，会干扰 Pb^{2+} 测定。所以，不能先滴定 Pb^{2+}，然后测定 Bi^{3+}。

③ 根据实验方法知，在测定 Bi^{3+} 时原溶液被稀释 20 倍。原溶液 $c(H^+)=3mol \cdot L^{-1}$，在测定 Bi^{3+} 时 $c(H^+)=0.15mol \cdot L^{-1}$，pH＝0.8。根据林邦曲线，$Bi^{3+}$ 测定的最低 pH 为 0.4，故不需要再调节溶液的 pH 值。

④ 若滴定 Bi^{3+} 过量，过量的 EDTA 在强酸性条件下会生成 H_6Y^{2+}，当 pH 调到 5～6 测定 Pb^{2+}，部分 H_6Y^{2+} 解离，与 Pb^{2+} 络合，导致 EDTA 消耗体积减少，测定 Pb^{2+} 结果偏低。

实验二十七　思考题解答

① 100mL 量筒的精确度为 1mL，应用量筒来量取 100mL 水样。

② 水样加入氨-氯化铵缓冲溶液后，水样呈较强碱性，放置时间过长，会吸收较多空气中的 CO_2，使部分 Ca^{2+}、Mg^{2+} 形成 $CaCO_3$、$MgCO_3$ 沉淀，不被 EDTA 滴定，造成负误差。所以，应在水样加入氨-氯化铵缓冲溶液后，立即用 EDTA 滴定。

③ 水样中常有铜、锌、锰、铅、铁、铝等离子存在，干扰测定，影响测定结果。欲排除此类干扰，可在水样中加入巯基乙酸掩蔽 Cu^{2+}、Pb^{2+}、Zn^{2+}、Mn^{2+} 等，用三乙醇胺掩蔽 Fe^{3+}、Al^{3+} 等，而 Ca^{2+}、Mg^{2+} 和这些掩蔽剂均不反应。

④ 加入 Mg-EDTA 的目的是为了人为地增加系统中的 Mg^{2+}，由于铬黑 T 对该离子较敏锐，这样做可以提高终点观察的灵敏度。如果没有配比 1∶1，若 Mg^{2+} 过量，使总硬度测定结果偏高。若 EDTA 过量，使总硬度测定结果偏低。

实验二十八　思考题解答

① Al^{3+} 不能直接滴定的原因：Al^{3+} 与 EDTA 配合反应的速率非常缓慢，加热也不能满足滴定分析的要求，所以不能采用直接滴定，只能采取采取"返滴法"。

② 实验原理：调节溶液的 pH＝4～5，加入过量的 EDTA 标准溶液，煮沸，使 Al^{3+} 与 EDTA 完全配合，以 PAN 为指示剂，用硫酸铜标准溶液滴定过量的 EDTA 至终点，溶液由黄色→绿色→紫色。然后加入过量的 NH_4F，加热至沸，并释放出与 Al^{3+} 等物质的量的 EDTA。

$$Al-EDTA+6F^- \Longrightarrow [AlF_6]^{3-}+EDTA$$
$$Cu-PAN(红色)+EDTA \Longrightarrow Cu-EDTA(蓝色)+PAN(黄色)$$

溶液又从紫色变为绿色。释放出来的 EDTA 再用硫酸铜标准溶液滴定至溶液由绿色突变为紫色即为终点。所以

Al 含量＝释放出的 EDTA 的量＝$c_{Cu^{2+}}V$（最后一次消耗的硫酸铜溶液的体积）

决定 Al 含量的是硫酸铜标准溶液和最后一次消耗的硫酸铜标准溶液的体积。所以测定铝试样时使用的 EDTA 不需要标定，加入 EDTA 体积不需要非常准确，第一终点时硫酸铜的体积也不必考虑。

③ 对于含有其他杂质金属离子，而这些金属离子又不与 F^- 形成配合物的铝样，一般采用选择性较好的置换滴定。如果用返滴定法，会导致结果偏大。对于简单的铝试样，一般采用返滴定法。因为返滴定法比置换滴定法操作简便，而且也能准确测定简单的铝试样中铝的

含量。

④ 对于复杂的铝试样，不用置换滴定法而用返滴定法，则所得结果偏高。因为复杂的铝试样中，除了铝能和 EDTA 反应，还存在其他金属与 EDTA 反应，会使 $V_{Cu^{2+}}$ 偏小，导致结果偏大。

⑤ Al^{3+} 与 EDTA 完全反应的酸度 pH>4。但当 pH>3 时，Al^{3+} 会水解生成一系列多羟基配合物，故实验中先调节溶液 pH=3，加入过量 EDTA，加热煮沸，虽然酸度大，但由于此时 EDTA 过量较多，故能使 Al^{3+} 不发生水解的同时与 EDTA 充分配合。待反应结束，再调节 pH=4~5，消除酸效应对测定的影响，并保证 Cu^{2+} 与 EDTA 完全配合。

实验二十九　思考题解答

① 实验原理：高锰酸钾溶液的标定，常用 $H_2C_2O_4 \cdot 2H_2O$ 为基准物质：
$$5C_2O_4^{2-} + 2MnO_4^- + 16H^+ = 2Mn^{2+} + 10CO_2\uparrow + 8H_2O$$
硫酸亚铁铵的测定：
$$5Fe^{2+} + MnO_4^- + 8H^+ = Mn^{2+} + 5Fe^{3+} + 4H_2O$$

A. HAc 不可用，因为 HAc 酸性太弱，使得 $KMnO_4$ 氧化性降低，氧化还原反应进行不完全，计量关系不明确。其次，HAc 是有机物，可被 $KMnO_4$ 氧化成 CO_2 和 H_2O。

B. HCl 不可用，因为 HCl 具有还原性，能被 $KMnO_4$ 氧化成 Cl_2，该副反应导致测定结果偏大。

C. HNO_3 不可用，因为 HNO_3 具有强氧化性，能将 Fe^{2+} 氧化成 Fe^{3+}。若使用，会使结果偏小。

D. H_3PO_4 可用，因为 H_3PO_4 能和 Fe^{3+} 生成稳定的 $Fe(HPO_4)_2^-$，降低 Fe^{3+}/Fe^{2+} 电对的条件电极电位，滴定突跃范围增大，使测定结果更准确。

② 因为滤纸是有机物，高锰酸钾与滤纸纤维素会发生氧化还原反应，所以通常采用惰性的玻璃纤维进行过滤。

③ 溶解草酸盐在酸性溶液中，加入过量的 $CaCl_2$ 溶液，逐滴加入氨水，调节溶液至碱性，生成 CaC_2O_4 沉淀，过滤。将得到的沉淀用稀硫酸溶解，用 $KMnO_4$ 标准溶液滴定。平行测定 2~3 次，得平均值。

实验三十　思考题解答

① 不能用 HNO_3，因为 HNO_3 具有强氧化性，能将 H_2O_2 氧化，导致实验结果偏小。也不能用 HCl，因为 HCl 具有还原性，Cl^- 能被 MnO_4^- 氧化，导致实验结果偏大。

② 实验原理：过氧化氢作为还原剂，在酸性条件下，高锰酸钾可将其定量氧化成 O_2：
$$5H_2O_2 + 2MnO_4^- + 6H^+ = 2Mn^{2+} + 5O_2\uparrow + 8H_2O$$
滴定时利用 MnO_4^- 本身紫红色的消失指示滴定终点，稀硫酸控制酸度。

③ 由于高锰酸钾与过氧化氢的氧化还原反应速度较慢，故在反应前加入 $MnSO_4$ 作为催化剂，加快反应初期的反应速率。到反应后期，由于 Mn^{2+} 的生成，可使反应速率更快。

实验三十一　思考题解答

① 硫代硫酸钠溶液不稳定的原因如下。

a. 与溶解在水中的 CO_2 反应：$Na_2S_2O_3 + CO_2 + H_2O = NaHCO_3 + NaHSO_3 + S\downarrow$

b. 与空气中的 O_2 反应：$2Na_2S_2O_3 + O_2 = 2Na_2SO_4 + 2S\downarrow$

c. 与水中的微生物反应：$Na_2S_2O_3 = Na_2SO_3 + S\downarrow$

在配制硫代硫酸钠溶液时，应当用新煮沸并冷却的蒸馏水，除去水中的 CO_2 和 O_2，并杀死细菌。加入少量碳酸钠，使溶液呈弱碱性，抑制细菌生长。溶液贮存于棕色试剂瓶中，并置于暗处，防止光照分解。硫代硫酸钠标准溶液放置 1~2 周后，浓度趋于稳定后再进行标定。

② 因为 $\varphi^{\ominus}_{BrO_3^-/Br^-} = 1.44V$，而 $\varphi^{\ominus}_{S_2O_3^{2-}/S} = 0.50V$ 等，溴酸钾可把硫代硫酸钠氧化成 S、SO_4^{2-} 甚至 SO_4^{2-}，产物多种，即不能定量反应，不符合滴定分析对化学反应的基本要求。所以，不能直接用溴酸钾标定硫代硫酸钠溶液。

③ 在间接碘量法中，淀粉指示剂必须在接近终点时加入。若淀粉加入过早，在未达到终点时，大量游离的 I_2 长时间吸附在淀粉表面显蓝色，待接近滴定终点时，I_2 从淀粉表面解吸出来成游离状的速度很慢，到了化学计量点，蓝色也不会消失。终点延后，滴定误差增大。

④ 实验原理：a. 溴酸钾在酸性溶液中与碘化钾作用，定量生成 I_2。

$$BrO_3^- + 6I^- + 6H^+ = Br^- + 3I_2 + 3H_2O$$

b. 定量生成的碘与硫代硫酸钠反应：

$$I_2 + 2S_2O_3^{2-} = 2I^- + S_4O_6^{2-}$$

I_2 的作用就是中间物媒介的作用，它可以保证 $S_2O_3^{2-}$ 的产物是唯一的 $S_4O_6^{2-}$，使 BrO_3 间接地与 $S_2O_3^{2-}$ 定量反应。

实验三十二　思考题解答

① 实验原理：维生素 C 又叫抗坏血酸，分子式为 $C_6H_8O_6$。维生素 C 分子中的烯二醇基团具有还原性，能被 I_2 定量氧化成二酮基：

$$C_6H_8O_6 + I_2 = C_6H_6O_6 + 2I^- + 2H$$

由于维生素 C 的还原性很强，在空气中极易被氧化，特别是在碱性溶液中更易被氧化；而 I^- 在强酸性溶液中易被氧化。因此测定时加入醋酸（pH=3~4）使溶液保持弱酸性，以减少副反应的发生。

② 维生素 C 具有强还原性，极易与氧反应而变质。用新煮沸过的冷蒸馏水，目的是为了消除蒸馏水中的 O_2。

溶样后立即测定是为了避免维生素 C 长时间放置，被 O_2 氧化，导致结果偏低。

③ 碘易挥发且在水中溶解度小，故配制时应加适量的碘化钾，使 I_2 生成 I_3^-，离子的溶解度增大，挥发性减小，误差减小：$I_2 + I^- = I_3^-$

④ 维生素 C 的酸性很弱，还原性很强，在空气中极易被氧化，特别是碱性溶液中更易被氧化；I^- 在强酸性溶液中易被氧化。为使反应在弱酸性（pH=3~4）中进行，所以加醋酸保持弱酸性。

⑤ 参考①②③④。

实验三十三　思考题解答

① 实验原理：碘在碱性溶液中，歧化生成次碘酸钠。

$$I_2 + 2NaOH =\!=\!= NaIO + NaI + H_2O$$

溶液中甲醛被次碘酸钠氧化，生成稳定的甲酸钠：

$$HCHO + NaIO + NaOH =\!=\!= HCOONa + NaI + H_2O$$

在酸性条件下，溶液中剩余的次碘酸钠又发生"汇中反应"生成了碘单质，可用硫代硫酸钠标准溶液滴定：

$$2Na_2S_2O_3 + I_2 =\!=\!= Na_2S_4O_6 + 2NaI$$

甲醛 HCHO 中 C 的氧化数是 0，甲酸钠 HCOONa 中 C 的氧化数是 +2，失去两个电子，甲醛 HCHO 的计量单元 $N_{HCHO} = M_{HCHO}/2 = 30.02/2 = 15.01$。

$$m_{HCHO}/N_{HCHO} + c_{S_2O_3^{2-}} \cdot V_{S_2O_3^{2-}} = c(1/2 I_2) V_{I_2}$$

② a. 碘易挥发。防止碘挥发的措施如下。

ⅰ. 加入过量的 KI（一般比理论值大 2～3），生成了 I_3^- 而减少了 I_2 的挥发。

ⅱ. 反应时溶液的温度不能高，一般在室温下进行。

ⅲ. 滴定时不要剧烈摇动溶液，最好使用碘瓶。放置时，塞上塞子并加水封。

b. 在酸性溶液中 I^- 容易被空气中的氧气氧化。防止 I^- 被 O_2 氧化的方法如下。

ⅰ. 溶液酸度不宜太高，因为增加酸度会增加 I^- 氧化的速度。

ⅱ. Cu^{2+} 等催化 O_2 对 I^- 的氧化，应设法消除。光有催化作用，应避免阳光直接照射。

ⅲ. 析出 I_2 后，不能让溶液放置过久。

ⅳ. 滴定速度适当快些。

实验三十四　思考题解答

① 莫尔法是以 $AgNO_3$ 标准溶液为滴定剂，以 K_2CrO_4 为指示剂。

$$2Ag^+ + CrO_4^{2-} =\!=\!= Ag_2CrO_4 \downarrow （砖红色）$$

当出现 Ag_2CrO_4 的砖红色时为终点。若在酸性介质中，CrO_4^{2-} 会生成以 $HCrO_4^-$、H_2CrO_4 甚至 $Cr_2O_7^{2-}$，CrO_4^{2-} 的浓度下降，终点时不能出现 Ag_2CrO_4 的砖红色，终点延后，结果偏高。若溶液碱性过大，Ag^+ 水解生成氢氧化银，分解生成氧化银，使滴定无法进行。所以莫尔法只能在中性和弱碱性中进行。

② 指示剂用量是本实验的一个重要问题。K_2CrO_4 量不宜过高，也不宜过低。加入量过大，$[CrO_4^{2-}]$ 过大，Ag_2CrO_4 出现过早，终点提前，结果呈负误差。如 $[CrO_4^{2-}]$ 过小，终点拖后，结果呈正误差。故要求加入指示剂的量应小到使指示的终点比化学计量点稍后一点儿。

在实验中，要校正指示剂加入量对终点的影响，指示剂需定量加入。同时做空白试验，得空白体积。测定时消耗的滴定剂体积与空白实验滴定剂体积之差，才是消耗在 Cl^- 上的滴定剂的真实体积。

③ 在滴定过程中不断形成的 AgCl 沉淀会包裹 Cl^- 于其内，不与 Ag^+ 反应，导致滴定终点过早出现，使结果偏低。所以滴定时，必须充分摇动溶液，把沉淀打碎，使所有的 Cl^- 都能释放出来与 Ag^+ 反应。

④ 因为硝酸银本身是酸性的，故硝酸银溶液应装在酸式滴定管中使用。

因为银盐见光后，很容易产生 Ag_2O 和还原为黑色的单质 Ag，使玻璃旋塞堵塞或使其与滴定管的旋塞孔配合不严密，产生漏液现象，影响滴定液体积的准确性。滴定管用完后，

用 HNO_3 洗去 Ag_2O 和单质 Ag：

$$Ag_2O+2HNO_3=\!=\!=2AgNO_3+H_2O$$
$$3Ag+4HNO_3=\!=\!=3AgNO_3+NO\uparrow+2H_2O$$

再用蒸馏水洗去 $AgNO_3$。不要用自来水洗涤，否则自来水中的 Cl^- 生成氯化银沉淀。

实验三十五　思考题解答

① 不能用 HCl 或 H_2SO_4 酸化。因为盐酸中有 Cl^-，与被测组分相同，会使结果偏大。硫酸中的 SO_4^{2-} 会和 Ag^+ 反应，生成 Ag_2SO_4 沉淀，干扰测定，也使结果偏大。故只能用硝酸酸化。

② 佛尔哈德法应在强酸性溶液中进行，一般控制在 pH<2。酸度过低，Fe^{3+} 生成 $Fe(OH)_3$ 沉淀，不能生成红色的 $[Fe(SCN)_n]^{(n-3)-}$，看不到滴定终点。

③ 由于 AgSCN 的溶解度小于 AgCl 的溶解度，过量的 SCN^- 将会置换 AgCl 沉淀中的 Cl^- 生成溶解度更小的 AgSCN：

$$AgCl+SCN^-=\!=\!=AgSCN\downarrow+Cl^-$$

出现红色的 $[Fe(SCN)_n]^{(n-3)-}$ 后，继续摇动溶液，红色会逐渐消失，终点延后很多。向溶液中加入硝基苯或石油醚，用力摇动，使 AgCl 沉淀表面附有一层有机溶剂，避免 AgCl 与溶液中 SCN^- 接触，阻止了 SCN^- 置换 AgCl 中 Cl^- 的反应。

当用此法测定 Br^-、I^- 时，不需要加入硝基苯或石油醚。因为 AgBr 和 AgI 的溶解度小于 AgSCN 的溶解度，AgBr、AgI 不会转化成 AgSCN。测定 Br^-、I^- 时，不需要加入硝基苯或石油醚。

④ 佛尔哈德法是用 SCN^- 滴定银离子，以铁铵矾 $[NH_4Fe(SO_4)_2]$ 为指示剂。SCN^- 标准溶液用 NH_4SCN（或 KSCN，NaSCN）配制：

$$Ag^++SCN^-=\!=\!=AgSCN\downarrow（白色）$$
$$Fe^{3+}+nSCN^-=\!=\!=[Fe(SCN)_n]^{(n-3)-}（红色）$$

滴定过程中，溶液中首先析出 AgSCN 沉淀，当 Ag^+ 定量沉淀后，过量 SCN^- 与 Fe^{3+} 形成红色的 $[Fe(SCN)_n]^{(n-3)-}$，指示滴定终点。

返滴定法测定卤素离子时的方法原理：在含有卤素离子的 HNO_3 介质中，先加入过量的 $AgNO_3$ 标准溶液，然后加入铁铵矾指示剂，用 NH_4SCN 标准溶液返滴定过量的 $AgNO_3$。

实验三十六　思考题解答

① 应保证铁过量。若硫酸过量，在加热的过程中生成的 $FeSO_4$ 会被氧化为 Fe^{3+}，影响产品纯度。若铁过量，则

$$2Fe^{3+}+Fe=\!=\!=3Fe^{2+}$$

保证最终亚铁离子不被氧化。

② 生成的 $FeSO_4$ 溶液不稳定，很容易被空气中的氧气氧化，若能直接进入 $(NH_4)_2SO_4$ 溶液，则会尽早生成硫酸亚铁铵，复盐硫酸亚铁铵在空气中很稳定，被氧化的可能性很小。

③ 铁粉反应掉很少表明产物硫酸亚铁的量很少，溶液中还存在着过量的 H_2SO_4。若进行浓缩，H_2SO_4 浓度不断增大，溶液变得非常黏稠。但 H_2SO_4 浓缩到一定程度，其体积不

再减小，而硫酸亚铁仍未饱和，没有结晶析出。

④ 在 $(NH_4)_2SO_4$ 溶液中滴加 H_2SO_4，为的是保证硫酸亚铁滤液在酸性条件下生成硫酸亚铁铵，防止 Fe^{2+} 发生水解而留在产品中，影响产品质量。

实验三十七　思考题解答

① 实验中影响产率的因素有：加入 $NaNO_3$、KCl 的摩尔比，趁热过滤的温度，浓缩液的体积，重结晶时的温度等。

② 如所用的氯化钾或硝酸钠超过化学计量比会影响产物的产率和纯度。

③ 一般为两种，一种是蒸发结晶，一种是降温结晶。

蒸发结晶：蒸发溶剂使溶液由不饱和变为饱和，继续蒸发，过量的溶质就会呈晶体析出，此法称为蒸发结晶。例如：当 $NaCl$ 和 KNO_3 的混合物中 $NaCl$ 多而 KNO_3 少时，即可采用此法，先分离出 $NaCl$，再分离出 KNO_3。

降温结晶：先加热溶液，蒸发溶剂成饱和溶液，此时降低热饱和溶液的温度，溶解度随温度变化较大的溶质就会呈晶体析出，此法称为降温结晶。例如：当 $NaCl$ 和 KNO_3 的混合物中 KNO_3 多而 $NaCl$ 少时，即可采用此法，先分离出 KNO_3，再分离出 $NaCl$。

实验三十八　思考题解答

① 因为软锰矿和 KOH 共熔，碱性很强。玻璃和陶瓷的主要成分是硅酸盐和铝酸盐，在熔融状态下会与 KOH 反应：

$$2KOH+SiO_2 == K_2SiO_3+H_2O$$
$$Al_2O_3+2KOH == 2KAlO_2+H_2O$$

而铁就不存在这种情况。

② 滤纸是纤维素，会被高锰酸钾氧化，这样既损坏滤纸，又消耗高锰酸钾，还可能引入杂质。

③ 碳化法通入 CO_2：

$$3K_2MnO_4+2CO_2 == 2KMnO_4+MnO_2\downarrow+2K_2CO_3$$

电解法：

$$2K_2MnO_4+2H_2O == 2KMnO_4+2KOH+H_2\uparrow（阴极）$$

由方程式可知，炭化法有二氧化锰的损失，而电解法没有锰的损失，理论产率高。

④ 酸性条件下，高锰酸钾会将 HAc 氧化为二氧化碳：

$$8MnO_4^-+24H^++5CH_3COOH == 8Mn^{2+}+10CO_2\uparrow+22H_2O$$

因为 HCl 中的 Cl^- 具有还原性，所以 $KMnO_4$ 会和 HCl 反应生成氯气：

$$2MnO_4^-+10Cl^-+16H^+ == 2Mn^{2+}+5Cl_2\uparrow+8H_2O$$

稀 H_2SO_4 中没有具有明显还原性的离子，所以 $KMnO_4$ 不会和稀 H_2SO_4 反应。

⑤ 采用电解法时，阳极发生如下反应：

$$MnO_4^-+e^- == MnO_4^{2-}$$

阴极发生如下反应：

$$2H_2O+3e^- == H_2\uparrow+2OH^-$$

⑥ H_2O_2 的酸性极弱，锰酸钾 K_2MnO_4 溶液中滴加 H_2O_2，仅能发生歧化反应。若在酸性溶液中滴加 H_2O_2，由电极电位数据 $\varphi^{\ominus}_{MnO_4^-/MnO_2}=1.68V$，$\varphi^{\ominus}_{H_2O_2/H_2O}=1.77V$ 可知，

H_2O_2 可将歧化反应产物之一 MnO_2 氧化为 MnO_4^-，提高产率。

实验三十九　思考题解答

① 粗盐中含有泥沙等不溶性杂质，以及可溶性杂质如 Ca^{2+}、Mg^{2+}、SO_4^{2-} 等。如不进行预先提纯的话，不溶性杂质会直接进入产物；可溶杂质 Ca^{2+}、Mg^{2+}、Ba^{2+}、SO_4^{2-} 等会以可溶性盐或氢氧化物的形式留在产物中。

② 从反应方程式

$$NH_4HCO_3 + NaCl =\!=\!= NaHCO_3 + NH_4Cl$$

可知，定量反应时 NH_4HCO_3 与 $NaCl$ 的反应摩尔比为 1∶1，而实验中加入的 NH_4HCO_3 相对于 $NaCl$ 是过量的，所以应按 $NaCl$ 的用量为基准。

NH_4HCO_3 与 $NaCl$ 加入量要匹配，否则产率会降低或得到的产物纯度不够高。加氨水时，溶液的 pH 最好控制在 8.4 左右。pH 过大，产生 Na_2CO_3，Na_2CO_3 溶解度比 $NaHCO_3$ 大得多，在结晶过程中会留在溶液而损失，使产率降低。pH 过低，$[HCO_3^-]$ 下降，$NaHCO_3$ 产率下降。溶液在蒸发时，一定要保留适当的溶液体积。溶液体积过大，留在溶液中的 $NaHCO_3$ 过多，产率下降。溶液体积过小，NH_4Cl 等杂质也会沉析，影响产物纯度。由此可见，反应物加入量 NH_4HCO_3 与 $NaCl$ 的摩尔比、反应过程中溶液 pH 值的调节、抽滤前溶液体积、抽滤前静置温度等都会对碳酸氢钠产率有影响。

③ 因为 NH_4Cl 溶解度比较大，加入氨水，利用同离子效应，降低 NH_4Cl 的溶解度，可析出更多的 NH_4Cl。同时，溶液 pH 提高，母液中的一部分 $NaHCO_3$ 转变为 Na_2CO_3，溶解度提高，不会析出，提高了 NH_4Cl 的纯度。

④ 回收氯化铵的母液结晶出氯化铵后，加入 $NaCl$ 后又有氯化铵析出，这是因为同离子效应（共有 Cl^-）进一步降低了 NH_4Cl 的溶解度所致。

实验四十　思考题解答

① 加 $FeSO_4 \cdot 7H_2O$ 前加酸调节 pH 到 1，可提 $Cr_2O_7^{2-}$ 的氧化性，将 Fe^{2+} 氧化成 Fe^{3+}。由于实际废水情况比较复杂，在实验中尚须考虑避免产物水解，以及废水中杂质离子的影响和反应速度等因素，须将溶液的酸度略提高一些。

加完 $FeSO_4 \cdot 7H_2O$ 后将 pH 调整到 8 是为了将 Fe^{3+} 和 Cr^{3+} 沉淀。

② $FeSO_4 \cdot 7H_2O$ 在处理废水中的用量，根据其作用可以从下面两个方面进行估算：

一部分 $FeSO_4 \cdot 7H_2O$ 加入量用来还原废水中的 $Cr_2O_7^{2-}$，其作用原理：

$$Cr_2O_7^{2-} + 6Fe^{2+} + 14H^+ =\!=\!= 2Cr^{3+} + 6Fe^{3+} + 7H_2O$$

$FeSO_4 \cdot 7H_2O$ 加入量按 $n_{FeSO_4 \cdot 7H_2O} : n_{Cr_2O_7^{2-}} = 6:1$ 计算。

另一部分 $FeSO_4 \cdot 7H_2O$ 用于提供形成铁氧体所需的 Fe^{2+}：

$$Fe^{2+} + (2-x)Fe^{3+} + xCr^{3+} + 8OH^- =\!=\!= Fe^{3+}[Fe^{2+}Fe_{1-x}^{3+}Cr_x^{3+}]O_4(铁氧体) + 4H_2O$$

由上式可知 2mol Fe^{3+} 和 Cr^{3+} 需要 1mol Fe^{2+}。

若 $FeSO_4 \cdot 7H_2O$ 加入量不足，$Cr_2O_7^{2-}$ 的还原会不彻底，将导致处理后的溶液中六价铬含量达不到排放标准。另有可能会导致沉淀物中三种金属离子的相对含量不符合铁氧体的化学组成，不能达到去除 $Cr_2O_7^{2-}$ 的目的。

实验四十一　思考题解答

① 实验原理：硅酸盐在过量硝酸、氟化钾和氯化钾存在条件下，能定量地生成氟硅酸钾 $K_2[SiF_6]$ 沉淀。

$$2K^+ + SiO_3^{2-} + 6F^- + 6H^+ \Longrightarrow K_2[SiF_6]\downarrow + 3H_2O$$

将生成的氟硅酸钾沉淀滤出后，再加沸水使之水解。

$$K_2[SiF_6]\downarrow + 3H_2O \Longrightarrow 2KF + H_2SiO_3 + 4HF$$

水解生成的氟化氢，可用酚酞作指示剂，用氢氧化钠标准溶液滴定。

② 因为硅酸 H_2SiO_3 的 $K_{a1}=1.7\times10^{-10}$，$cK_{a1}<10^{-8}$，所以硅酸不被滴定。

③ 氟硅酸钾法沉淀的条件如下。

a. 酸度：强酸性。酸度控制在 $[H^+]=3\sim4\,mol\cdot L^{-1}$，氟硅酸钾可完全沉淀。一般使用纯硝酸，用盐酸-硝酸混合酸效果较好。

b. 氟离子和钾离子的浓度应比较高。浓度过小，氟硅酸钾沉淀不够完全。故沉淀反应最好在饱和氯化钾或饱和硝酸钾溶液中进行。

c. 在氟硅酸钾沉淀的过程中，要求室温<35℃，若温度过高，氟硅酸钾会提前水解，沉淀也不完全。

为了除去硝酸，在水解前要迅速地用5%氯化钾-乙醇溶液洗涤沉淀，用氢氧化钠稀溶液中和未洗尽的硝酸。残留在沉淀中的硝酸若除不干净，会使测定结果偏高。

④ 蒸馏水中常常因吸收空气中 CO_2 而呈酸性，可被 NaOH 滴定，使结果偏高。所以要用 NaOH 中和至微碱性。

⑤ 氢氟酸是弱酸（$K_a=3.5\times10^{-4}$），用 NaOH 滴定，属于强碱滴定弱酸，化学计量点：

$$[OH^-]=(0.1\times K_w/K_a)^{1/2}=1.7\times10^{-6}\,mol\cdot L^{-1}$$
$$pH=8.23$$

刚进入酚酞的变色范围（8.0～10.0），酚酞变为粉红色。若酚酞加得过少，终点不明显。若继续滴入 NaOH，pH 升高，指示剂颜色变化明显了，但有可能导至 H_2SiO_3 也被滴定，测定结果偏高。

实验四十二　思考题解答

① 用盐酸标准溶液滴定总酸度：

$$2HCl+Na_2SiO_3 \Longrightarrow 2NaCl+H_2SiO_3$$

生成的硅酸 $K_{a1}=1.70\times10^{-10}$，酸性比碳酸 H_2CO_3（$K_{a1}=4.46\times10^{-7}$）还弱。第二化学计量点：

$$[OH^-]\approx[cK_{a1}(H_2SiO_3)]^{1/2}=[0.1\times1.70\times10^{-10}]^{1/2}=4.1\times10^{-6}$$
$$pH\approx5.38$$

在甲基橙变色范围 pH 3.1～4.4 以外，不能选甲基橙为指示剂。

甲基红的变色范围内（pH 4.8～6.2），化学计量点在其变色范围内，可选为指示剂。

还可选用的指示剂有溴甲酚绿（pH 3.8～5.4），混合酸碱指示剂溴甲酚绿乙醇溶液＋甲基红乙醇溶液。

② 在已滴定了 Na_2O 含量的溶液中加入 NaF：

$$H_2SiO_3+H_2O+6F^- \Longrightarrow [SiF_6]^{2-}+4OH^-$$

生成的 OH^- 用 HCl 标准溶液滴定或用返滴定法测出 NaOH 的量就可以知道 H_2SiO_3（SiO_2）的量。因为 NaF 是碱性的，也会消耗一些 HCl 标准溶液，使 SiO_2 含量增加，模数偏大。空白试验测得 NaF 消耗 HCl 标准溶液的量，用测定样品消耗 HCl 标准溶液的量减去空白试验值，便是消耗在 OH^- 即 H_2SiO_3（SiO_2）上的 HCl 标准溶液的量。

③ 水玻璃模数

$$m = (ym_{试样}/M_{SiO_2})/(xm_{试样}/M_{Na_2O}) = (y/x) \times (M_{Na_2O}/M_{SiO_2}) = (y/x) \times 61.98/60.08 = 1.03y/x$$

④ 因为 HF 会腐蚀玻璃：

$$6F^- + SiO_2 + 2H^+ \Longrightarrow [SiF_6]^{2-} + 2OH^-$$

若用玻璃烧杯，使 SiO_2 含量增加，模数偏大。所以本实验要用塑料杯。

实验四十三　思考题解答

① 返滴定的反应为：

因此，1mol 乙酰水杨酸（APC）消耗 2mol NaOH。

② 回滴后的产物为 和 NaCl。

③ 因为加入过量的 NaOH 时，不仅水杨酸中的—COOH 和 NaOH 反应，而且乙酰水杨酸中的酯基—OCOCH₃ 会发生水解，测定的就不仅是水杨酸中的—COOH 了。

④ 因为在工业产品的制备过程中，除了有原料的投入，根据不同的温度、压力等工艺条件，还会发生很多副反应。所以产品中除了主产物以外，还有原料残留物、副产物等，它们都会干扰化学含量测定结果，应设法排除。

⑤ 当达到第一计量点，溶液为一元弱碱。$[OH^-] = \sqrt{cK_b} = \sqrt{c \cdot \dfrac{K_w}{K_a}} = 1.0 \times 10^{-6}$

pH＝8.0。化学计量点在酚红的变色范围内，酚红可以作指示剂。化学计量点在中性红变色范围的上限，可见交集在化学计量点之前，应完全变色才可以。化学计量点在酚酞变色范围的下限，可见交集在化学计量点之后，应变为过渡色（粉红）即可。有可能颜色太浅，不易观察，一当成红色，已超出突跃区间，滴定终点延后，结果偏高。

实验四十四　思考题解答

① 预先定量加入过量的滴定剂，使反应完全，再用另一种标准溶液滴定多余的滴定剂，这样的方法称为返滴定法。

在某一条件下，可以滴定 n 个成分的总量；在另一个条件下，滴定了 $n-1$ 个成分的加和量，两者相减，便是第 n 个成分的量。这种滴定方法被称为"差减法"。

本实验中测定金属离子时，采用了"差减法"、返滴定法和置换滴定法。

② 在 Cu^{2+}、Sn^{2+}、Ni^{2+} 混合溶液中定量加入过量的 V_0 体积的 EDTA 标准溶液，调节溶液至 pH＝5~6，加热煮沸 2~3min，使 Cu^{2+}、Sn^{2+}、Ni^{2+} 与 EDTA 完全配合。以二甲酚橙为指示剂，用锌标准溶液 V_1 滴定过量的 EDTA。（$c_{EDTA}V_0 - c_{Zn^{2+}}V_1$）便是 Cu^{2+}、Sn^{2+}、Ni^{2+} 的总量。这应用了"返滴定法"。

然后加入硫脲，使与 Cu^{2+} 配合的 EDTA 释放出来。以 V_2 体积的锌标准溶液滴定释放出来的 EDTA，$c_{Zn^{2+}}V_2$ 便是 Cu^{2+} 的量，这是置换滴定法。$c_{EDTA}V_0 - c_{Zn^{2+}}V_1 - c_{Zn^{2+}}V_2$ 便是 Sn^{2+}、Ni^{2+} 量的总和，这是"差减法"。

③ 加入硫脲是为了将 Cu^{2+} 从 Cu-EDTA 中置换出来，Cu^{2+} 与硫脲形成更稳定的配合物，而 Sn^{2+}、Ni^{2+} 与 EDTA 的配合不受影响。掩蔽铜离子的条件是掩蔽剂与 Cu^{2+} 生成的配合物稳定性远大于 Cu^{2+}-EDTA。

④ 加入 NH_4F 是为了将 Sn^{2+} 从 Sn-EDTA 置换出来形成 $[SnF_4]^{2-}$，再用锌标准溶液滴定 EDTA，此时它与 Sn^{2+} 的物质的量相等，即测出了 Sn^{2+} 的物质的量。

⑤ 不必相等。若加入的 EDTA 溶液体积为 V_0，返滴定用掉的溶液的体积为 V_1，则铜、锡、镍的总量 $= c_{EDTA}V_0 - c_{Zn^{2+}}V_1$。其它计量见本实验思考题②。

实验四十五　思考题解答

① 本实验中氯化铵的作用是凝聚和脱水。酸性条件下，氯化铵产生正电荷离子基团，而 $SiO_2 \cdot xH_2O$ 胶粒带有负电荷，发生相互吸引，使胶粒增大，易于沉析。

$$NH_4Cl + H_2O \Longrightarrow NH_4OH + HCl$$

氯化铵的加入使 NH_4Cl 从 $SiO_2 \cdot xH_2O$ 中夺取了大量的水分，$SiO_2 \cdot xH_2O$ 脱水后使沉淀更紧密，体积和表面积变小，更易析出和洗涤。

加入硝酸是为了将水泥熟料中金属氧化物、尤其是硅铝酸盐变成可溶性盐。

② Al^{3+} 不能直接滴定的原因：Al^{3+} 与 EDTA 配合缓慢，不符合滴定分析对反应速度的要求，所以滴定 Al^{3+} 一般采用返滴定法。

③ 本实验采用返滴定法测定 Al^{3+} 含量时，用 Cu^{2+} 回滴过量的 EDTA 标准溶液，并加入 PAN 为指示剂。由于溶液中蓝色 Cu^{2+}-EDTA 的存在，终点呈紫红色。但是终点颜色与 EDTA 和 PAN 指示剂的量有关，如果 EDTA 过量多而 PAN 加入量较少时，终点可能是绿色、蓝色、蓝紫色；EDTA 过量少而 PAN 加入量较多时，终点可能是紫色、紫红色。所以 EDTA 标准溶液和 PAN 指示剂的加入量要恰当，否则得不到明显的亮紫色终点。

本实验在测定三氧化二铝时，加入的 EDTA 标准溶液为 $20\sim25mL$，加入 $8\sim10$ 滴 2% PAN 指示剂。

④ 如果先加缓冲溶液，将溶液酸度调节至 $pH\approx4.3$，则 Al^{3+} 会发生水解，生成一系列多羟基配合物。所以，操作上应先加定量过量的 EDTA，让 Al^{3+} 与 EDTA 配合完全，再加缓冲溶液调节溶液的 $pH\approx4.3$，此时 AlY 稳定，不会再发生水解。加入 PAN，即可顺利地用 Cu^{2+} 标准溶液进行返滴定，保证测定结果的准确度。

⑤ 在 $pH=10$ 时滴定的是氧化钙和氧化镁的总量，$pH=14$ 时滴定的是氧化钙的量。总量减去氧化钙的量是氧化镁的量，用的是"差减法"。滴定氧化钙时是正误差，氧化镁的测定是负误差，反之亦然。测定 Fe^{3+} 和 Al^{3+} 时，虽是在同一溶液中连续测定，但 Fe^{3+} 和 Al^{3+} 的测定是分别独立测定的，不是"差减法"，因此误差不存在相关性。

实验四十六　思考题解答

① 本实验采用磷酸溶样，可使溶样温度提高，确保试样分解完全。由于磷酸的存在，还能使滴定过程中生成物 Fe^{3+} 形成无色的 $[Fe(HPO_4)_2]^-$ 配离子，降低了 $Fe(\mathrm{III})/Fe(\mathrm{II})$ 电对的电位，使滴定曲线突跃向下延伸，突跃范围增大，终点变色更敏锐。同时又消除了

Fe^{3+} 颜色对滴定终点的影响。

② $$w(Fe_2O_3) = \frac{\frac{1}{2} \times M(Fe_2O_3) \times c(\frac{1}{6}K_2Cr_2O_7) \times (V_1 - V_0) \times 10^{-3}}{m} \times 100\%$$

式中　V_1——测定铁含量时消耗的 $K_2Cr_2O_7$ 标准溶液的体积，mL；

　　　V_0——空白试验时消耗的 $K_2Cr_2O_7$ 标准溶液的体积，mL；

　　　m——称取铁矿样的质量，g。

③ 金属铝在适宜的酸度条件下使 Fe^{3+} 定量地还原为 Fe^{2+}：

$$3Fe^{3+} + Al \Longrightarrow 3Fe^{2+} + Al^{3+}$$

如果存在过量的金属铝，它会将已被 $Cr_2O_7^{2-}$ 氧化的 Fe^{3+} 又还原成 Fe^{2+}，多消耗 $Cr_2O_7^{2-}$，结果偏高。

其次，金属铝中常含有少量杂质铁，也会使测定结果偏高，为此必须做空白试验。

④ 久置会使 Fe^{2+} 被空气中的氧气氧化成 Fe^{3+}，少消耗 $Cr_2O_7^{2-}$，结果偏低。

⑤ 空白试验就是用蒸馏水代替被测液样所做的实验。分析条件和步骤应与测试试样完全一样。

实验四十七　思考题解答

① 根据实验原理，可知标准溶液 $K_2Cr_2O_7$ 与待测物 Mn^{2+} 的计量关系如下：

因为 $K_2Cr_2O_7$ 中 Cr 的氧化数为 +6，其被还原为 Cr^{3+}，其氧化数为 3，1mol 的 Cr 从 +6 还原为 +3，将得到 3mol 电子，$K_2Cr_2O_7$ 中有 2 个 Cr，1mol 的 $K_2Cr_2O_7$ 还原为 Cr^{3+}，将得到 6mol 电子。$K_2Cr_2O_7$ 计量单位为 $1/6M_{K_2Cr_2O_7}$。

② 根据电极电位表，$\varphi^{\ominus}_{NO_3^-/NO} = 0.80V$，$\varphi^{\ominus}_{Cr_2O_7^{2-}/Cr^{3+}} = 1.33V$，$\varphi^{\ominus}_{NO_3^-/NO} < \varphi^{\ominus}_{Cr_2O_7^{2-}/Cr^{3+}}$，所以硝酸铵不能将 Cr^{3+} 氧化成 $K_2Cr_2O_7$。

③ 因为钢铁试样含有 C 等还原性物质，加入硝酸可破坏炭化物。当加热到冒白烟时，表明样品中所有还原性物质如 C 已全部被破坏，多余的硝酸已分解完毕。不加热到冒白烟，C 等还未被完全破坏或硝酸量不足。

实验四十八　思考题解答

① 由于 CaC_2O_4 是弱酸盐沉淀，其溶解度随溶液的酸度增大而增加。为了能够得到易于过滤和洗涤的晶形沉淀，必须控制好沉淀条件。采用在酸性溶液中加入 $(NH_4)_2C_2O_4$ 的方法没有 CaC_2O_4 沉淀生成。逐滴滴加氨水，可减小聚集速度，使 pH 缓缓上升，使 $C_2O_4^{2-}$ 浓度缓慢增加，可得到 CaC_2O_4 粗大的晶形沉淀。最后控制溶液的 pH 值为 3.5~4.5，即能使 CaC_2O_4 沉淀完全。因为甲基橙的变色范围为 3.1~4.4，溶液呈橙色时，溶液的 pH 肯定在 3.5~4.5 之间。

② CaC_2O_4 沉淀在水中的溶解度较大，根据同离子效应，采用沉淀剂的稀溶液洗涤沉淀，可降低 CaC_2O_4 沉淀的溶解度，减少溶解损失。同时也可洗去一部分杂质；再用水洗至滤液中无 $C_2O_4^{2-}$，即表示沉淀中杂质已洗净。

Cl^- 是一种难以洗尽又容易鉴定的离子，若溶液中已无 Cl^-，表明其它杂质也都被洗尽了。

用表面皿接 1~2 滴滤液并滴加 1 滴 $AgNO_3$ 试剂，若滤液不再浑浊，表明滤液中已没有 Cl⁻了，即沉淀 CaC_2O_4 已被洗干净了。

③ 沉淀 CaC_2O_4 生成后陈化，可以使沉淀颗粒粗大，易于过滤、洗涤。陈化作用也能使沉淀变得更加纯净。

④ 该测定方法为氧化还原滴定分析，而盐酸的 Cl^- 具有还原性，可与 $KMnO_4$ 反应，使结果偏高。硝酸具有氧化性，也可氧化 $C_2O_4^{2-}$，使结果偏低。磷酸钙几乎不溶于水。故只能用稀硫酸溶解 CaC_2O_4 沉淀。

⑤ 柠檬酸铵起掩蔽剂作用，掩蔽溶液中的 Fe^{3+}、Al^{3+} 等石灰石样品中的杂质离子。若没有柠檬酸铵，加三乙醇胺可以起到同样的掩蔽效果。

实验四十九　思考题解答

① 因为存在 I^-：

$$2Cu^{2+} + 4I^- == 2CuI\downarrow + I_2$$

还原态 Cu^+ 形成 CuI 沉淀，其在溶液中的浓度降低：

$$\varphi_{Cu^{2+}/Cu^+} = \varphi^{\ominus}_{Cu^{2+}/Cu^+} + 0.059\lg([Cu^{2+}]/[Cu^+])$$

使条件电位 φ_{Cu^{2+}/Cu^+} 升高很多。使得 $\varphi_{Cu^{2+}/Cu^+} > \varphi_{I_3^-/I^-}$，当氧化态浓度为 $1mol\cdot L^{-1}$ 时，则 Cu^{2+} 能将 I^- 氧化为 I_2。

② 铜合金试样不能用 HNO_3 溶解，否则过量的 HNO_3 和产生的亚硝酸盐也能氧化 I^-，干扰测定。

③ 酸度过低：Cu^{2+} 部分水解，测定结果偏低；同时部分 $S_2O_3^{2-}$ 将会被 I_2 氧化为 SO_4^{2-}，产物不唯一，不能准确定量。

酸度过高：a. I^- 易被空气中的氧气氧化为 I_2，使结果偏高。

b. $S_2O_3^{2-}$ 发生歧化反应　　$S_2O_3^{2-} + 2H^+ == S\downarrow + SO_2\uparrow + H_2O$

④ 由于 NH_4HF_2 溶液中存在 $HF-F^-$ 共轭酸碱对，所以可以当作缓冲溶液。

间接碘量法必须在弱酸性或中性溶液中进行，用 NH_4HF_2 可控制溶液的酸度为 $pH = 3\sim4$。F^- 的存在，可使 Fe^{3+} 形成 $[FeF_6]^{3-}$，$[Fe^{3+}]$ 大大减小，电极电位 $\varphi_{Fe^{3+}/Fe^{2+}}$ 大大下降，消除了 Fe^{3+} 对 Cu^{2+} 测定的干扰。

⑤ 临近终点时加入 KSCN 溶液，使 CuI 转化为溶解度更小的 CuSCN，使得 $[Cu^+]$ 更小，φ_{Cu^{2+}/Cu^+} 更大，滴定突跃更大，终点更敏锐。

CuI 沉淀表面易吸附少量 I_2，这部分 I_2 不与淀粉作用，而使终点提前。加入 KSN 溶液，CuI 转化为 CuSCN，而 CuSCN 吸附 I_2 的能力比 CuI 弱得多，使得被吸附的 I_2 解吸出来，提高测定的准确度。

在间接碘量法中，淀粉指示剂必须在接近终点时加入。若淀粉加入过早，在未达到终点时，大量游离的 I_2 长时间吸附在淀粉表面显蓝色，待接近滴定终点时，I_2 从淀粉表面解吸出来成游离状的速度很慢，到了化学计量点，蓝色也不会消失。终点延后，滴定误差增大。

实验五十　思考题解答

① 实验原理：在苯酚的酸性溶液中定量加入溴酸钾-溴化钾标准溶液：

$$BrO_3^- + 5Br^- + 6H^+ == 3Br_2 + 3H_2O$$

溴与苯酚发生取代反应，生成三溴苯酚白色沉淀：

$$C_6H_5OH + 3Br_2 \Longrightarrow C_6H_2Br_3OH \downarrow + 3HBr$$

加入 KI，溴与碘化钾反应：

$$Br_2(剩余) + 2I^- \Longrightarrow I_2 + 2Br^-$$

定量析出的碘用硫代硫酸钠标准溶液滴定：

$$I_2 + 2S_2O_3^{2-} \Longrightarrow 2I^- + S_4O_6^{2-}$$

② $$\rho(苯酚) = \dfrac{\left[(25mL^* - KV_2)c\left(\frac{1}{6}KBrO_3\right) \times \frac{M(苯酚)}{6}\right] \times 10^{-3}}{25.00mL \times 10^{-3}}$$

式中　$25mL^*$——测定苯酚含量时加入的 $KBrO_3$ 标准溶液的体积；

　　　　K——$KBrO_3$-KBr 标准溶液与 $Na_2S_2O_3$ 标准溶液体积比的测定；

　　　　V_2——滴定至终点时消耗的 $Na_2S_2O_3$ 标准溶液的体积；

　　$25.00mL$——测定苯酚含量时所取的试样溶液的体积。

③ 和苯酚进行定量反应的实质性物质是溴酸钾，所以必须准确称量。KBr 的起始状态与终态都是氧化数为 -1 的 Br^-，它未氧化，也未还原，与苯酚不存在定量关系。只要过量保证第一步反应完全即可，无须定量加入，无需准确称量。

④ 本实验还存在的误差来源如下。

a. 溴的挥发损失。采取的措施：用碘量瓶而不是用普通的三角烧瓶进行实验。第一步反应加盐酸和后来加碘化钾时不要完全打开瓶塞，只需稍稍松开瓶塞让溶液沿瓶壁流入，随即塞紧，并加水封住瓶口。

b. 碘的挥发。采取的措施：加入过量 KI，使 I^- 生成 I_3^-，减小挥发。用 $S_2O_3^{2-}$ 滴定时，振荡不要过于激烈。滴定速度尽量快点。

c. 三溴苯酚易包藏溴。采取的措施：形成三溴苯酚沉淀后，在塞紧塞子的前提下，多次剧烈振荡，打碎三溴苯酚沉淀，使包裹的溴被释放出来。

⑤ 见上题③。

实验五十一　思考题解答

① 用 Cl^- 滴定 Ag^+，二氯荧光黄阴离子染料作指示剂，滴定终点前，由于 AgCl 沉淀吸附过量的 Ag^+，使表面带正电荷。二氯荧光黄阴离子又吸附到沉淀表面呈粉红色。滴定终点后，溶液中 Cl^- 过量，AgCl 沉淀吸附 Cl^-，使表面带负电荷，二氯荧光黄阴离子指示剂游离出来，沉淀表面粉红色消失，溶液呈黄绿色，指示滴定终点到达。

② 因为指示剂颜色变化发生在沉淀表面，所以应尽量使沉淀的比表面积大些，即沉淀颗粒要小一些。在滴定过程中，应防止 AgCl 沉淀凝聚。通常可加入糊精、淀粉等分散剂保护胶体，防止 AgCl 凝聚。

③ 莫尔法是利用 Ag_2CrO_4 沉淀的溶解度比 AgCl 略大，当砖红色 Ag_2CrO_4 沉淀出现，指示滴定终点。但此法只能用于中性和弱碱性条件，且干扰较多。凡是能在中性和弱碱性中与 Ag^+ 生成沉淀的离子，如 PO_4^{3-}、AsO_4^{3-}、SO_3^{2-}、S^{2-}、CO_3^{2-}、$C_2O_4^{2-}$ 等阴离子均有干扰。有色离子如 Cu^{2+}、Co^{2+}、Ni^{2+} 等也会影响终点的观察。能与 CrO_4^{2-} 生成沉淀的金属离子如 Ba^{2+}、Pb^{2+} 等也会干扰测定。

佛尔哈德法是在强酸性条件下，以铁铵矾为指示剂，用 SCN^- 滴定银离子的方法。由于此法是在硝酸的条件下进行的，所以此法选择性好，许多弱酸根均不干扰测定。但如果有能

与 SCN^- 反应的铜盐、汞盐及强氧化剂等干扰测定，需要在测定之前预先除去。

法扬司法是利用吸附指示剂因吸附到沉淀上的颜色与其在溶液中的颜色不同而指示滴定终点。但由于要保证终点沉淀表面积大，吸附力大，变色敏锐，此法仅适用于待测物浓度较大的样品测定，且沉淀颗粒要小。

实验五十二　思考题解答

① 蔗糖是非电解质，蔗糖上有醛基、羟基，在水溶液中有较好的分散作用，可使四苯硼十二烷基二甲基苄基氯化铵沉淀的颗粒更细、比表面积更大，吸附更多的指示剂，使终点的颜色变化更明显。

② 若用滤纸过滤四苯硼钾沉淀，此沉淀不能在高温下灼烧，使滤纸完全分解。因为四苯硼酸是有机物，在高温下也会分解。因此只能在 180℃ 左右烘干后称量，称重是四苯硼钾沉淀与滤纸的总质量，滤纸的质量无法扣除，四苯硼钾沉淀的质量也无法准确获得。

可事先在 180℃ 左右烘干，G4 号玻璃坩埚过滤器，称重为 m_0。过滤后，坩埚过滤器与沉淀一起在 180℃ 左右烘干后称重为 m_1，$m_1 - m_0$ 便是四苯硼钾沉淀的质量。

实验五十三　思考题解答

① 在硫转化时，必须使煤样与艾士卡试剂充分混匀，为防止挥发物过快逸出，要在煤试样与艾氏卡试剂混合物上面再覆盖1g艾氏卡试剂，以确保硫氧化物与硫酸钠及氧化镁反应完全。

② 为了控制硫酸钡沉淀时溶液的酸度。酸度太小，有可能产生溶解度更小的碳酸钡沉淀，所以控制 pH≈3，不生成碳酸钡沉淀。

$$HSO_4^- \rightleftharpoons H^+ + SO_4^{2-}$$

酸度太大，平衡左移，$[SO_4^{2-}]$ 略有减小，$BaSO_4$ 溶解度增大，结果偏小。必须将溶液控制在弱酸性。

③ 如果不搅拌就直接滴加氯化钡溶液，会导致"局部过浓"，使部分溶液的相对过饱和度变大，聚集速度加快，获得沉淀的颗粒较小、纯度较差。有可能穿过滤纸而损失。颗粒较小，表面积大，吸附的杂质多，洗涤较困难，损失也多。

④ 滤纸灰化时温度应缓慢升高，升温太快即加热温度太高，滤纸上的水会骤然汽化，产生类似暴沸的现象，会带走一部分沉淀，使结果偏低。灰化时，坩埚盖不要全盖，应留有缝隙，使水汽缓缓自然逸出。

实验五十四　思考题解答

① 优点：a. 磷钼酸喹啉沉淀是一种有机沉淀，沉淀完全。b. 磷钼酸喹啉沉淀的摩尔质量比磷钼酸铵沉淀的大得多，称量的相对误差小。

② 磷钼酸喹啉沉淀的颗粒非常细小，容易堵塞坩埚过滤器的微孔，但沉淀易溶于碱性溶液：

$$(C_9H_7NH)_3PO_4 \cdot 12MoO_3 \downarrow + 26OH^- \rightleftharpoons 3C_9H_7N + HPO_4^{2-} + 12MoO_4^{2-} + 14H_2O$$

因此，可用 NaOH 稀溶液进行清洗，然后用纯水及时冲洗。NaOH 太浓，对坩埚过滤器有一定损伤。

③ 加入强氧化剂 $(NH_4)_2S_2O_8$，煮沸 10min，可使非正磷酸盐转化成正磷酸盐。

④　　　　$12Na_2MoO_4+PO_4^{3-}+26H^+ \Longrightarrow [H_2PMo_{12}O_{40}]^-+24Na^++12H_2O$

可见，只有在强酸性下才能形成磷钼杂多酸酸根。

$$C_9H_7N(喹啉)+H^+ \Longrightarrow [C_9H_7NH]^+$$

只有在强酸性中，喹啉（C_9H_7N）中的 N 才能质子化，形成阳离子。

所以如果酸度过低，不会形成磷钼酸喹啉沉淀或沉淀不完全，会使测定结果偏低。

实验五十五　思考题解答

① 消解液选择硫酸的原因：a. 浓硫酸具有强氧化性，有助于有机物的消解。b. 硫酸沸点高。c. 浓硫酸又可脱水，有强烈吸收水分的能力，可破坏有机物。

高氯酸不能直接加入到有机或生物试样中，而应先加入过量的硝酸，这样可以防止高氯酸引起爆炸。高氯酸氧化性很强，可把 N 氧化成 NO_2、NO 逸出，造成损失。

磷酸没有氧化性，不利于有机物的消解。

酸性下高锰酸钾对有机物氧化得不彻底，消解不完全。

② 加入硫酸钾可以提高溶液的沸点而加快有机物的分解。

③ 消化的温度远远高于 $100℃$，而过氧化氢在温度超过 $100℃$ 时会急剧分解，产生大量 O_2，使溶液喷出，很危险，所以要在放冷后加入。

④ 若采用 HCl 吸收，产物 $NH_4Cl(K_a=5.6×10^{-10})$ 是个弱酸，不能用 NaOH 直接滴定。采用硼酸吸收：

$$2NH_3+4H_3BO_3 \Longrightarrow (NH_4)_2B_4O_7$$

或　　　　　　　　$$NH_3+H_3BO_3 \Longrightarrow NH_4^++H_2BO_3^-$$

$(NH_4)_2B_4O_7$ 或 $H_2BO_3^-$ 都是中等强度的碱，可用 HCl 直接滴定。

参考文献

[1]　李方实，俞斌主编. 无机与分析化学实验. 南京：东南大学出版社，2002.

[2]　俞斌主编. 无机与分析化学教程. 第 2 版. 北京：化学工业出版社，2007.

[3]　李方实，刘宝春，张娟编. 无机化学与化学分析实验. 北京：化学工业出版社，2006.

[4]　樊行雪，方国女编. 大学化学原理及应用. 北京：化学工业出版社，2000.

[5]　周其镇，方国女，樊行雪编. 大学基础化学实验. 北京：化学工业出版社，2000.

[6]　周本省主编. 工业水处理技术. 第 2 版. 北京：化学工业出版社，2002.

[7]　张小康，张正兢主编. 工业分析. 北京：化学工业出版社，2005.

[8]　安登魁主编. 药物分析. 第 3 版. 北京：人民卫生出版社，1996.

[9]　南京大学《无机与分析化学》编写组. 无机与分析化学. 第 4 版. 北京：高等教育出版社，2006.

[10]　张燮主编. 工业分析. 北京：化学工业出版社，2003.

[11]　张丽君主编. 定量化学分析实验. 南京：东南大学出版社，1994.

[12]　吴志泉，涂晋林编著. 工业化学. 第 2 版. 上海：华东理工大学出版社，2003.

[13]　戴安邦等编. 无机化学教程. 北京：人民教育出版社，1962.

[14]　矫彩山主编. 环境监测. 哈尔滨：哈尔滨工程大学出版社，2006.

[15]　严拯宇主编. 分析化学实验与指导. 北京：中国医药科技出版社，2005.

[16]　陈秉垸等编. 普通无机化学实验. 第 2 版. 上海：同济大学出版社，2000.

[17]　钟山，朱绮琴主编. 高等无机化学实验. 上海：华东师范大学出版社，1994.

[18]　武汉大学化学系无机化学教研室编. 无机化学实验. 第 2 版. 武汉：武汉大学出版社，1997.

[19]　黄仕华等编. 无机化学实验. 南京：河海大学出版社，1997.

[20]　蔡炳新，陈贻文主编. 基础化学实验. 北京：科学出版社，2001.

[21]　周俊英等编. 定量化学分析实验. 合肥：中国科学技术大学出版社，1995.

[22]　邱德仁主编. 工业分析化学. 上海：复旦大学出版社，2003.

[23]　陈焕光等编. 分析化学实验. 广州：中山大学出版社，2006.

[24]　金谷等编. 定量分析化学实验. 合肥：中国科学技术出版社，2005.

[25]　刘淑萍等编. 分析化学实验教程. 北京：冶金工业出版社，2004.

[26]　大连理工大学分析化学实验编写组. 分析化学实验. 大连：大连理工大学出版社，1989.

[27]　北京大学化学系分析化学教研室. 基础分析化学实验. 北京：北京大学出版社，1993.

[28]　杨梅等编. 分析化学实验. 上海：华东理工大学出版社，2005.

[29]　黄杉生主编. 分析化学实验. 北京：科学出版社，2008.

[30]　张其颖，王麟生，陈波. 元素化学实验. 上海：华东师范大学出版社，2006.

[31]　南京大学《无机与分析化学实验》编写组. 无机与分析化学实验. 第 4 版. 北京：高等教育出版社，2006.

[32]　武汉大学化学与分子科学学院实验中心编. 分析化学实验. 武汉：武汉大学出版社，2003.